Agricultura, Cambio Climático y Secuestro de Carbono

Luis López Bellido

Catedrático Emérito
Departamento de Ciencias y Recursos Agrícolas y Forestales
Universidad de Córdoba, España

Con la colaboración

de Fco. Javier López-Bellido, Profesor Titular de la Universidad de Castilla-La Mancha

"Está revestida de fortaleza y dignidad, y sonrie al porvenir.
Abre su boca con sabiduría, y su lengua enseña con bondad...
Sus hijos se ponen en pie y la felicitan, y su marido la alaba"

Proverbios 31, 25 – 28

A Mercedes, por su siempre silenciosa ayuda

AGRADECIMIENTOS

Al Prof. Javier López-Bellido Garrido, por su laborioso trabajo en la revisión y corrección del texto, y por sus atinadas sugerencias en modificar y simplificar la estructura de algunos capítulos del mismo con el fin de hacerlo más accesibles al lector.

Al Prof. Rafael López-Bellido Garrido, por sus acertadas sugerencias y orientaciones para la edición del libro y por el diseño de la portada del mismo.

A María Auxiliadora López-Bellido Garrido, por su valiosa y paciente colaboración en la transcripción y el tratamiento del texto y en la realización de las figuras. Su capacidad y dedicación han hecho posible la edición del libro tal como se presenta.

ÍNDICE

PREFACIO

El descubrimiento de la agricultura hace unos diez mil años introdujo a la humanidad por un camino que iba a transformar la naturaleza. La agricultura y otras innovaciones empezaron a espolear el desarrollo de grandes civilizaciones que, a su vez, produjeron un impacto cada vez mayor sobre el medio ambiente. Gracias a estas innovaciones aumentó enormemente la producción de alimentos y los niveles demográficos. Con ello llegó el primer deterioro medioambiental serio debido a la intervención humana. Por primera vez, el impacto humano se producía a gran escala: la tala de bosques para desbrozar tierras de labranza y pastizales, la erosión de las faldas de las colinas donde la deforestación y el pastoreo excesivo desestabilizaron los suelos. Mucho antes de que comenzara la era industrial, a finales del siglo XVIII, los seres humanos nos habíamos convertido en una fuerza capaz de transformar la configuración del paisaje y en un factor activo en el funcionamiento del sistema climático.

La agricultura ha sido siempre un sector estratégico para la economía de un país, cualquiera que sea su nivel de desarrollo. No obstante, en las últimas décadas ha sido objeto de duras críticas por diversos sectores sociales, como si su actividad fuese algo nocivo, siendo para muchos uno de los principales responsables del incremento de los niveles de gases de efecto invernadero (GEI). Sin embargo, gracias a la fijación de CO_2 de los cultivos a través de la fotosíntesis se producen alimentos y otros productos agrícolas esenciales. La sociedad actual parece haber olvidado que a la agricultura corresponde directamente proporcionar a los habitantes del mundo el alimento y la energía para que puedan realizar su actividad diaria, además de otras muchos productos, como tejidos, fármacos, etc.

La presión demográfica, el cambio tecnológico, las políticas agrícolas y el crecimiento económico han sido los principales factores de los cambios que se han producido durante las últimas décadas en el sector de la agricultura. Esto ha supuesto globalmente un fuerte ritmo de aumento de la producción y demanda en un mundo más poblado, incrementándose el promedio mundial de calorías per cápita diario, aunque con notables excepciones regionales.

Se estima que la agricultura genera del 10-12% de las emisiones antropogénicas de los GEI y cabe esperar que éstas aumenten en las próximas décadas debido a la demanda creciente de alimentos y a los cambios en la dieta. No obstante, la mejora de las prácticas de cultivo y las nuevas tecnologías emergentes podrían permitir una reducción de sus emisiones por unidad de alimento producida. Las futuras tendencias en el sector de la agricultura tendrán implicaciones en las emisiones o remociones de los GEI.

La agricultura puede contribuir a la mitigación minimizando las emisiones de GEI, secuestrando carbono (C) atmosférico y produciendo biocombustible. A diferencia de otros sectores, como la industria o el transporte, la agricultura es capaz, bajo un manejo apropiado, no sólo de reducir a cero las emisiones de CO_2 a la atmósfera sino de capturarlo y almacenarlo como C orgánico en el suelo, o en la biomasa de la vegetación perenne, a la vez que puede minimizar las emisiones de metano (CH_4) y óxido nitroso (N_2O). El sector agrícola tiene un reto significativo: incrementar la producción global con el propósito de proporcionar seguridad alimentaria a 9 mil millones de personas para mediados del siglo XXI, mientras protege también el medio ambiente y mejora la función global de los ecosistemas.

Por otro lado, existe una gran preocupación respecto al potencial impacto del cambio climático sobre la capacidad de los sistemas agrícolas, incluyendo los recursos de suelo y agua para suministrar alimentos a hombres y animales, producir fibra y combustibles y el mantenimiento de los servicios que proporcionan los ecosistemas. Los impactos del cambio climático sobre la agricultura, a medio y largo plazo, son con frecuencia difíciles de analizar separadamente de las influencias no climáticas relacionadas con la gestión de los recursos. Sin embargo, hay una evidencia creciente que procesos tales como las variaciones fenológicas, las modificaciones de duración de la estación de crecimiento y los cambios de cultivo pueden estar relacionados con el cambio climático. Existe también un aumento de las catástrofes debido a una mayor frecuencia de eventos extremos, los cuales pueden ser atribuidos al cambio climático.También el impacto económico del cambio climático sobre la agricultura es muy difícil de determinar, debido a los efectos que tienen las políticas y los mercados, y el continuo desarrollo de las técnicas agrícolas; aunque hay evidencias de una mayor vulnerabilidad económica de los agrosistemas.

Según el último Informe del Grupo Intergubernamental de Expertos sobre el Cambio Climático (IPCC, 2014), existen importantes incertidumbres a escala regional y mundial sobre el probable efecto del calentamiento climático en la agricultura. Algunos modelos indican la disminución del rendimiento de los principales cultivos y otros sostienen que los rendimientos podrían incrementarse hasta la mitad del siglo XXI. También se cuestiona la fiabilidad en la determinación del grado en el que el cambio climático disminuirá la riqueza y el crecimiento económico a largo plazo. Asimismo, el Informe señala que entre las estrategias de adaptación está la diversificación económica básica y las mejoras del riego y el uso de los fertilizantes; así como el apoyo financiero internacional a los países pobres.

Concretamente esta preocupación por el incremento de CO_2 en la atmósfera y el cambio global del clima ha llevado a un interés por valorar el potencial de secuestro de C en las tierras agrícolas y las medidas que pueden ser utilizadas para alcanzarlo. Para valorar realmente el papel que la agricultura juega en la reducción de CO_2 atmosférico es necesario conocer cuánto CO_2 de la atmósfera puede capturar la agricultura y cuánto tiempo éste puede permanecer secuestrado sin que retorne a ella. No sólo importa cuanto CO_2 se elimina de la atmósfera sino cuanto tiempo permanece estabilizado sin volver a emitirlo, y de nuevo pasar a formar parte del problema; en este sentido la agricultura no se diferencia mucho del papel que desempeña un bosque. En los sistemas agrícolas, parte del CO_2 que fijan los cultivos queda almacenado en el suelo gracias a sus raíces y residuos, comportándose en este caso como un sumidero a largo plazo. Por tanto, un mejor entendimiento y manejo de los suelos proporcionaría importantes beneficios: mitigar el cambio climático, evitar su degradación, mejorar la retención de agua e incrementar la productividad. Entre las estrategias claves figuran el uso del laboreo de conservación, las rotaciones de cultivo y el manejo de los residuos de cultivo, la adecuada gestión del pastoreo del ganado, la mejora del manejo de los sistemas de riego y el uso de tecnologías de agricultura de precisión. El mantenimiento y posible incremento de las cantidades de C orgánico secuestrado por el suelo podría ser crítico para la futura adaptación al cambio climático.

Todo lo anteriormente citado no tendrá efecto si no se potencia adecuadamente la generación y transferencia de tecnología. Para ello serían necesarias mayores inversiones, mantenidas a largo plazo, en investigación para desarrollar nuevas tecnologías, herramientas de decisión e información y estrategias efectivas de comunicación, para transformar la agricultura en un sistema que sea más flexible y adaptado a la variabilidad y al cambio climático.

Adicionalmente, a través del emergente comercio de C y la introducción de compensaciones por la reducción de emisiones de GEI, los productores agrícolas podrían tener una nueva fuente de ingresos e incentivos para secuestrar C en el suelo. El término "agricultura de C" implica el aumento del reservorio de C en los suelos y árboles de los ecosistemas agrícolas, pudiendo ser objeto de comercio en el mercado como si fuera una producción agrícola más. Existen dos potenciales beneficios para los agricultores que realicen contratos de secuestro de C. En primer lugar, podrían vender el C secuestrado por sus agrosistemas en los mercados de créditos de C, sobre la base de la cantidad secuestrada y el precio del C en el mercado. En segundo lugar, los agricultores podrían beneficiarse de los incrementos en productividad asociados con la adopción de prácticas que secuestran C. Asimismo, la financiación para fomentar el secuestro de C debería ser aprovechada para estimular una agricultura sostenible, que puede beneficiarse de un mercado de miles de millones de euros, a través de proyectos agrícolas que reduzcan las emisiones en dicho modelo de agricultura frente al tradicional, con datos medibles científicamente.

En este contexto, la cuantificación de las emisiones/remociones de GEI se puede realizar a través de la denominada huella de C. Esta medida permite evaluar las emisiones de GEI a la atmósfera y el impacto del calentamiento global de un producto, organización o evento; debiendo ser un elemento fundamental de la responsabilidad social corporativa de las empresas. Ahora bien, para la aplicación adecuada del concepto de huella de C en la agricultura se debe tener en cuenta que este sector, junto al forestal, son los únicos que tienen capacidad de secuestrar o remover CO_2 de la atmósfera; pudiendo ser más adecuado el uso del término "balance de C". Muchos de los cultivos agrícolas, dependiendo de las técnicas de producción, producen un balance positivo entre remociones y emisiones de CO_2, comportándose como sumideros netos de CO_2. Esta singularidad de la agricultura hace que la aplicación de los métodos generalistas del cálculo de la huella de C sea inadecuada para la misma, que debería beneficiarse de su capacidad de sumidero potencial de CO_2.

Las metodologías normalizadas de cálculo de la huella de C no han sido especialmente diseñadas para ser aplicadas a la agricultura y a la industria agroalimentaria que de ella se deriva. Este hecho causa un grave perjuicio al sector agroalimentario, cuyas materias primas pueden aportar un factor de compensación que reduce, neutraliza, e incluso hace negativa la huella de C provocada por las emisiones de GEI durante el proceso completo de producción.

En el presente libro se expone la situación actual del conocimiento sobre el cambio climático y la agricultura y su compleja interacción; abordándose las estrategias tanto para su adaptación ante un posible nuevo escenario, como del importante papel que puede desempeñar en la mitigación de las emisiones antropogénicas de GEI. En este último aspecto, se incide sobre la importancia del secuestro de C por los suelos agrícolas y los potenciales beneficios ambientales y económicos que pueden reportar las prácticas agronómicas que lo incrementen. El libro se ha estructurado en cinco capítulos. El primero es una introducción a determinados conceptos básicos como son los GEI y el cambio climático; exponiéndose las incertidumbres y controversias que actualmente existen en relación al calentamiento global, sus efectos y estrategias de actuación. En el segundo se aborda la estrecha interrelación entre la agricultura y clima, y como la primera debe gestionarse frente al cambio climático y contribuir a atenuar sus efectos globales a través de estrategias de adaptación y mitigación respectivamente. El tercer capítulo se centra en el ciclo del C en la agricultura, su compleja dinámica en el suelo y los distintos factores que lo condicionan para actuar como sumidero neto de C orgánico estable. Se analizan además las peculiaridades que presentan determinados agrosistemas y discuten aquellas prácticas agronómicas que potencialmente podrían mejorar el secuestro y retención de C: sistema de laboreo, rotación de cultivos y gestión de residuos y manejo del nitrógeno fertilizante y otros agroquímicos. También se expone la situación actual y las perspectivas del "mercado de secuestro de C" en la agricultura, como una actividad económica más de los agrosistemas junto a la tradicional de producir alimentos y materias primas. En el cuarto capítulo se aborda el análisis del ciclo de la vida y la huella de C, tanto en un sentido amplio como particularizado para la agricultura; centrándose en su cuantificación y evaluación en los agrosistemas, y la perentoria necesidad de crear modelos estandarizados de cálculo que consideren el secuestro neto de C de los agrosistemas. Finalmente, en el quinto capítulo, se examinan once casos de estudio sobre el balance y la huella de C bajo diversos sistemas agrícolas, cultivos y regiones; poniéndose de relieve los distintos métodos de evaluación y la falta de consenso en los factores que deben ser considerados para su cálculo.

ABREVIATURAS Y ACRÓNIMOS

ACS	American Chemical Society
ACV	Ánálisis del ciclo de vida
ADEME	Agence de l'Environnement et de la Maîtrise de l'Energie, Francia
AMF	Asociación micorrizas-hongos
Ar	Argón
ASA	American Society of Agronomy
BSI	British Standard Institution
C	Carbono
°C	Grados centígrados
^{13}C	Isótopo carbono 13
^{14}C	Isótopo carbono 14
C3	Plantas con metabolismo fotosintético C3
C4	Plantas con metabolismo fotosintético C4
Ca	Calcio
CAM	Plantas con metabolismo ácido de las crasuláceas
CCX	Chicago Climate Exchange
CE	Carbono equivalente
CF_4	Tetrafluorometano
CFC	Clorofluorocarbono
CFI	Australian Government's Carbon Farming Iniciative
CH_4	Metano
cm	Centímetros
CO	Monóxido de carbono
CO_2	Dióxido de carbono
CO_2-eq	Dióxido de carbono equivalente
COVNM	Compuestos orgánicos volátiles no metano
$\delta^{13}C$	Delta carbono 13 (‰)
$\delta^{14}C$	Delta carbono 14 (‰)
eCo_2	Elevada concentración atmosférica de CO_2

EEUU	Estados Unidos
EP	Evapotranspiración potencial
FAO	Organización de las Naciones Unidas para la Agricultura y la Alimentación
FE	Factor de emisión de gases de efecto invernadero
FNC	Flujo neto de carbono
g	Gramos
G-8	Grupo de países industrializados
GEI	Gases de efecto invernadero
GM	Organismos genéticamente modificados
Gt	Gigatoneladas (10^9 t)
h	Hora
ha	Hectárea
HC	Huella de carbono
HCFC	Hidroclorofluorocarbonos
HFC	Hidrofluorocarbonos
HI	Índice de cosecha
IPCC	Grupo Intergubernamental de expertos sobre el Cambio Climático
ISO	Internacional Organization for Standardization
K	Potasio
K_2O	Óxido de potasio
Kg	Kilogramos
LC	Laboreo convencional
LR	Laboreo reducido
m	Metros
μ	Micras (10^{-6} metros)
μg	Microgramo
MAGRAMA	Ministerio de Agricultura, Alimentación y Medio Ambiente
Mcal/kg	Megacalorias/kilogramo (10^6)
MDL	Mecanismos de desarrollo limpio
Mg	Magnesio
MIN	Manejo integrado de nutrientes
MJ/kg	Megajulios/kilogramo (10^6)
mm	Milímetros
Mt	Megatoneladas/kilogramo (10^6)
N	Nitrógeno
N_2O	Óxido nitroso
NH_4^+-N	Amonio
NIRS	Espectroscopía de infrarrojo cercano
NL	No laboreo
NO_3^--N	Nitratos
NO_x	Óxidos de nitrógeno

O_2	Oxígeno
O_3	Ozono
OECD	Organización para la Cooperación y el Desarrollo Económico
OH	radicales hidroxilo
OMM	Organización Meteorológica Mundial
ONU	Organización de las Naciones Unidas
P	Fósforo
P_2O_5	Anhidrido fosfórico
PAR	Radiación fotosintéticamente activa
PCG	Potencial de calentamiento global
PDB	Internacional Vienna Pee Dee Belemnite
PFC	Perfluorocarbonos
Pg	Pentagramos (10^{15}g)
PIB	Producto interior bruto
PK	Protocolo de Kioto
PNE	Productividad neta del ecosistema
PNUMA	Programa de las Naciones Unidas para el Medio Ambiente
PPB	Productividad primaria bruta
ppb	Partes por 1000 millones
ppm	Partes por millón
PPN	Productividad primaria neta
RMIT	Royal Melbourne Institute of Technology
S	Azufre
SF_6	Hexafluoruro de azufre
SO_2	dióxido de azufre
SSSA	Soil Science Society of America
t	Toneladas
TMR	Tiempo medio de residencia
TOC	Carbono orgánico total
UE	Unión Europea
UNFCCC	Convenio Marco de las Naciones Unidas sobre el Cambio Climático
W/m^2	watios/m^2
Zn	Cinc

Capítulo 1

Los gases de efecto invernadero. El cambio climático

1.1 ¿Qué es el efecto invernadero?

La radiación solar atraviesa la atmósfera y calienta la superficie terrestre, que al enfriarse irradia de nuevo esta energía en la atmósfera en forma de radiación de longitud de onda más larga, denominada radiación infrarroja. Algunos gases atmosféricos, al no ser permeables a esta radiación, absorben y reflejan de nuevo esta energía hacia la superficie terrestre, incrementando la temperatura ambiente. Este proceso es semejante al que se produce en un invernadero agrícola, también en un coche cerrado y aparcado al sol. Por ello este fenómeno es llamado "efecto invernadero" y los gases atmosféricos que lo producen se les denominan "gases de efecto invernadero" (GEI). No todos los gases atmosféricos, como veremos en el siguiente apartado, absorben con la misma intensidad la radiación e incluso algunos de ellos son permeables a la misma (Fig. 1.1).

El efecto invernadero es un fenómeno atmosférico natural que ha mantenido a la Tierra lo suficientemente cálida para la existencia de vida tal como la conocemos desde hace millones de años. El balance energético entre la radiación solar incidente absorbida y la radiación infrarroja emitida determina la temperatura media de la tierra. Sólo la mitad de la radiación solar incidente es absorbida por el suelo (168 W/m^2), que es devuelta bajo la forma de radiación infrarroja (390 W/m^2). El 90% de esta radiación es entonces absorbida por los GEI (350 W/m^2), que a su vez la reflejan principalmente hacia el suelo (324 W/m^2). La transferencia de energía del suelo a la atmósfera se produce a través de otros dos mecanismos: el calentamiento directo del aire por el suelo (24 W/m^2) y el ciclo del agua vía evaporación (78 W/m^2) (Deudon, 2010)(Fig. 1.2).

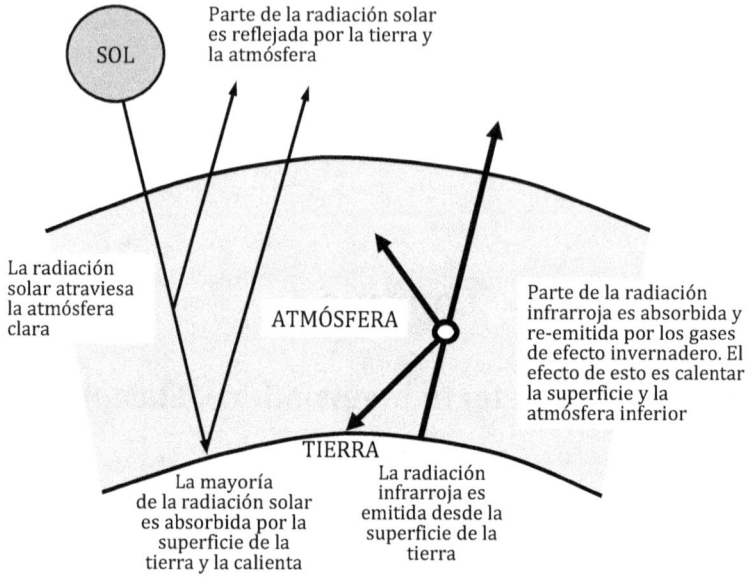

Fig.1.1 El efecto invernadero (adaptado de IPCC, 1992)

Existe una relación causal, basada en el mecanismo del efecto invernadero, entre el aumento de los GEI y el calentamiento de la Tierra. El mecanismo del efecto invernadero atmosférico está bien establecido tanto teórica como experimentalmente. En las últimas décadas, el efecto invernadero ha aumentado notablemente debido al incremento de los GEI en la atmósfera como consecuencia de la actividad humana, principalmente por el consumo de combustible fósiles.

1.2 Los gases de efecto invernadero (GEI)

Con la excepción del nitrógeno (N_2), oxígeno (O_2) y argón (Ar), todos los gases de la atmósfera, tanto naturales como los producidos por el hombre, son GEI. Su característica, como ya se ha mencionado, es que absorben la radiación infrarroja de onda larga del espectro, de una longitud de onda aproximada entre 5 y 50 micras (μ). Los más importantes GEI son: dióxido de carbono (CO_2), metano (CH_4) y óxido nitroso (N_2O). También se incluyen los denominados gases fluorados: clorofluorocarbonos (CFC), los hidroclorofluorocarbonos (HCFC), perfluorocarbonos (PFC), hexafluoruro de azufre (SF6), entre otros.

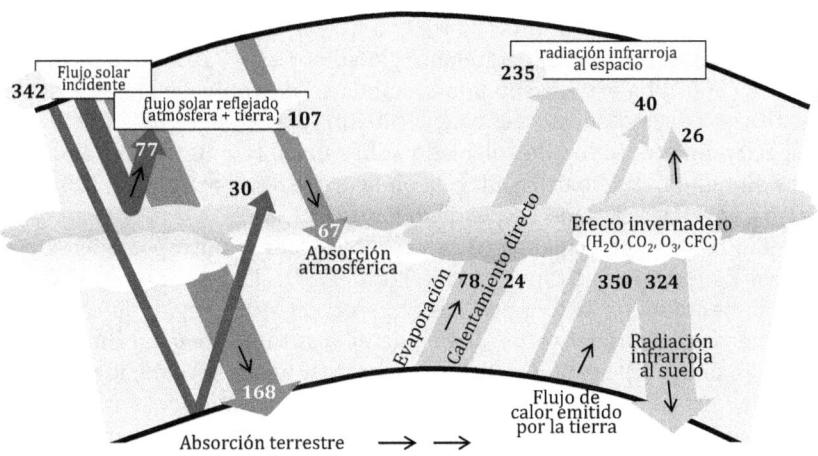

Fig.1.2 Balance de intercambios de energía en la atmósfera (cifras expresadas en W/m^2)(adaptado de Deudon, 2010)

Algunos GEI se producen de forma natural y entran en la atmósfera como resultado de procesos naturales (como la descomposición de la materia orgánica), y también como consecuencia de la actividad humana (la quema de combustibles fósiles y la agricultura). Los GEI que se producen de forma natural y por las actividades humanas son: CO_2, CH_4, N_2O y ozono (O_3). Otros GEI esencialmente no tienen fuentes naturales, pero son productos secundarios de procesos industriales o fabricados para fines humanos, tales como agentes de limpieza, refrigerantes y aislantes eléctricos. Aquí se incluyen los gases fluorados antes mencionados.

Otros gases pueden tener efectos indirectos sobre el calentamiento atmosférico; lo cual ocurre cuando las reacciones químicas en la atmósfera producen o destruyen los GEI, entre ellos el O_3 troposférico. Los efectos indirectos también se producen cuando un gas influye en la vida atmosférica de otros gases o afecta a los procesos atmosféricos, tal como la formación de nubes que alteran el balance energético radiactivo de la Tierra mediante el aumento del albedo. Los gases que pueden causar estos efectos indirectos incluyen el monóxido de carbono (CO), óxidos de nitrógeno (NO_x) y compuestos orgánicos volátiles no metano (COVNM).

El mayor contribuyente de los GEI al calentamiento es el CO_2, que es el más abundante y el que registra un mayor aumento, representando el control termostático de la tierra. La contribución de los otros gases, como el CH_4, N_2O y O_3 troposférico y los gases halogenados sintéticos, es más pequeña pero significativa por su potencial de calentamiento global. En concreto dicho potencial es 21 y 310 veces mayor que el del CO_2 para el CH_4 y N_2O, respectivamente. Es usual, en los estudios del balance y huella de C, expresar el potencial de calentamiento en dióxido de carbono equivalente

(CO_2-eq). Para convertir el CH_4 y N_2O en CO_2-eq habría que multiplicar sus valores de potencial de calentamiento global por 21 y 310, respectivamente. El IPCC (2007) ha establecido unos estándares de equivalencia de 298 y 25 de CO_2-eq de potencial de calentamiento global para el N_2O y CH_4, respectivamente; todo ello calculado sobre un horizonte temporal de 100 años. El tiempo medio de residencia en la atmósfera para el CO_2, CH_4 y N_2O se cifra en 5,9 y 120 años, respectivamente.

El CO_2 es el principal gas de efecto invernadero antropogénico. Desde la época preindustrial (alrededor del año 1750), la concentración de CO_2 han aumentado de 280 ppm hasta cerca de 400, según los registros realizados en septiembre de 2015 por el Instituto Oceanográfico de San Diego (California)(Fig. 1.3). Dicho aumento supone, aproximadamente, el 50% del incremento del efecto invernadero provocado por el conjunto de los GEI de origen antrópico. A escala mundial, las causas más importantes del incremento de la concentración de CO_2 en la atmósfera han sido hasta 1970 la práctica de una agricultura intensiva y los cambios en el uso de la tierra. Sin embargo, hoy día la principal fuente de emisión de CO_2 a la atmósfera es el consumo de combustibles fósiles por parte de la industria y el transporte (IPCC, 2007). El consumo de combustibles fósiles produce CO_2 con una diferente relación isotópica respecto al C que las emisiones de CO_2 a la atmósfera antes de la Revolución Industrial. El CO_2 de la combustión tiene una ratio $^{13}CO_2/^{12}CO_2$ menor. La proporción $^{13}CO_2/^{12}CO_2$ del CO_2 atmosférico ha estado disminuyendo constantemente a medida que la concentración de CO_2 se ha incrementado durante el último medio siglo. Este cambio es una fuerte evidencia de que la actividad humana es la principal causa del incremento de CO_2 en la atmósfera, habiendo coincidido su gran aumento con la Revolución Industrial y el uso moderno de la energía de combustibles fósiles para el transporte y la actividad industrial (Fig. 1.4).

La tierra actúa en gran medida como un sumidero de CO_2 mediante la fotosíntesis de las plantas. También el sumidero oceánico incluye la fotosíntesis por el fitoplancton, así como la disolución y la formación de carbonatos en las reacciones de muchos organismos marinos. De igual forma, el CO_2 también es liberado por el océano en función de los cambios de pH y de temperatura, por lo que muestra un efecto tanto de sumidero como de fuente.

Las actividades humanas que producen CH_4 incluyen la producción de energía a partir del gas natural, el carbón y el petróleo, la descomposición en los vertederos, la cría de animales rumiantes y el cultivo del arroz (Fig. 1.5). Los humedales son la principal fuente natural de CH_4 (gas de los pantanos, producido por la descomposición anaeróbica de la vegetación). Las emisiones de CH_4 provenientes de las actividades humanas han excedido las emisiones naturales desde 1980. Las concentraciones de CH_4 han crecido un promedio de seis veces más rápido desde 1960 hasta 1999 que en cualquier otro período anterior de 40 años durante los 2.000 años anteriores a 1800. La concentración actual de CH_4 se sitúa entre 1.74 y 1.87 ppm, aproximadamente 2.5 veces mayor que en el período preindustrial (Fig. 1.4). El principal sumidero de CH_4 de la atmósfera es la oxidación por radicales hidroxilo (OH)(Liebig et al. 2012).

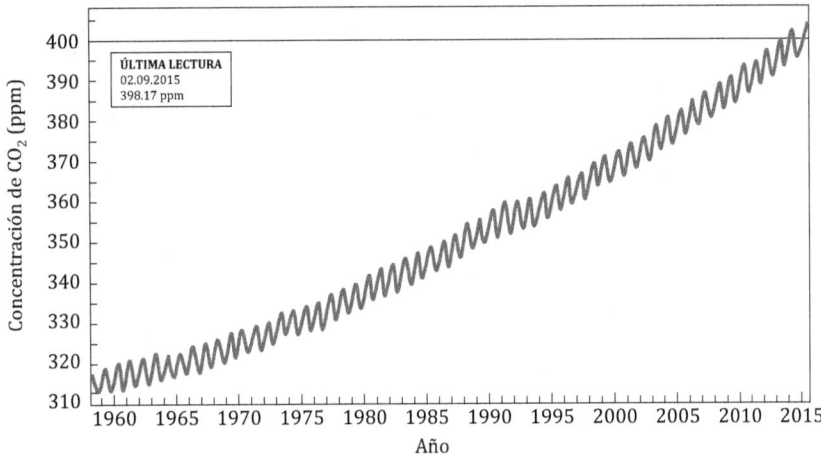

Fig.1.3 Evolución de la concentración de CO_2 en el Observatorio de Mauna Loa (Instituto Oceanográfico de San Diego, California)

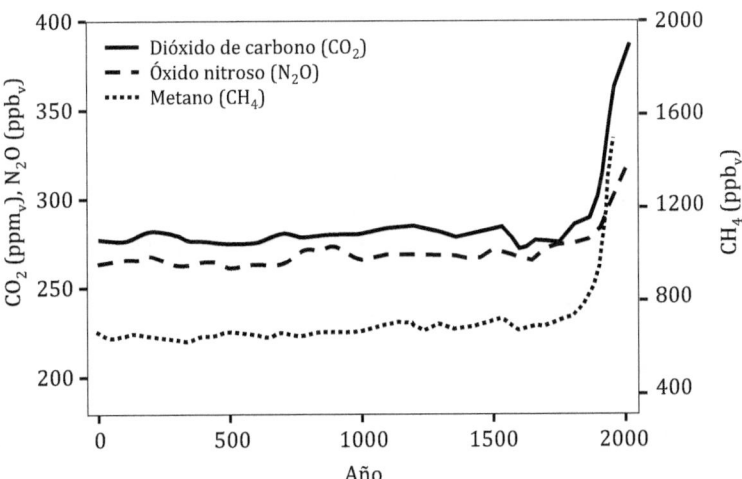

Fig.1.4 Evolución de la concentración de CO_2, CH_4 y N_2O atmosférico en los dos últimos milenios (adaptado de IPCC, 2007)

Las fuentes naturales de N_2O incluyen la oxidación de amoníaco de la atmósfera y del N de los suelos, en especial los suelos tropicales. Las actividades humanas que aumentan la fuente del suelo son los fertilizantes nitrogenados, ampliamente utilizados en la agricultura. Otras pequeñas fuentes de N_2O derivadas de la actividad humana incluyen la combustión de combustibles fósiles, la quema de biomasa y la descomposición del estiércol (Fig. 1.6). El N_2O atmosférico procedente de la actividad humana es actualmente casi el mismo que la contribución de los sistemas naturales. Sin embargo, la concentración de N_2O creció alrededor de dos veces más rápidamente desde 1960 a 1999 que en cualquier otro período de 40 años de los dos últimos milenios antes de 1800 y ha continuado creciendo a la misma velocidad; situándose la concentración actual en 321-323 ppb (Fig. 1.4). El mayor sumidero de N_2O atmosférico es la destrucción en la estratosfera, donde la mayoría sufre fotólisis a N_2+O. El restante N_2O reacciona con oxígeno para producir NO, que puede entrar en un ciclo de reacción de agotamiento del O_3 estratosférico. Así, el N_2O, al igual que muchos gases que contienen halógenos, es importante tanto como gas de efecto invernadero como un componente que agota el O_3 (ACS, 2014).

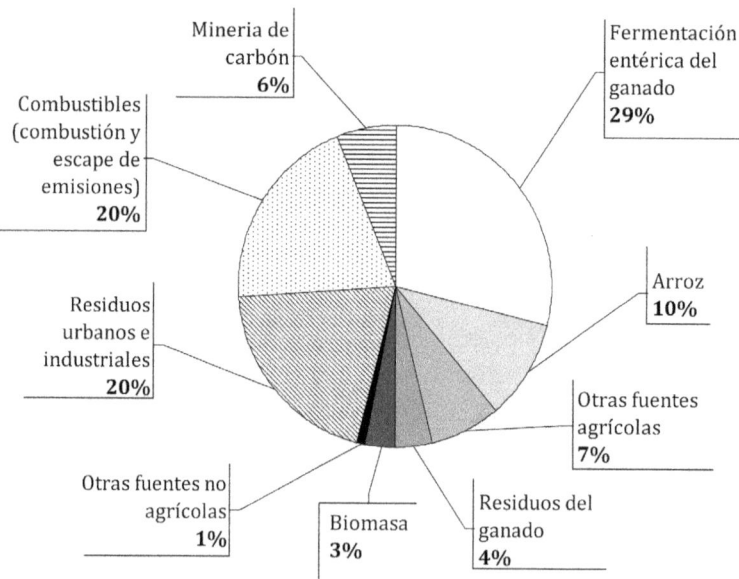

Fig.1.5 Principales fuentes de emisión de metano (CH_4) (adaptado de Global Methane Initiative, 2010)

Casi todos los gases atmosféricos de larga duración que contienen halógenos son sintéticos y no existían en la atmósfera antes de la era industrial. Sólo unos pocos de tales gases, como el bromuro de metilo, cloruro de metilo, y tetrafluorometano (CF_4), se produce naturalmente. Las emisiones de los CFC han disminuido como resultado del Protocolo de Montreal relativo a las sustancias que agotan la capa de O_3 estratosférico. Este Acuerdo Internacional ha reducido progresivamente el uso de estos gases, que se utilizan principalmente como refrigerantes. Los HCFC están en proceso de eliminación progresiva previsto para 2030. El Protocolo de Kioto (PK), como analizaremos más adelante, tiene como objetivo la progresiva reducción de la producción y el uso de diferentes GEI, incluidos los hidrofluorocarbonos (HFC) y los PFC, cuyas emisiones están aumentando.

Los gases, tales como CO y CH_4, que son emitidos por procesos biológicos naturales y por las actividades humanas, pueden reaccionar a la luz solar para formar O_3 en la troposfera. Las emisiones de los automóviles, incluidos los hidrocarburos y los NO_x, también reaccionan a la luz solar para formar O_3 y otros contaminantes. El O_3 troposférico sólo perdura unos pocos días o semanas en la atmósfera, por lo que su distribución es variable. Sus niveles se han incrementado alrededor de un 38% desde la era preindustrial; este aumento se debe a la química atmosférica que involucra a contaminantes de corta duración emitidos por fuentes humanas.

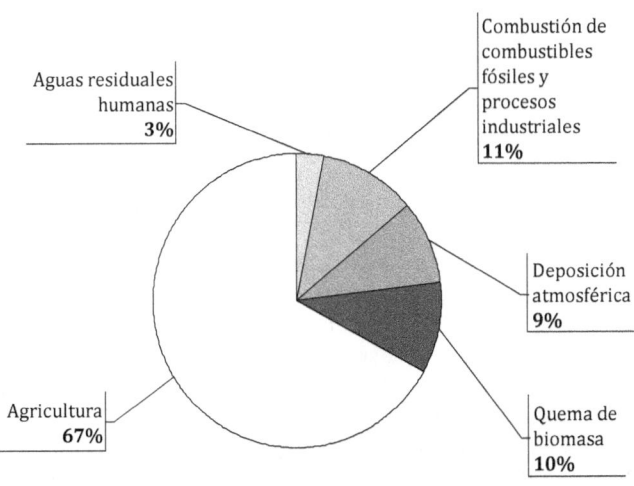

Fig.1.6 Principales fuentes de emisión de óxido nitroso (N_2O) (adaptado de IPCC, 2007)

Los aerosoles son partículas extremadamente pequeñas o minúsculas gotas de líquido, de aproximadamente 0.01 a 100 µ de diámetro, que están suspendidas en la atmósfera y que generalmente dispersan y absorben la radiación solar incidente contribuyendo al albedo de la Tierra. Las partículas de los aerosoles ocurren naturalmente y son recogidas sobre todo por el viento en forma de polvo y pequeñas gotas de agua o producidas por erupciones volcánicas ocasionales. También las actividades humanas generan partículas aerosoles, en concreto de sulfatos producidos a partir de dióxido de azufre (SO_2) y también derivadas de la combustión del carbón (hollín o negro de humo) y del gasóleo y de los escapes de los motores. Las partículas aerosoles también incrementan la formación de nubes y por lo tanto ejercen un efecto indirecto a través de la reflexión y de la absorción de energía propia de las nubes.

Los sectores energéticos (producción y consumo de energía, transporte, industria, etc.) son responsables de más de dos tercios de las emisiones globales de GEI, aunque existen grandes diferencias entre países y regiones con distintos niveles de desarrollo. En concreto, el consumo de combustibles fósiles (carbón, petróleo y gas) produce más del 80% de la energía mundial y más del 90% de las emisiones globales de CO_2 a escala mundial.

La deforestación, el cambio de las prácticas agrícolas y otros cambios de uso del suelo representan alrededor del 8% del total de emisiones derivadas de la actividad humana, que supone 3300 millones de t de CO_2 anuales de promedio durante el período 2003-2012. Durante la década de 1990, las emisiones derivadas de la deforestación y el uso de la tierra fueron algo más de 5100 millones de t de CO_2; es decir más del 50% superior. Estos datos sugieren una tendencia global decreciente en las emisiones derivadas de la agricultura, particularmente desde el año 2000, atribuible al descenso de la deforestación, a las nuevas repoblaciones y la implementación de las nuevas políticas sobre el uso de la tierra (ACS, 2014).

La concentración atmosférica de los tres principales gases biogénicos de invernadero (CO_2, CH_4 y N_2O) se ha incrementado a unas tasas sin precedentes desde el comienzo de la revolución industrial, contribuyendo a una alteración del clima alrededor del globo (IPCC, 2007). La crisis económica apenas ha tenido incidencia en las emisiones mundiales de CO_2. En 2012 crecieron un 2.1% respecto a 2011, y por primera vez China ya emitió más que EEUU y la Unión Europea (UE) juntos, cuando hasta hace seis años ni siquiera era el principal emisor del planeta. El ritmo de crecimiento de las emisiones en China es tal que ya iguala en emisiones per cápita a la UE (1.9 t C/año), aunque no a EEUU, cuya huella per cápita de CO_2 es de 4.4 t C/año. Este análisis, publicado por "The Global Carbon Project" (2014), refleja que las emisiones en China e India crecieron un 5.9% y un 7.7%, respectivamente en 2012, mientras que las de EEUU y la UE descendieron un 3.7 y un 1.3%, respectivamente. Estas cifras sitúan a China como el mayor emisor en 2012 (27% de las emisiones globales), por delante de EEUU (14%), la UE (10%) y la India (6%). Los cinco mayores emisores de la UE, entre los que se encuentra España en el quinto lugar, contribuyen en un 80% de las emisiones totales europeas.

A escala mundial, las emisiones en 2012 ascendieron a un total de 35500 millones de t de CO_2, que se distribuyeron principalmente entre el carbón (43%), petróleo (33%), gas (18%) y producción de cemento (5.3%). Todas estas categorías se incrementaron con respecto al año anterior, siendo el carbón la fuente que sufrió un mayor crecimiento (2.8%), y el petróleo el que menos (1.2%). La Fig. 1.7 muestra las emisiones de CO_2 en los principales países del mundo en el 2013.

Según la Agencia Europea de Medio Ambiente, la agricultura contribuye alrededor de un 10% a las emisiones totales de GEI de la Unión Europea. En función de la importancia relativa de la agricultura, de las condiciones medioambientales y climáticas y de los sistemas de producción dominantes, la contribución de la agricultura al total de las emisiones puede ser considerablemente mayor en algunos Estados miembros. En España, la agricultura representa en torno al 11% de las emisiones totales (Fig. 1.8).

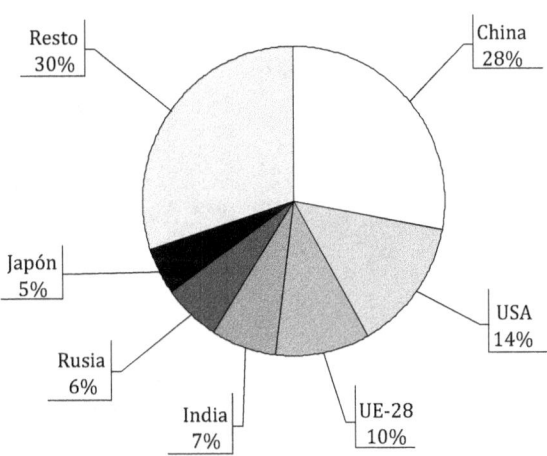

Fig.1.7 Emisiones de CO_2 en los principales países del mundo en 2013 (adaptado de Global Carbon Project, 2014)

La agricultura es la fuente dominante de las emisiones de CH_4 y N_2O a la atmósfera, contribuyendo alrededor del 50 y 60%, respectivamente de estos dos gases, cuando son contabilizadas las emisiones directas e indirectas. Aunque es difícil generalizar sobre los impactos de ambos gases en las emisiones de GEI, las tasas más altas de emisión de N_2O procedentes de los suelos ocurren generalmente cuando el contenido de N mineral de los mismos (especialmente los nitratos) es alto y la humedad está por encima del 60% del máximo potencial de retención de agua, pero debajo de la saturación. En las tierras cultivadas, estas condiciones son más probables que existan cuando llueve o se riega, lo cual suele ocurrir inmediatamente después de la aplicación de N o estiércol, en la finalización de un cultivo de leguminosas de cobertura o durante los eventos de helada-deshielo. Las emisiones de CH_4 se derivan fundamentalmente de la digestión del ganado rumiante y de las pérdidas durante el almacenamiento de los fertilizantes orgánicos (Liebig et al. 2012).

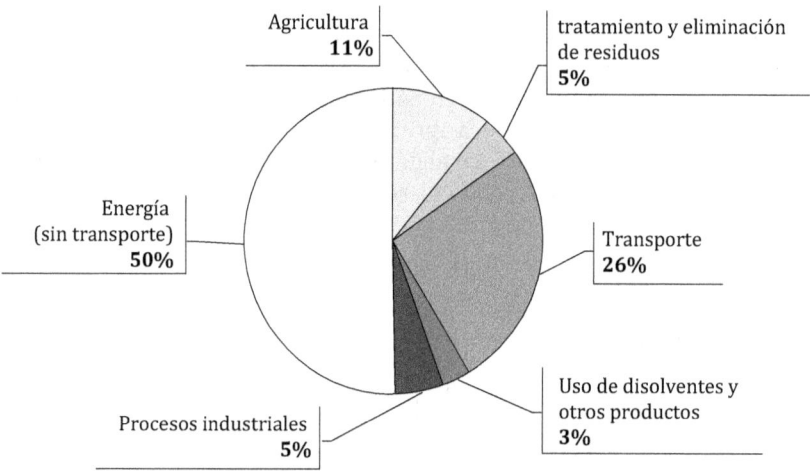

Fig.1.8 Distribución de las emisiones de GEI en España en el año 2012 (adaptado de MAGRAMA, 2013)

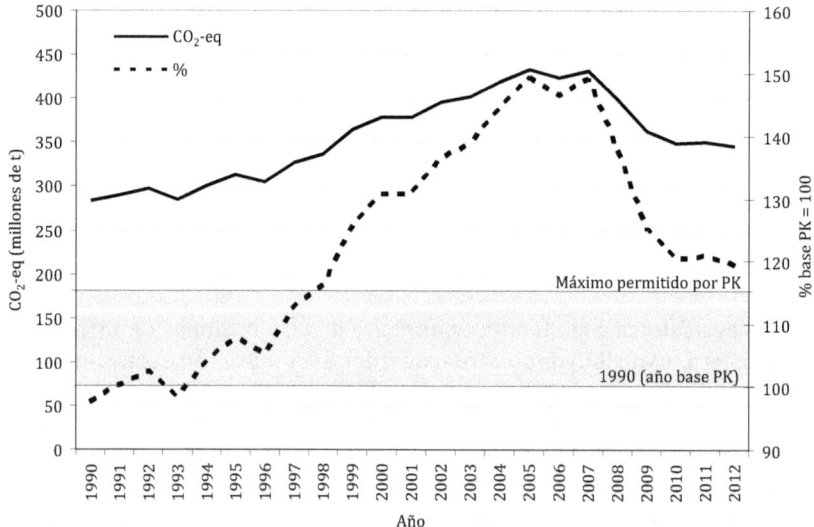

Fig.1.9 Evolución de las emisiones de gases de efecto invernadero en España (PK: Protocolo de Kioto)

La evolución de las emisiones GEI en España desde 1990 (fijado como año base por el Protocolo de Kioto), muestra un notable incremento que supera ampliamente los máximos permitidos por dicho Protocolo (115%). Solo a partir de 2008 se ha producido un descenso de las emisiones, atribuidas principalmente a la crisis económica (Fig. 1.9).

1.3 El cambio climático y el calentamiento global

1.3.1 ¿Qué es el cambio climático?

El clima es el tiempo atmosférico promedio en un determinado lugar, normalmente para un período de más de 30 años. Mientras dicho tiempo puede cambiar en unas pocas horas, el cambio climático ocurre en plazos más largos. El clima es definido no sólo por el promedio de la temperatura y la precipitación, sino también por el tipo, frecuencia e intensidad de los eventos del tiempo climático, tales como olas de calor, olas de frío, tormentas, inundaciones y sequías. El clima tiene variaciones naturales entre años; valores extremos en las temperaturas y otros eventos climáticos han ocurrido siempre a través de la historia. El cambio climático se refiere a cualquier cambio significativo en las medidas del clima (tales como temperatura, precipitación o viento), perdurable durante un extenso período (décadas o más). El cambio climático puede ser el resultado de factores y procesos naturales o de actividades humanas.

Los términos "cambio climático" y "calentamiento global" son usados con frecuencia indistintamente de forma errónea. El calentamiento global se refiere a un incremento promedio de la temperatura de la atmósfera cerca de la superficie de la tierra, lo cual puede contribuir a cambios en los modelos del clima global. Sin embargo, el aumento de las temperaturas es sólo un aspecto del cambio climático. El uso del término "cambio climático" está siendo cada día más habitual frente al de "calentamiento global", ya que ayuda mejor a transmitir que existen otros cambios, además del incremento de las temperaturas (Zhang, 2012).

Según la Convención Marco de las Naciones Unidas sobre el Cambio Climático (UNFCCC), el cambio climático puede ser definido como "un cambio del clima, atribuible directamente o indirectamente a la actividad humana, que altera la composición de la atmósfera mundial y que se suma a la variabilidad climática natural observada durante períodos de tiempo comparables".

El clima de la tierra depende del balance entre la cantidad de energía recibida del sol y la cantidad de energía que es absorbida o irradiada de nuevo al espacio. Las influencias naturales pueden alterar la cantidad de calor que es reflejada o absorbida por la superficie de la tierra, incluyendo los cambios en la intensidad del sol, la erupción de los volcanes y los ciclos climáticos multianuales. Las actividades humanas, tal como la deforestación y la producción de GEI, también afectan a este balance. Estas alteraciones, a su vez, afectan al clima a escala local, regional y global.

Para abordar con éxito los retos del cambio climático, global, regional y local, se requiere una mejor comprensión de la dinámica del sistema Tierra a muchas escalas. El cambio climático es un fenómeno muy complejo que implica la conjunción de los factores físicos, químicos y biológicos que afectan a la atmósfera, la tierra y a las superficies de agua dulce y los océanos. Numerosos estudios sobre el clima indican claramente que el cambio climático es real, atribuible en gran medida a las emisiones de GEI procedentes de las actividades humanas (ACS, 2014).

Un amplio número de evidencias científicas indican, más allá de toda duda razonable, que un cambio climático global está actualmente ocurriendo y que sus manifestaciones amenazan la estabilidad de las sociedades, así como los ecosistemas naturales y agroecosistemas. Incrementos de la temperatura ambiente y cambios en los procesos relacionados están directamente ligados a la creciente concentración antropogénica de GEI en la atmósfera; aunque ningún evento singular puede ser completamente atribuido al cambio climático (ASA, CSSA, SSSA, 2011).

1.3.2 Los efectos del cambio climático

Durante el siglo XX la temperatura de la superficie de la tierra se ha incrementado, según distintas fuentes, entre 0.6 y 1°C, con más intensidad a partir de la década de los años 80. Numerosos estudios, y en especial los informes del Grupo Intergubernamental de Expertos sobre el Cambio Climático (IPCC), sostienen que el calentamiento global es una realidad y que son las actividades humanas casi con toda probabilidad la causa de ello, principalmente debido a las emisiones de GEI generadas por estas actividades. Entre sus efectos se citan el retroceso de los glaciares y el adelgazamiento y reducción del área de hielo marino en el Ártico. Asimismo está ascendiendo el nivel de mar por el agua que vierten en el deshielo los glaciares y capas de hielo terrestre, y también por la expansión térmica de los océanos más calientes.

Desde el informe del IPCC del 2007, las emisiones de gases que atrapan el calor han seguido creciendo a pesar de la recesión económica global. En 2012, las emisiones anuales de estos gases llegaron a un máximo histórico. De no adoptarse medidas para reducir las emisiones de GEI, según dicho informe, la temperatura media del planeta experimentaría un aumento de más de 2°C, e incluso se afirma que, aún reduciéndose las emisiones de GEI, el calentamiento global continuaría aumentando durante décadas. Si bien todos los países se verán afectados, aquellos que lo sufrirán antes y más intensamente serán los más pobres, a pesar de que son los que menos han contribuido a las causas del cambio climático.

La sensibilidad de las plantas, los animales y los ecosistemas al cambio climático y los procesos relacionados con el clima está ampliamente documentada. Los ecosistemas terrestres han experimentado cambios generalizados con el clima durante el siglo pasado. Según Diffenbaugh y Field (2013), es muy probable que dichos cambios se intensifiquen en las próximas décadas y se desarrollen a una velocidad más rápida, de al menos potencialmente varios órdenes de magnitud, que los cambios a los que los ecosistemas terrestres han sido expuestos durante el pasado. Los efectos del cambio climático sobre los ecosistemas presentan lagunas, pues no siempre está claro como extrapolar los conocimientos adquiridos, a partir de observaciones a corto plazo, a escalas de tiempo más largas para juzgar el futuro cambio climático. Para ello se requieren modelos complejos que combinen los sistemas ecológicos pasados y los actuales, para explicar como el cambio climático puede afectar a las interacciones bióticas en el tiempo e identifiquen vías fructíferas para predecir adecuadamente los cambios futuros en los ecosistemas (Blois et al. 2013).

En qué medida se verán afectadas las especies en los ecosistemas alterados por el cambio climático y cuales serán las más vulnerables es incierta, aunque se conocen claramente las causas inmediatas de su desaparición (Moritz y Agudo, 2013). La utilización de los datos de los ecosistemas del mundo y las predicciones de cómo el cambio climático les afectará puede permitir identificar las zonas más y menos vulnerables al mismo, mediante la confección de mapas de vulnerabilidad que ayuden a identificar áreas donde establecer programas de actuación y actividades de conservación, generando un mayor beneficio a los ecosistemas y a los servicios que estos prestan por igual a la vida silvestre y a la población.

El impacto, directo o indirecto, del cambio climático sobre los sistemas puede presentar una variedad de formas que implican que no todas las acciones de adaptación son adecuadas para todas partes. Hasta la fecha, casi todas las evaluaciones del cambio climático han sido incompletas, debido a que la evaluación de cómo el cambio climático futuro impactará en los paisajes terrestres y marinos; sin tener en cuenta el hecho de que la mayoría de estos paisajes se han modificado de diferentes formas por las actividades humanas, haciéndolos más o menos susceptibles a éste. Watson et al. (2013) han elaborado un mapa de vulnerabilidad al cambio climático que considera la relación entre el nivel de intacto que tiene un ecosistema y su estabilidad bajo la predicción del cambio climático futuro. El estudio crea un sistema de clasificación de cuatro categorías generales para las regiones terrestres del mundo, con recomendaciones de manejo determinadas por la combinación de factores. Dicho mapa identifica como regiones más vulnerables el sur y sureste de Asia, Europa Occidental y Central, y el este de América del Sur y el sur de Australia; y como menos vulnerables las regiones intactas del norte y suroeste de África, el norte de Australia y el sur de América del Sur.

Un reciente estudio de Huntingford et al. (2013) sostiene que no existe un aumento en la variabilidad de la temperatura global a pesar de los cambios en los modelos regionales. Hay un considerable interés en determinar si en la actualidad el calentamiento global está aumentando la variabilidad del clima. Dicho interés está motivado por dilucidar si el incremento de la variabilidad y las condiciones climáticas extremas resultantes pueden aumentar las dificultades para que la sociedad se adapte a las condiciones alteradas. No obstante, hay una considerable incertidumbre si este fenómeno está ocurriendo. Dicho estudio muestra que, aunque las fluctuaciones en la temperatura anual de hecho han mostrado una sustancial variación geográfica en las últimas décadas, la desviación estándar de su evolución en el tiempo de las anomalías globales promedio de las temperaturas se ha mantenido estable. Los cambios habidos en muchas regiones de baja variabilidad climática, experimentando aumentos, han podido dar la impresión de acentuación de la volatilidad del clima. Sin embargo, el uso de valores absolutos, que es más apropiado, revela pequeños cambios. A escala regional, se han producido recientemente mayores cambios interanuales en gran parte de América del Norte y Europa. Muchos modelos climáticos pronostican que la variabilidad total decrecerá en última instancia bajo altas concentraciones de GEI; posiblemente asociada con la reducción de la cubierta del hielo marino. Todo ello está en contradicción con la idea de que un mundo en calentamiento será automáticamente una de las variaciones climáticas más generales.

La respuesta del ciclo de C terrestre al cambio climático es una de las mayores incertidumbres que afectan a las proyecciones futuras del mismo. La retroalimentación entre el ciclo de C terrestre y el clima está determinada en parte por los cambios en el tiempo de transformación del C en los ecosistemas terrestres, que a su vez es una propiedad que surge de la interacción entre el clima, el suelo y el tipo de vegetación. Según Carvalhais et al. (2014), la media global de tiempo de transformación del C es 23 ± 6 años. En promedio, el C reside en la vegetación y en el suelo en la proximidad del Ecuador por un tiempo más corto que en las latitudes norte de 75° N (media de tiempo de transformación de 15 y 255 años, respectivamente). Existe una clara dependencia de la temperatura con el tiempo de transformación del C. Igualmente existe una fuerte asociación entre el tiempo de transformación y la precipitación.

De los aproximadamente 10000 millones de t de C emitidas a la atmósfera cada año por la actividad humana, únicamente alrededor de la mitad permanecen en la atmósfera, siendo el resto absorbido por los océanos y por las plantas terrestres. Este sumidero de CO_2 ha ido creciendo de manera constante, aunque la situación podría cambiar a medida que los cambios en el clima y el uso humano de la tierra se intensifican. Una señal de advertencia del cambio potencial es que el sumidero de la tierra parece ser muy sensible a las variaciones de la temperatura y la lluvia a escala de tiempo anual.

Según Metcalfe (2014), el aumento constante de CO_2 en la atmósfera, principal impulsor del cambio climático global, se ha ralentizado por un aumento simultáneo de la absorción de las plantas superiores, al que se le denomina como sumidero terrestre de CO_2. Es incierto el por qué se está produciendo este efecto sumidero terrestre. Inicialmente se pensó como responsable a la selva tropical; sin embargo existen varias líneas de evidencia que demuestran que el centro del escenario de este cambio de situación puede ser debido a la vegetación de los ecosistemas semiáridos en el hemisferio sur.

Los resultados de la variación anual de la tierra como sumidero de CO_2, desafían el consenso actual sobre la regulación del CO_2 atmosférico de año en año; lo cual será de gran valor para detectar como las sociedades luchan para predecir y adaptarse a los cambios en que ambos sistemas atmosféricos y ecológicos se están moviendo hacia un terreno desconocido.

Los vínculos entre la lluvia y el sumidero de CO_2 de la tierra están ausentes actualmente en muchos modelos climáticos importantes. Las selvas tropicales almacenan gran parte de su C en maderas densas, que pueden tardar muchos siglos en morirse y descomponerse; mientras que la mayor parte del CO_2 absorbido a través de las regiones semiáridas es convertido en pastos y arbustos de vida relativamente corta. El aumento de los efectos de estos ecosistemas más volátiles sobre el clima mundial podría conducir a una mayor variabilidad de los niveles del CO_2 atmosférico global en el futuro. Metcalfe (2014), también señala que hay que poner de relieve la contribución clave, hasta ahora ignorada, de estos ecosistemas en el ciclo global de C y en la identificación de aquellos procesos que podrían mejorar notablemente nuestro entendimiento del futuro de los niveles del CO_2 atmosférico.

Sin embargo, existe poca información acerca de la vegetación en los ecosistemas semiáridos en comparación con otras regiones. Igualmente las rutas para el CO_2, una vez que ha sido absorbido por la vegetación semiárida, siguen siendo poco conocidas, por lo que hay pocos datos sólidos de partida para evaluar la estabilidad del sumidero de CO_2 en dichos ecosistemas. En términos generales, los sistemas semiáridos son vulnerables a una serie de factores que son difíciles de modelar, tales como el sobrepastoreo, los incendios, las inundaciones y la erosión crónica del suelo; muchos de los cuales están vinculados a la actividad humana. Estos procesos de alguna manera deben tenerse en cuenta, tanto en los modelos como en las políticas de uso y conservación de la tierra, si la función de un valor incalculable de los ecosistemas semiáridos como sumideros globales de CO_2 se va a gestionar y mantener.

El cambio climático también podría retrasar o impedir el progreso hacia un mundo sin hambre. Su impacto en la productividad de los cultivos podría tener consecuencias para la disponibilidad de alimentos. Sin embargo, el impacto potencial es menos claro a escala regional, aunque es probable que la variabilidad y el cambio climático pueden exacerbar la inseguridad alimentaria en las zonas actualmente vulnerables al hambre y la desnutrición. La evidencia apoya la necesidad de una inversión considerable en medidas de adaptación y mitigación hacia un "sistema alimentario climáticamente inteligente" que sea más resistente a las influencias del cambio climático sobre la seguridad alimentaria (Wheeler y Von Braun, 2013). El objetivo clave de la investigación actual es predecir cómo el cambio climático afectará a los ecosistemas del mundo y la población humana que depende de ellos.

El calentamiento global se ha convertido en la gran preocupación medioambiental de nuestros días. Nadie duda de que la humanidad ha influido en ese fenómeno y que siguen aumentando las concentraciones atmosféricas de CO_2, lo que influirá en la temperatura. No obstante, como afirma Lomborg (2003), debemos separar las exageraciones de la realidad, si es que queremos elegir el mejor futuro posible. En efecto, también existen numerosas opiniones que aun aceptado la evidencia del cambio climático, sostienen que sus efectos actuales y futuros son menos dramáticos y no están sólidamente fundamentados, dada la complejidad de los procesos y las incertidumbres que concurren. No está muy claro que el calentamiento global vaya a reducir la producción agrícola, al menos a escala planetaria. Sí es evidente que el calentamiento global supondrá serios costes, ya que sus consecuencias serán más graves en los países en desarrollo, mientras que en los países industrializados puede incluso resultar beneficioso, siempre que no supere los 2-3°C. El efecto sobre los países en desarrollo será mayor principalmente porque son más pobres, lo que les resta capacidad de adaptación.

1.3.3 *El Grupo Intergubernamental de Expertos sobre el Cambio Climático (IPCC)*

La Organización Meteorológica Mundial (OMM) y el Programa de las Naciones Unidas para el Medio Ambiente (PNUMA) crearon en 1988 el Grupo Intergubernamental de Expertos sobre el Cambio Climático (IPCC).

La función del IPCC consiste en analizar la información científica, técnica y socioeconómica relevante disponible sobre el cambio climático en todo el mundo. El IPCC no realiza investigaciones ni controla datos relativos al clima u otros parámetros pertinentes, sino que basa su evaluación principalmente en la literatura científica y técnica publicada. Una de las principales actividades del IPCC es hacer una evaluación periódica de los conocimientos sobre el cambio climático. El IPCC elabora, asimismo, informes especiales y documentos técnicos sobre temas en los que se considera necesaria la información y el asesoramiento científico independiente, y respalda el UNFCCC mediante su labor sobre las metodologías relativas a los inventarios nacionales de GEI (IPCC, 2014).

El IPCC tiene tres Grupos de trabajo y un equipo especial sobre inventarios nacionales de GEI. El Grupo de trabajo I evalúa los aspectos científicos del sistema climático y del cambio de clima. El Grupo de trabajo II examina la vulnerabilidad de los sistemas socioeconómicos y naturales frente al cambio climático, las consecuencias negativas y positivas de dicho cambio, y las posibilidades de adaptación a ellas. El Grupo de trabajo III evalúa las opciones que permitirían limitar las emisiones de GEI y atenuar por otros medios los efectos del cambio climático (IPCC, 2014).

El Primer Informe de Evaluación del IPCC se publicó en 1990, y confirmó los elementos científicos que suscitan preocupación acerca del cambio climático. A raíz de ello, la Asamblea General de las Naciones Unidas decidió preparar una Convención Marco sobre el Cambio Climático (UNFCCC), la cual entró en vigor en marzo de 1994.

El Segundo Informe de Evaluación "Cambio Climático 1995", se puso a disposición de la Segunda Conferencia de las Partes en la UNFCCC, y proporcionó material para las negociaciones del Protocolo de Kioto, derivado de la Convención.

El Tercer Informe de Evaluación, "Cambio climático 2001", consta también de tres informes de los grupos de trabajo sobre "La base científica", "Efectos, adaptación y vulnerabilidad", y "Mitigación"; así como un Informe de síntesis en el que se abordan diversas cuestiones científicas y técnicas útiles para el diseño de políticas. El Cuarto Informe de Evaluación fue publicado en el año 2007.

El Quinto Informe, parcialmente publicado en 2013 y concluida su completa publicación en 2014, ha sido elaborado por más de 150 autores principales y editores, al igual que otros cientos de colaboradores y revisores. Las principales conclusiones del Grupo de trabajo I, centrado en las bases científicas, muestran que el calentamiento del sistema climático es «inequívoco» y desde 1950 ha sufrido «cambios que no tienen precedente a lo largo de décadas y milenios». En este sentido, el IPCC concluye que las últimas tres décadas han sido más calurosas que cualquier otra anterior desde 1850, y aunque reconoce que el ritmo de ascenso de la temperatura en superficie se ha reducido en los últimos quince años (1998-2012) con respecto a la media de 1951-2012 (con un aumento de 0.05°C por década frente a 0.12°C), explica que esto se ha debido a la atenuación del sol por las erupciones volcánicas y a una redistribución del calor en los océanos. Según el IPCC, la evolución en periodos cortos no refleja la tendencia a largo plazo. Y esta tendencia no es otra que el calentamiento, con un aumento de la temperatura de 0.85°C desde la época preindustrial (IPCC, 2014).

El Quinto Informe del IPCC aumenta del 90 al 95% el grado de confianza en cuanto a atribuir el calentamiento que se ha producido desde mediados del siglo pasado a la mano del hombre. "Es extremadamente probable que la influencia humana en el clima causará más de la mitad del incremento observado en la temperatura media global en superficie desde 1951 hasta 2010. Hay una alta confianza en que esto ha calentado los océanos, fundido la nieve y el hielo, contribuido a incrementar el nivel del mar y modificado algunos extremos climáticos", subraya el Documento. Las proyecciones para el futuro, basadas en cuatro escenarios diferentes de aquí al fin del siglo XXI, que van de los más optimistas a los más pesimistas, en función de la intervención humana en ese tiempo, refieren que la temperatura media en superficie aumentaría entre 0.3°C y 4.8°C, en comparación con la temperatura media entre 1986 y 2005. Por tanto, es posible que el aumento de temperatura a final de siglo exceda los 1.5°C en comparación con el período 1850- 1900 en todos los escenarios considerados, salvo el más optimista, y es probable que exceda los 2°C, según los dos escenarios que comprenden los niveles más elevados de emisiones.

Teniendo en cuenta la sensibilidad climática, esto es, como responde el sistema climático a una duplicación de la concentración de GEI en la atmósfera, el Quinto Informe estima que la temperatura aumente entre 1.5 y 4.5°C. Los científicos retroceden ligeramente en su posición mantenida en el Cuarto Informe de 2007, pues rebajan el rango inferior de aumento a 1.5°C, cuando en el anterior informe se excluía cualquier cifra por debajo de 2°C. Al mismo tiempo consideran extremadamente improbable que el aumento sea menor de 1°C y muy improbable que sea superior a 6°C. Este aumento de las temperaturas medias globales traerá consigo olas de calor más frecuentes y de mayor duración. Con el calentamiento de la Tierra, se espera ver que las regiones actualmente húmedas tendrán más precipitaciones, mientras que las regiones secas tendrán aún menos, con algunas excepciones. Las proyecciones del cambio climático se basan, como se ha mencionado, en un nuevo conjunto de cuatro escenarios de concentraciones futuras de aerosoles y GEI y contemplan un amplio abanico de futuros posibles. Dicho Informe del Grupo de Trabajo I, ha evaluado el cambio a escalas global y regional para el principio, la mitad y el final del siglo XXI.

Según el Quinto Informe, el nivel del mar podría subir entre 26 y 82 cm a finales de siglo, una horquilla mayor que la apuntada en 2007, cuando se hablaba de una subida de entre 18 y 59 centímetros, pues se ha mejorado el conocimiento sobre cómo se comportan los glaciares y las capas de hielo de la Antártida y Groenlandia. En este sentido, es muy probable que el hielo marino del Ártico continúe su regresión y adelgazamiento. Las nuevas proyecciones sitúan la reducción del hielo marino en el Ártico al final del verano en un 43% para el escenario más benévolo y en un 94% para el más pesimista. Además, el Informe constata con un nivel de confianza alto que el calentamiento del océano es un factor dominante en la energía almacenada en el sistema climático y representa más del 90% de la energía acumulada entre 1971 y 2010.

Estas proyecciones están en línea con lo que se espera para la región mediterránea en su conjunto, según el Quinto Informe del IPCC, donde el incremento de temperatura será superior a la media global, y más en verano que en invierno, y una reducción de la precipitación acumulada más acusada cuanto más al sur. En toda la región mediterránea y del norte de África, el incremento de temperatura ya observado es entre 0.4 y 2.5°C, correspondiendo los valores más altos a los países del norte de África. Y se proyecta para el medio plazo (2046-2065) un aumento de la temperatura en superficie entre 2 y 3°C sobre la media 1986-2005, más o menos de una manera uniforme sobre esta región.

En cuanto a las temperaturas máximas diurnas en la citada región, el Quinto Informe señala que pueden subir entre 5 y 8°C, correspondiendo las temperaturas más altas a los países del sur de Europa, entre ellos España y Portugal, Francia, Italia, Eslovenia, Croacia, Hungría, Rumania, Bulgaria, Bosnia y Herzegovina, Serbia y Montenegro, Albania, Macedonia, Grecia y Turquía. Por su parte, el número de noches tropicales (por encima de 20°C) se incrementará hasta 60 y 90 días, con mayor ocurrencia en la zona sur de la región Mediterránea (Marruecos, Argelia, Túnez, Libia, Egipto, Mauritania y el Sahara occidental)(IPCC, 2014).

Más recientemente (abril, 2014), se ha publicado el volumen del Quinto Informe de evaluación del IPCC correspondiente a los impactos climáticos de adaptación y vulnerabilidad (Grupo de Trabajo II). En el mismo se insiste en el largo camino que la humanidad ha de recorrer para responder a los efectos del cambio climático en un futuro en el que las emisiones siguen aumentando. Aunque existen importantes incertidumbres a escala regional y mundial sobre el efecto probable del calentamiento climático en la agricultura, el informe documenta un rango de potenciales impactos, desde la reducción de los rendimientos agrícolas debido al incremento de la sequía hasta tensiones imprevisibles sobre los ecosistemas del mundo. Las proyecciones de la mayoría de los modelos indican una disminución del rendimiento de los principales cultivos alimenticios como el arroz, trigo y maíz; aunque hay proyecciones (más del 25%) que indican que los rendimientos podrían subir hasta mitad de siglo y aún más allá. También el informe plantea dudas sobre los modelos utilizados para estimar los impactos económicos al basarse en supuestos discutibles, cuestionando la fiabilidad de determinar el grado en el que el cambio climático disminuirá la riqueza y el crecimiento económico a largo plazo. Entre los enfoques para la adaptación y las estrategias, el Informe señala la diversificación económica básica y las mejoras del riego y el uso de los fertilizantes entre otros; así como la necesidad del apoyo financiero internacional a los países pobres.

El Quinto Informe del IPCC constituirá la base sobre la que se apoyen los países para negociar el futuro acuerdo de lucha contra el cambio climático, que los gobiernos se han comprometido alcanzar antes de que finalice 2015 (ver apartado 1.4).

Ahora, en su 25º aniversario, el IPCC ha crecido sustancialmente desde sus primeros días, cuando sólo unas pocas docenas de expertos fueron convocados para escribir su primer Informe de evaluación científica. Con el tiempo IPCC ha madurado, se ha hecho más firme en su mensaje de que la humanidad está calentando el planeta a un nivel que pone en peligro gran parte de la población mundial en el próximo siglo. Las advertencias del Grupo se han vuelto más seguras y específicas con el tiempo, al igual que sus evaluaciones sobre las estrategias para mitigar los problemas en el futuro (Nature, 2013).

Entre los numerosos Informes especiales, documentos técnicos y guías metodológicas emitidas por el IPCC desde su creación, sólo se ha tratado específicamente de la agricultura en un Informe especial ("Uso de la tierra, cambio de uso de la tierra y silvicultura", 2000) y una guía metodológica ("Directrices sobre buenas prácticas para el uso de la tierra, el cambio de uso de la tierra y la silvicultura", 2003).

El IPCC ha ganado prestigio por su trabajo, incluyendo el Premio Nobel de la Paz en 2007; sin embargo, muchos investigadores se preguntan si se debe seguir produciendo, esos informes mastodónticos. Entre las críticas se señalan la conveniencia de agilizar los informes (más breves y menos frecuentes; realizarlos cada 10 años); así como la falta de orientación específica sobre cómo los países deberían reducir las emisiones, cuando en realidad están aumentando en la mayoría de ellos.

En evaluaciones anteriores ya se han descrito los conocimientos básicos sobre el cambio climático, que en la actualidad son ampliamente aceptados por los gobiernos. Sin duda, el IPCC puede seguir desempeñando un papel esencial en la mitigación del cambio climático, pero tal vez sea la hora de volver a evaluar la forma en que ofrece asesoramiento a las naciones. Aunque algunos científicos han comenzado a cuestionar la utilidad del IPCC, especialmente sus procedimientos interminables, sin duda su actividad debe continuar. El "milagro" del IPCC, es que obliga a los gobiernos a tratar seriamente con la ciencia del clima (Nature, 2013).

Como ya hemos dicho, el IPCC es un organismo científico cuya tarea consiste en comparar y revisar la literatura relevante sobre el clima. Sin embargo, algunos científicos opinan que se ha extralimitado en su trabajo y atribuciones. Se ha convertido en un organismo demasiado político, siendo muchos de sus miembros más prominentes transgredidos por las presiones ejercidas por las políticas verdes, tales como la reducción de las emisiones de C y los impuestos.

Para algunos críticos de los trabajos del IPCC, éste se han limitado a describir la culpabilidad humana por el calentamiento global para presentar un mensaje claro y contundente a los políticos (Lomborg, 2003). Este autor sostiene que muchos de los científicos del IPCC son sin duda profesionales académicamente comprometidos y de una clara inteligencia, pero el IPCC trabaja en un campo minado por la política, y no le queda más remedio que tomar una responsabilidad política en sus decisiones aparentemente científicas, lo que causa un evidente perjuicio a sus informes. Cuando sus informes aparecen en los medios de comunicación, la mayoría de estos utilizan la estimación más alta de calentamiento; pero nunca mencionan la más baja.

Básicamente, el IPCC llega a la conclusión de que será necesario separar el bienestar de la producción. Será necesario hacer entender a la gente que el funcionamiento de las cosas no puede seguir mejorando, en bien del medio ambiente. En el fondo, lo que sugiere el IPCC es que necesitamos cambiar nuestro estilo de vida personal y apartarnos del consumismo. El cambio climático nos hará remodelar nuestro mundo y descubrir "estilos de vida más apropiados".

Una decisión política obligó al IPCC a dejar de estudiar los costes y beneficios del calentamiento global, para centrarse únicamente en la reducción de las emisiones GEI. Esto ha dado lugar a que una discusión tan importante como la evaluación de los costes de nuestras decisiones políticas (que suponen potencialmente billones de dólares extra en gastos) no aparezcan en los informes del IPCC (Nature, 2013).

Recientemente, Tollefson (2013) ha informado sobre un estudio que tiene como objetivo examinar "con lupa" la actividad del IPCC por parte de los científicos sociales. Estos pretenden averiguar como la dinámica interna del Grupo afecta a los resultados de sus informes. Los expertos del IPCC tienen sus reuniones a puerta cerrada y sus deliberaciones son confidenciales, y donde discuten los últimos resultados de los modelos, evalúan diferentes opciones y emiten sus valoraciones a través de los diferentes informes; pero ¿cómo exactamente se escriben estos? La realidad es que se conoce muy poco sobre el proceso real. También es otra realidad que la mayoría de la gente no tiene ni idea de lo que hace el IPCC. Por ello la "caja negra" inevitablemente genera desconfianza y alimenta las críticas entre los escépticos del cambio climático. La clarificación del proceso podría hacer que las evaluaciones del IPCC pareciesen un poco menos "mágicas" y un poco más explícitas y transparentes.

1.3.4 La polémica del cambio climático

Existen importantes lagunas en el conocimiento de la ciencia del clima como en cualquier otro campo activo de la investigación. Hay incertidumbres en las mediciones de las temperaturas pasadas, que han sido muy debatidas. El Cuarto Informe del IPCC de 2007 pone de relieve 54 "incertidumbres clave" que complican la ciencia climática. Los trabajos realizados mediante simulaciones con modelos climáticos con frecuencia muestran errores, variaciones, falta de datos, etc. Incluso datos indirectos como los anillos de los árboles no han mostrado ser tan valiosos ni fiables para reconstruir el clima del pasado (Schiermeier, 2010).

Los modelos climáticos han sido incapaces de simular el calentamiento sin la inclusión del factor de la contaminación de los GEI. Además, la famosa filtración y divulgación en 2009 de mensajes de e-mails de la Unidad de Investigación Climática (CRU) de la Universidad de East Anglia en el Reino Unido, reveló una visión del díscolo mundo de la ciencia del clima: posibles agujeros y ocultación de datos, informes contradictorios, etc... Todo ello ha puesto en evidencia algunos de los estudios del IPCC y que no están claras las tendencias predichas sobre el aumento de las temperaturas, generando que existan cada vez más "negacionistas" del cambio climático, y que sobrevuele un clima de sospecha sobre los estudios y las afirmaciones de los grupos científicos que trabajan en el cambio climático (sombras de fraude por las lagunas que existen). A todo esto se le debe sumar las incertidumbres que dificultan el esfuerzo para planificar el futuro (Kintisch, 2009).

La polémica sobre el cambio climático es una realidad desde hace años. Schiermeier (2010) la atribuye a lo que ha denominado los "agujeros negros de la ciencia climática". Se han señalado cuatro áreas críticas que son las más discutidas, tanto dentro de los círculos científicos como en la esfera pública: (1) predicción del clima regional; (2) los pronósticos de las precipitaciones; (3) los aerosoles; y (4) los datos paleoclimáticos.

En relación con la predicción del clima regional, la triste realidad de la ciencia del clima es que siendo la información más crucial es la menos fiable. Para planificar el futuro, la sociedad necesita saber cómo van a cambiar las condiciones locales, no como subirá la temperatura media global. Todavía los investigadores siguen luchando en desarrollar herramientas para pronosticar con exactitud los cambios climáticos para el siglo XXI a nivel local y regional. Las herramientas básicas para simular el clima de la Tierra son modelos que representan los procesos físicos en la atmósfera, los océanos, las capas de hielo y en la superficie terrestre. Dichos modelos tienen generalmente una resolución aproximada de 1 a 3° en latitud y longitud, lo cual es demasiado rudimentario para ofrecer mucha orientación a la población. Por consiguiente los científicos simulan cambios climáticos a escala regional acercando el "zoom" de los modelos globales; usando las mismas ecuaciones. Sin embargo, aumentar la resolución de esta forma puede plantear otros problemas. Si el modelo no simula bien algunos patrones atmosféricos, los errores se ven agravados a nivel regional. Por lo tanto, la mayoría de los expertos se muestran cautelosos cuando se les solicita que hagan predicciones regionales. Además, los modelos climáticos a pequeña escala se enfrentan a problemas particulares de incertidumbre en las regiones con una topografía compleja, tales como aquellos que poseen montañas que forman una pared entre dos llanuras climáticamente diferentes. Otra fuente potencial de error está en las proyecciones relativas a las emisiones futuras de GEI, que pueden variar dependiendo de las hipótesis sobre la evolución económica. Esto no quiere decir que las simulaciones regionales no sean válidas; lo son siempre y cuando se comprendan sus limitaciones.

El aumento de las temperaturas globales en las próximas décadas se traducirá probablemente en el incremento de la evaporación y la aceleración del ciclo hidrológico mundial, un cambio que secará áreas subtropicales y aumentará las precipitaciones en las latitudes más altas. Estas tendencias están ya siendo observadas y casi todos los modelos climáticos utilizados para simular el calentamiento global muestran una concordancia con este modelo general. Lamentablemente, las diferentes simulaciones utilizadas por el IPCC en su evaluación de 2007 ofrecen imágenes muy divergentes de nieve y lluvia en el futuro. La situación es especialmente mala para la precipitación del invierno, la estación por lo general más importante en la reposición de los suministros de agua. Las simulaciones del IPCC han fracasado en proporcionar cualquier proyección rigurosa de cómo va a cambiar la precipitación del invierno al final del siglo actual para gran parte de todos los continentes. Aún peor, los modelos climáticos subestiman aparentemente el cambio de la cuantía de precipitación, reduciendo todavía más la confianza en su capacidad de proyectar cambios futuros.

Los climatólogos piensan que la principal debilidad de sus modelos es su limitada capacidad para simular el movimiento vertical del aire, tal como la convección en los trópicos que levanta el aire húmedo a la atmósfera. El mismo problema pueden tener los modelos para las zonas cercanas a las cordilleras escarpadas. Las simulaciones también pueden perder precisión porque los científicos no acaban de comprender cómo las partículas de aerosoles (naturales y antropogénicos) en la atmósfera influyen en las nubes.

Las incertidumbres sobre la precipitación futura dificultan la planificación de la toma de decisiones, particularmente en las regiones áridas, como el Sahel en África y el suroeste de América del Norte. Grandes sequías de una duración de varias décadas han afectado a estas áreas en el pasado y se espera que vuelvan a suceder. Sin embargo, los modelos actuales hacen un deficiente trabajo al simular tales sequías de larga duración; lo cual es bastante preocupante.

El aumento de la resolución de los modelos no será suficiente para resolver los procesos convectivos que conducen a la precipitación. Para pronosticar la precipitación con mayor precisión, los investigadores están tratando, entre otras cosas, de mejorar la simulación de las variables claves del clima, tales como la formación y dinámica de las nubes. Además, cada vez se utilizan más las observaciones de satélites de alta resolución para validar y mejorar el realismo del modelo.

Los aerosoles atmosféricos, que son partículas líquidas o sólidas en suspensión y aerotransportadas, son una fuente de gran incertidumbre en la ciencia del clima. A pesar de décadas de intensa investigación, los científicos aún deben recurrir al uso de grandes barras de error al evaluar cómo las partículas de sulfatos, hollín, sal marina y polvo afectan a la temperatura y a las precipitaciones. En general, se cree que los aerosoles enfrían el clima por bloqueo de la luz solar, pero las estimaciones de este efecto varían en un orden de magnitud que está por encima de la potencia de calentamiento de todo el CO_2 añadido a la atmósfera por los seres humanos. Otro de los mayores problemas respecto a los aerosoles es la falta de datos. No se sabe lo que hay en el aire; lo que supone una gran incertidumbre sobre los procesos clave que rigen el pasado y el futuro climático. Para medir los aerosoles en la atmósfera se utilizan satélites y sensores terrestres que detectan la dispersión y absorción de la radiación solar. Pero los investigadores no tienen suficientes datos de este tipo para completar una imagen global de aerosoles en todo el mundo. Es necesario un complejo conjunto de experimentos coordinados para determinar cómo los aerosoles alteran los procesos climáticos.

No todos los aerosoles tienen el mismo efecto sobre el clima. Algunos tales como el negro de humo, absorben la luz solar y producen un efecto de calentamiento que también podrían inhibir la lluvia. Otras partículas como los sulfatos ejercen una influencia refrigerante reflejando la luz del sol. Por todo ello, el efecto neto de la contaminación global de los aerosoles en la temperatura global no está bien establecido. Varios estudios han obtenido resultados contradictorios sobre si la contaminación global producida por los aerosoles está aumentando o disminuyendo. La relación entre los aerosoles y las nubes añade otro factor de complicación. Antes de que una nube puede producir lluvia o nieve, gotas de lluvia o partículas de hielo, se requiere la presencia de aerosoles que sirven como núcleos de condensación. Sin embargo, algunos aerosoles aumentan la nubosidad y otros parecen reducirla. Los aerosoles también pueden tener un fuerte impacto en las temperaturas por la alteración de la formación y la duración de las nubes de bajo nivel, que reflejan la luz solar y enfrían la superficie del planeta. En definitiva, los científicos todavía no han descifrado la compleja interacción entre la contaminación de aerosoles, las nubes, la precipitación y la temperatura.

Por último, según Schiermeier (2010), está la controversia de los anillos de los árboles. Muchos de los correos electrónicos que se filtraron desde los equipos de la Unidad de Investigación Climática de la Universidad de East Anglia, procedían de un determinado grupo de investigadores del clima que trabajan en la reconstrucción de las variaciones de la temperatura en el tiempo. Los e-mails revelan la discusión de algunas de las incertidumbres en los registros temporales respecto a la información de los valores de clima obtenidos de los anillos de árboles y otras fuentes.

Los registros de las mediciones termométricas en los últimos 150 años muestran un aumento fuerte de la temperatura durante las últimas décadas, que no puede ser explicado por un patrón natural. Es más probable que haya sido causado por las emisiones de GEI antropogénicos. Pero los registros termométricos fiables anteriores a 1850 son escasos y los investigadores han tenido que buscar otras formas de revelar las tendencias de temperaturas anteriores. La paleoclimatología se basa en los registros de fuentes tales como los anillos de los árboles, arrecifes de coral, sedimentos de lagos, estalagmitas, movimientos glaciales y relatos históricos. A medida que crecen los árboles, por ejemplo, desarrollan anillos anuales, cuyo espesor refleja la temperatura y las precipitaciones. Aproximaciones como estas proporcionan mucho conocimiento de las fluctuaciones del clima del pasado, como el período cálido medieval comprendido entre los años de 800 a 1300, y la "Pequeña Edad de Hielo" localizada en el año 1700 (Fig. 1.10).

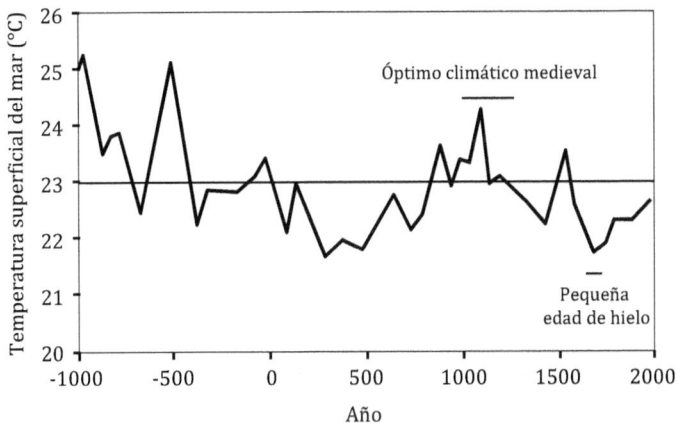

Fig.1.10 Temperaturas superficiales en el mar de los Sargazos (con una resolución de tiempo de aproximadamente 50 años). La línea horizontal es el promedio de temperatura para este período de 3000 años (adaptado de Robinson et al. 1998)

Cuando los registros para el hemisferio norte se procesan juntos, muestran un patrón parecido a un palo de hockey, con un aumento considerable de las temperaturas durante el siglo XX, por encima de las condiciones medias a largo plazo (Fig. 1.11). A partir de estos datos, se llegó a la conclusión que la década de los años 1990 fue probablemente más cálida y 1998 el año más cálido en al menos un milenio. Sin embargo, el uso y la interpretación de tales registros ha generado un importante controversia, en particular las estadísticas utilizadas para analizar los datos de los anillos de los árboles. Es posible que cuando las temperaturas exceden de un cierto umbral, el crecimiento del árbol responda de manera diferente. No obstante, algunos científicos afirman que el problema de la divergencia en los anillos de los árboles se limita a unas pocas regiones de altas latitudes en el hemisferio norte, y no es omnipresente incluso allí. Sin embargo, la cuestión de esta divergencia sigue siendo un motivo de debate en la comunidad científica, en el sentido de que siempre y cuando no se entienda por qué difieren, no se puede estar seguros de que estos representan con precisión el pasado. En consecuencia, la mejora de la utilidad de tales registros requerirá una mejor comprensión de cómo las diferentes especies de árboles crecen y responden al cambio climático.

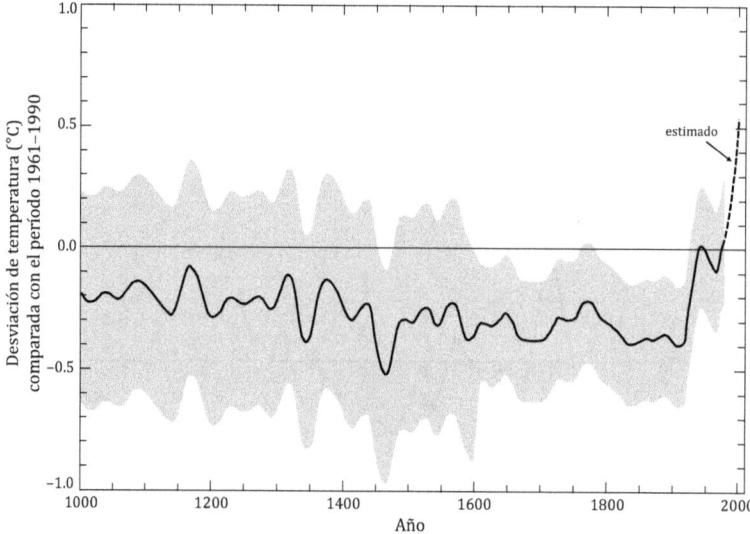

Fig.1.11 Reconstrucción de la temperatura del hemisferio norte durante los últimos 1000 años. Hay una tendencia errática al enfriamiento durante finales del siglo XIX, seguida de un calentamiento abrupto durante el siglo XX. La zona sombreada indica las incertidumbres (adaptado de Mann et al. 1999)

Las incertidumbres siguen siendo sustanciales sobre todo en la realidad y valoración del calentamiento global. Desde 1998 se ha producido un estancamiento del mismo, que los científicos consideran un misterio que tratan de descifrar. En aparente desafío a las proyecciones de los modelos climáticos y las crecientes emisiones de GEI, las temperaturas atmosféricas medias han aumentado muy poco. Esta pausa en el calentamiento global ha sido relacionada con los océanos, que capturan el 93% de la energía que se añade al sistema climático, avivando el aumento del nivel del mar y otros impactos climáticos (Schellnhuber et al. 2014, Victor y Kennel, 2014). Según Tollefson (2014), las simulaciones realizadas con anterioridad a la evaluación del IPCC del 2013-2014, sugieren que el calentamiento debería haber continuado a un ritmo medio de 0.21°C por década desde 1998 hasta 2012; en cambio el calentamiento observado durante este período fue sólo de 0.04°C por década. Para algunos escépticos, los modelos pueden estar sobreestimando el efecto de los GEI y que el calentamiento futuro podría no ser tan fuerte como se temía. A pesar del notable progreso en la determinación de las limitaciones de observación para el futuro calentamiento medio global, el rango de incertidumbre en la contribución estimada de los GEI al calentamiento global medio es aún muy grande (de 0.5°C a 1.3°C), proviniendo una gran parte de esta incertidumbre de las dificultades para distinguir los efectos del calentamiento inducido por los GEI de otros efectos, en particular el efecto de enfriamiento de los aerosoles troposféricos (Hegerl y Stott, 2014).

Es simplista decir que el cambio climático hace que el planeta se caliente de manera uniforme. El clima de la tierra es un sistema complejo y su respuesta a alguna fuerza externa no será lineal. Debido a esta complejidad, se necesitan modelos climáticos aún más sofisticados para comprender profundamente los mecanismos climáticos (Palmer, 2014).

Schellnhuber et al. (2014) han señalado que las imágenes agobiantes, que sobre el cambio climático están surgiendo de la investigación científica, siguen siendo lamentablemente imprecisas, borrosas y fragmentadas. La razón principal de esta vaguedad es tan obvia como tentadora: la enorme diversidad y complejidad de los efectos potenciales del cambio climático sobre la multitud existente de regiones, sectores y culturas, hacen que el rápido avance de conocimientos sólidos en este campo sea extremadamente difícil. La comunidad científica tiende a pasar por alto el tema complicado y multifacético de los impactos del cambio climático para centrarse en líneas de investigación mejor definidas, tales como la relación entre las emisiones de GEI y el aumento de la temperatura media global de la superficie terrestre o los costes económicos de limitar el calentamiento a niveles específicos; lo que ha permitido notables progresos en las últimas dos décadas y alcanzar un alto grado de coordinación a través de IPCC. Sin embargo, como sostienen Victor y Kennel (2014), la temperatura media global no es un buen indicador de la salud del planeta; en su lugar es mejor seguir una serie de signos vitales. La meta establecida de detener el calentamiento global a 2°C por encima de los niveles preindustriales no es el objetivo más apropiado. Políticamente se ha permitido a algunos gobiernos fingir que están tomando medidas serias para mitigar el calentamiento global, cuando en realidad no se está logrando casi nada. Científicamente hay mejores formas, para medir el estrés que los seres humanos están ejerciendo sobre el sistema climático, que el crecimiento medio de la temperatura global de superficie (la cual, como ya se ha mencionado, se ha estancado desde 1998), estando pobremente conectada a la realidad que los gobiernos y las empresas pueden controlar directamente.

También la estimación de la contribución humana al cambio de temperatura regional y los eventos extremos sigue siendo una gran incertidumbre. Existen varios factores que limitan la atribución del cambio de la temperatura regional y los eventos extremos al cambio climático. En primer lugar las lagunas de datos son un problema en algunas regiones y latitudes. Ciertos cambios regionales solo pueden ser observados cuando existen datos a largo plazo. Otro aspecto son las influencias locales, tales como los cambios en la cubierta terrestre y la contaminación que reduce la radiación solar, que a menudo son poco conocidas y difíciles de separar de la gran variabilidad natural. En tercer lugar, los cambios sistemáticos en los sistemas climáticos podrían influir en el clima local y en la incidencia de los eventos extremos. La comprensión y predicción de estos cambios es mucho más difícil de determinar que los cambios en las temperaturas medias. Para conocer en que medida el cambio climático inducido por el hombre es culpable de las consecuencias perjudiciales de los eventos extremos, se necesita información fiable para determinar si la influencia humana ha cambiado el riesgo de ocurrencia de tales fenómenos. Cuando los cambios regionales parecen ir en contra de la tendencia esperada a largo plazo, los científicos deben determinar si esto se debe a la variabilidad climática que enmascara el cambio climático, o porque las observaciones y los modelos no están de acuerdo como resultado de la deficiencia de estos últimos. No hay duda de que las actividades humanas son la causa principal del calentamiento global durante los últimos 60 años, aunque el trabajo para entender mejor las causas de los cambios en el clima regional, y con ello comprender mejor nuestra vulnerabilidad a los fenómenos climáticos extremos, está lejos de ser un hecho (Hegerl y Stott, 2014).

Aunque teniendo en cuenta las cuestiones e incertidumbres anteriores, el IPCC sostiene que la mayor parte del calentamiento ocurrido desde la mitad del siglo XX se debe muy probablemente a los incrementos en la concentración de GEI de origen humano. Esta declaración sigue siendo sólida, ya que se basa en múltiples líneas de evidencia que examinan muchos aspectos del sistema climático.

Es evidente que no existe un consenso científico sobre la influencia del hombre en el clima. Un ejemplo de ello es la plataforma que fue creada en 2009 por un grupo de 150 científicos de 15 países que, con antelación a la Cumbre de Copenhagen, dirigieron un escrito al Secretario General de la ONU cuestionando la teoría del calentamiento sostenida por el IPCC y las medidas políticas que se pretendían adoptar. Dicho grupo afirma que no existen evidencias empíricas de que las emisiones de GEI producidas por el hombre son el origen y la causa del calentamiento global. Por ello son opuestos a la implantación de costosas medidas económicas y medioambientales destinadas a limitar las emisiones de CO_2. Este grupo sostiene que la ciencia del cambio climático, a pesar de su rápida evolución, no está madura para tomar, apoyándose en la misma, medidas políticas y económicas de gran alcance (ICSC, 2013).

Según Ruddiman (2008), la dimensión del futuro calentamiento debido al efecto invernadero depende básicamente de dos factores: los niveles que lleguen a alcanzar las concentraciones de CO_2 y otros GEI provenientes de las actividades humanas, y lo sensible que resulte ser el sistema climático a tales niveles de concentración. Responder a ambos interrogantes conlleva no pocas incertidumbres.

Cualquier climatólogo creíble convendrá en que al menos parte del calentamiento observado tiene que obedecer al incremento de las concentraciones de GEI observado, pero prácticamente ninguno sostendrá que todo el calentamiento se deba únicamente a los GEI. También hay otros factores que afectan al clima, y es necesario desenmarañarlos antes de llegar a una conclusión sobre la dimensión del impacto de los seres humanos en el clima durante la era industrial.

Una observación aparentemente anómala es que el calentamiento climático de los últimos doscientos años no ha sido mayor que el causado por el hombre durante la época preindustrial, a pesar de que el incremento del CO_2 y del CH_4 de origen humano si lo ha sido. La explicación principal es que el sistema climático tarda décadas en ajustarse plenamente a los GEI que llegan de golpe, y que la temperatura global todavía no ha reflejado el incremento explosivo de esos gases ocurrido durante el último medio siglo. Otro factor probable es que el calentamiento debido a los GEI se haya amortiguado en parte por otro tipo de emisiones industriales (Ruddiman, 2008).

El único método claramente establecido para reducir de forma significativa las emisiones de CO_2 es disminuir de forma relevante el consumo energético. El control de la energía significa el control sobre la economía y sobre la vida. Es evidente que del resultado de esta batalla por la energía y la soberanía económica, a través del debate libre y abierto sobre ciencia y política, dependen muchísimas cosas; razón por la cual los alarmistas hacen todo lo posible por evitar que dicho debate se produzca. Declaran que existen ya un "consenso" en relación a este tema, un concepto político que en general es ajeno al método científico (Lomborg, 2008).

No cabe ninguna duda que la humanidad ha sido la causante de un importante aumento en los niveles de CO_2 durante los últimos siglos, contribuyendo así al calentamiento global. Lo que sí es en cambio discutible, es si la única respuesta posible consiste en gastar cantidades nunca vistas antes en programas de reducción de emisiones de CO_2. Este aspecto es especialmente cuestionable en un mundo en el que millones de personas viven en la pobreza, en el que millones de individuos mueren por causa de enfermedades cuya cura es posible y en el que dichas vidas, sociedades y medioambiente podrían salvarse por un precio bastante inferior. El tema del calentamiento global es muy complejo. Nadie ha dicho disponer de todos los conocimientos, ni las soluciones, sin embargo es necesario que dirijamos nuestras mentes y nuestros recursos hacia la forma más efectiva de contrarrestar los efectos a medio plazo del calentamiento global. Hoy en día, a cualquiera que no apoye plenamente las soluciones más radicales propuestas para frenar el calentamiento global, se le margina y se le acusa de irresponsable. Pero esta no es la mejor forma de enmarcar un debate sobre un asunto tan crucial. Este tema se está convirtiendo cada vez más en un conflicto fundamentalmente político e ideológico de nuestra época, pese a que es un tema secundario (Lomborg, 2008).

El "cambio global", término que abarca la dimensión y el impacto del futuro cambio climático provocado por las emisiones de GEI de origen humano, es uno de los temas más polarizados de toda la ciencia. Las evaluaciones científicas de este impacto tienen implicaciones directas sobre sectores económicos tan fundamentales como el transporte, la generación de electricidad y la calefacción, etc. Hay grandes sumas de dinero pendientes de las decisiones de los gobiernos sobre qué política energética hay que adoptar en respuesta al problema, y esa vinculación convierte el cambio global en una cuestión política fundamental.

En el debate sobre el cambio global, los defensores del medio ambiente se suelen situar en una posición extrema, preocupados por los daños que sufrirá éste si la utilización de los combustibles fósiles provoca un cambio climático a gran escala. Algunos sectores de actividad adoptan la postura opuesta, afirmando que los esfuerzos por mitigar el impacto del cambio climático serán perjudiciales para la economía. No obstante, entre ambos grupos se pueden encontrar numerosas excepciones a esta norma general.

Según Klaus (2007), últimamente el calentamiento global se ha convertido en el símbolo y, de hecho, en el ejemplo típico de la disputa "verdad *versus* propaganda". Se ha establecido una verdad políticamente correcta y oponerse a ella no es fácil, a pesar de que haya numerosas personas, entre ellas reconocidos científicos, que ven el problema del cambio climático, sus causas y consecuencias, de manera diferente a esta opinión generalizada. Les aterra la arrogancia de quienes defienden la hipótesis del calentamiento global, y las derivadas de ella, que relacionan dicho calentamiento con actividades concretas del hombre. Temen las consecuencias que esto pueda tener para todos nosotros en el futuro. Para Horner (2007), el problema del calentamiento global es más bien asunto de las ciencias sociales que de las ciencias naturales, trata más del ser humano y de su libertad que de la oscilación de unas décimas de grado en las temperaturas medias.

Ambos extremos del debate sobre el cambio global producen distorsiones. Los extremistas conservacionistas son los más proclives a las exageraciones alarmistas, mientras que los extremistas pro-industriales impugnan o incluso niegan sistemáticamente una serie de conocimientos básicos procedentes de la ciencia dominante. Ambas tendencias están llegando a un punto que perjudica en general la investigación climatológica. Según Lomborg (2003), hay una ola de intolerancia en el debate sobre el cambio climático que está erosionando la libertad de expresión y anulando la discusión racional. Como tantas veces nos ha enseñado la Historia, la ciencia y la humanidad florecen en un ambiente de libre discusión que no reprime las discrepancias. En ocasiones, incluso este debate se reconduce a la conclusión de que la humanidad y el progreso son el problema en vez de la solución, y que nuestra huella sobre la Tierra es opresora. No podemos caer en las simplificaciones de una falsa "ecología de denuncia "que lo mezcla todo (el calentamiento del clima, la biodiversidad, la contaminación urbana, la población mundial, la desertización, etc.), con el objetivo de suscitar miedo..., y al final no resolver nada ante la inmensidad de los problemas, que debemos acometer con prontitud pero sin celeridad, separándolos uno a uno pero sin olvidar la visión de conjunto. Los problemas son reales, pero la incertidumbre no lo es menos. El miedo nos suele inclinar a emplear nuestros recursos y nuestra atención en resolver problemas "fantasmas", olvidando las cuestiones reales y acuciantes (posiblemente no ecológicas).

No es la voz de los científicos la que suele escuchar el público en la cobertura mediática sobre el cambio climático, precisamente debido a que intentan equilibrar las cuestiones complejas y aún no dilucidadas. La gente de la calle oye hablar sobre todo a personas que se sitúan más bien hacia los extremos de la cuestión del calentamiento global, personas que actúan como portavoces de los grupos de interés. Esos portavoces citan los resultados de la investigación científica, pero lo hacen de forma sumamente selectiva y reduccionista, omitiendo las reservas que siempre integran una evaluación científica completa, cuidándose mucho de inscribir los resultados que citan en un contexto más amplio y pasando por alto la información contradictoria que perfilaría una visión más global. No es especialmente difícil extraer resultados científicos aislados y encadenarlos como más le convenga a uno para subrayar un solo aspecto de un tema complejo (Ruddiman, 2008).

Si lo situamos en el marco más amplio de las preocupaciones medioambientales y por los recursos, y pese a que probablemente los cambios sean cuantiosos, el cambio climático global no es el problema más grave que afronta la humanidad. A corto plazo, hay otros muchos problemas medioambientales que ya son más preocupantes, sobre todo algunos grandes cambios ecológicos. A largo plazo, las preocupaciones humanas probablemente se orienten hacia el problema del agotamiento paulatino de los recursos insustituibles que nos ha ofrecido gratuitamente la Tierra, como los combustibles fósiles, el agua potable y la capa superior del suelo.

Los importantes avances en la concienciación ambiental que se han producido en la última década, desde el reciclaje hasta el uso más racional del agua, una mejor disposición personal ante el ahorro energético, etc., deberían fundamentarse en un cambio en la escala de valores que guiase nuestra sociedad, transformando la cultura del "tener" por la del "ser". El ser humano tiene el derecho de usar los recursos naturales de modo responsable, cuidando su reposición, evitando degradaciones irreversibles y pérdidas irreparables; es decir, de un modo sostenible. Cuando nuestro espacio vital no tiene como guía motivaciones más elevadas – espirituales – muy posiblemente se llene de una calculadora actitud ante la vida que sólo considera un balance coste-beneficio, ya sea material o personal, dejando a un lado cualquier visión de futuro donde tengan cabida mejores y más profundas relaciones interpersonales y medioambientales en esta nuestra casa – la Tierra – que es, ha sido y será de todos (Lomborg, 2003).

Según Horner (2007), a las generaciones venideras quizá les parezca divertido y hasta sorprendente el hecho de que, a principios del siglo XXI, el mundo desarrollado haya sucumbido al pánico a causa de un aumento global de la temperatura media en unas décimas y que la humanidad, basándose en una monumental exageración de inciertas previsiones virtuales, haya llegado a replantearse la vuelta al punto anterior a la era de la industrialización.

1.3.5 Estrategias frente al cambio climático

La preocupación internacional respecto al cambio climático ha originado que muchos países se hayan comprometido a reducir sus emisiones de GEI. No cabe duda que el incremento del CO_2 atmosférico es un problema global, sin embargo no se le presta mucha atención a la dimensión temporal del mismo. Obviamente este incremento debe ser mitigado, tanto reduciendo las fuentes de dicho gas como extrayéndolo de la atmósfera de forma biótica o abiótica. La forma biológica captura y secuestra el C en las plantas y el suelo mediante la fotosíntesis. Durante la última década se han hecho planes ambiciosos y fuertes inversiones públicas para hacer factibles los proyectos de captura y almacenamiento de C; sin embargo la cuestión no está clara por el momento, a pesar de que el tema según la revista Nature (2014a) parece ser el "hada madrina" del cambio climático, o al menos de los políticos. Quedan muchas preguntas acerca de la viabilidad a largo plazo de una contribución seria y sostenida de la captura y almacenamiento de C al esfuerzo global para reducir las emisiones de GEI, y sobre todo la forma de garantizar que el C almacenado se mantenga tal cual. Aún así, son necesarios programas más amplios de despliegue tecnológico y de incentivos económicos que favorezcan el secuestro y estabilización del C. A largo plazo, la capacidad de eliminar el CO_2 del aire debe ser vista como una herramienta esencial para la gestión de riesgos climáticos asociados al C. Por lo tanto, es necesario un serio esfuerzo de investigación para desarrollar estrategias de reducción de las emisiones de CO_2 y de secuestro de C, de forma biológica y artificial, para poder minimizar dicho impacto.

No obstante, en un contexto de incertidumbre, la acción más prudente es intentar reducir al mínimo las emisiones de GEI utilizando las tecnologías actuales y futuras para evitar los efectos más graves del cambio climático, y que supongan al mismo tiempo la obtención de beneficios económicos derivados de la reducción del consumo de combustibles fósiles. Anticipar el futuro bajo la influencia del cambio climático es uno de los retos más importantes de nuestro tiempo. Como parece evidente que el fuerte aumento de las emisiones de GEI está jugando un importante papel en el calentamiento global actual, frenar el apetito voraz por el uso del C sería la mejor solución.

El informe Stern (2006), elaborado por este economista a petición del Gobierno del Reino Unido, sobre la economía del cambio climático y el calentamiento global, sugiere que el coste de la adopción de medidas para reducir las emisiones de GEI representaría aproximadamente el 1% de Producto Interior Bruto (PIB) global anual. Por el contrario, valora las pérdidas en un mínimo del 5% de PIB anual debido al coste y el riesgo total del cambio climático. Dicho informe ha sido muy discutido y tildado de exagerado y tremendista, y de falta de rigor en su valoración de los efectos futuros del cambio climático, por muchos expertos en la economía y la ciencia del clima. Stern sostiene que entre las acciones a tomar en relación con el cambio climático están la creación de tecnologías energéticas bajas en consumo de C, al igual que de bienes y servicios. Ello generaría oportunidades comerciales de nuevos mercados y una importante fuente de empleo.

El informe Stern propone a escala internacional los siguientes elementos clave: (1) el intercambio de las emisiones de GEI existentes entre las distintas partes del mundo como un potente medio de promoción de reducciones rentables de las mismas y una forma de anticipar las medidas en los países en desarrollo; en este sentido los países ricos podría aportar anualmente miles de millones de dólares en apoyo de la transición hacia un desarrollo bajo en emisiones de C; (2) la cooperación en el desarrollo de inversiones en tecnologías innovadoras y el apoyo al I+D en el sector energético y a la aplicación de nuevas tecnologías bajas en C; (3) la aplicación de medidas para reducir la deforestación, que representarían un método altamente rentable de reducir las emisiones (las pérdidas de los bosques naturales del mundo contribuyen a las emisiones globales anuales de GEI más que el sector del transporte); (4) la integración del cambio climático en las políticas de desarrollo de los países pobres, que son los más vulnerables; esto implicará a su vez que los países ricos se comprometieran a incrementar su apoyo y asistencia a una mejora de la información regional sobre las consecuencias del cambio climático y a la labor de investigación sobre nuevas variedades de cultivos que muestren mayor resistencia a las sequías y a las inundaciones.

Sin embargo, a pesar de la intuición generalizada de que necesitamos tomar medidas drásticas frente a un calentamiento global tan costoso, según Lomborg (2003) los análisis económicos muestran claramente que resultará más caro reducir las emisiones de CO_2 de forma radical que pagar los costes de la adaptación al incremento de las temperaturas.

Garantizar el desarrollo humano sostenible para las futuras generaciones implica poner límites a las presiones que ejerce la sociedad global en nuestro planeta . El calentamiento global es sólo una de esas presiones; la acidificación de los océanos, la contaminación química y la tasa de pérdida de biodiversidad son otros ejemplos. Estos efectos no se producen de forma aislada; muchos están entrelazados y por lo tanto exigen un enfoque integrado que explícitamente represente las posibles interacciones. Steinacher et al. (2013), han mostrado la importancia de la perspectiva de tales sistemas integrados y han cuantificado las formas en que la realización simultánea de múltiples objetivos de sostenibilidad influyen en la cantidad de emisiones de C que se nos autoriza emitir. Su hallazgo más sorprendente es que cuando no se permiten que varios límites se sobrepasen, las emisiones de C son generalmente más bajas que el límite individual más restrictivo, lo cual es un resultado directo de este enfoque holístico.

Steinacher et al. (2013), no se han limitado sólo al estudio del calentamiento, también incluyen en su análisis aspectos e interacciones de la atmósfera, la hidrosfera y la biosfera. Así realizan un importante esfuerzo adicional más allá de los estudios previos que se centraban en la temperatura u otros efectos de forma aislada. Ellos imponen límites en diversas variables objetivo del sistema climático que están relacionadas con uno o más de los ámbitos antes mencionados: el calentamiento medio global, el aumento del nivel del mar por la expansión térmica, los indicadores de la acidificación del océano, los cambios en la producción primaria neta de la biosfera terrestre y la pérdida de C de los suelos de cultivo. Los resultados del estudio demuestran claramente la importancia de las evaluaciones holísticas e integradas en el desarrollo humano sostenible. El enfoque convencional de los cambios de temperatura por sí solo debería avanzar hacia una explicación más completa de objetivos múltiples y sus interacciones, desde el nivel global hasta la escala local. Ellos hacen un llamamiento no sólo a una mayor integración de los procesos geofísicos y los ciclos biogeoquímicos, sino también hacia enfoques que exploren respuestas políticas integradas a esos desafíos.

En conclusion, Steinacher et al. (2013) aportan más peso a la gran cantidad de evidencias científicas que demuestran el creciente riesgo de superación de los umbrales de impacto climático si se retrasa más una actuación global. Desde un punto de vista positivo, señalan la búsqueda de soluciones consistentes e integradas a estos retos; es el caso típico de sinergias significativas que pueden encontrarse si varios objetivos se persiguen simultáneamente. En definitiva dicho estudio aporta una pieza importante en el puzle que intenta gestionar la transición hacia un futuro sostenible para nuestra sociedad, un puzle que en si mismo, sin duda, es objeto de un gran debate social.

La tasa y magnitud del cambio climático, en última instancia, que experimenten los ecosistemas terrestres serán determinadas principalmente por las decisiones humanas, las innovaciones y los desarrollos económicos que regirán las futuras emisiones de GEI. La evaluación de posibles cambios futuros en las condiciones climáticas ecológicamente críticas requiere tres tipos diferentes de información. En primer lugar, la comprensión de los aspectos del cambio climático que conducen a una respuesta biológica. En segundo lugar, una comparación de los cambios climáticos actuales y futuros con ejemplos del pasado, incluyendo tanto la magnitud como la rapidez del cambio. En tercer lugar, una visión del contexto en el que el cambio climático actual se está produciendo, y las consecuencias de éste en la estructuración de las limitaciones y oportunidades (Diffenbaugh y Field, 2013). Para estos autores, la trayectoria del clima en el siglo XXI dependerá de tres clases de factores: (1) el desequilibrio de la energía que ya está integrado en el sistema como resultado de aumento de GEI y otros cambios; (2) la intrínseca sensibilidad del sistema climático a la presión antropogénica, incluyendo el ciclo de C en la atmósfera y otras evaluaciones; y (3) la magnitud futura del aumento de GEI y de los aerosoles aún no liberados. Los análisis de las tendencias observadas y los registros geológicos proporcionan una visión crítica de los dos primeros tipos de factores, pero la incertidumbre sobre el ritmo y la evolución de las emisiones futuras crean la necesidad de experimentos controlados que puedan explicar los umbrales potenciales, la retroalimentación, y las no linealidades. Debido a que tales experimentos no se pueden ejecutar en el sistema global real, los modelos climáticos se utilizan para explorar futuros posibles. El verdadero problema que tenemos que resolver a fin de entender realmente cómo el ambiente de la Tierra puede cambiar es el de los impactos acumulativos. Abordar los problemas de dimensiones acumulativas es una prioridad si queremos encontrar soluciones viables a las crisis ambientales reales de las próximas décadas.

Si no se establecen metas científicamente relevantes, será difícil para los científicos y los políticos explicar como las grandes inversiones realizadas en la protección del clima puede tener resultados tangibles. En parte, la reacción de los "negacionistas" tiene sus raíces en la obsesión de los políticos con la temperaturas globales, que no varían al mismo ritmo que los verdaderos peligros del cambio climático. Son necesarios nuevos objetivos. Es hora de realizar un seguimiento de una serie de signos vitales planetarios, como indican Victor y Kennel (2014), tales como los cambios en el contenido de calor de océano, que están mejor conectados con el entendimiento científico de los factores que causan los riesgos climáticos. Los objetivos también deben establecerse en función de los muchos gases individuales emitidos por las actividades humanas y las políticas para mitigar estas emisiones.

Para Victor y Kennel (2014), un simple índice de riesgo de cambio climático no puede existir. En su lugar, se necesita un conjunto de indicadores para medir las diversas tensiones que los humanos están generando sobre el sistema climático y sus posibles impactos. Se necesita para el clima, al igual que para la medicina, un conjunto de índices de signos vitales. El mejor indicador ha estado siempre presente: las concentraciones de CO_2 y otros GEI (o el cambio en el balance de radiación causado por esos gases). Dichos parámetros están actualmente bien medidos a través de una red de vigilancia internacional. Una meta global de concentraciones medias en los años 2030 y 2050 debería ser acordada y traducida a emisiones específicas y a esfuerzos políticos actualizados, de modo que cada gobierno pueda ver claramente como sus acciones se suman a los resultados globales. Algunos contaminantes que perturban el clima, como el CH_4 o el hollín, tienen enormes variaciones regionales y locales, y las incertidumbres siguen siendo importantes debido a la relación entre las emisiones humanas y las concentraciones medidas.

Los responsables de las políticas climáticas también deben rastrear el contenido de calor del océano y la temperatura de las latitudes altas. La energía almacenada en los océanos profundos será liberada durante décadas o siglos; el contenido de calor del océano es una buena aproximación al riesgo a largo plazo para las generaciones futuras y la ecología a escala planetaria. Las temperaturas de las latitudes altas, son muy sensibles a los cambios del clima y conducen a abundantes daños materiales; son también útiles para influir en los signos vitales planetarios. Lo que se necesita, en última instancia, es un índice de volatilidad que mida la evolución del riesgo de eventos extremos; de manera que los signos vitales globales puedan ser acoplados a la información local, que es la que interesa a la población (Victor y kennel, 2014).

Objetivos viables han demostrado ser difíciles de articular desde el comienzo de los esfuerzos de la política climática. Desde un principio se formuló la meta en términos más concretos: la temperatura media global. Fue adoptada, como ya se ha mencionado, la cifra de 2°C, pero con poca base científica; sin embargo ofrecía un punto focal simple y era familiar a partir de las discusiones más tempranas, donde participaban el IPCC, la Unión Europea y el grupo de países industrializados (G-8). En esos momentos la meta de los 2°C sonaba audaz y quizás factible. Desde entonces han surgido dos problemas desagradables. En primer lugar el objetivo es racionalmente inalcanzable. El segundo, debido a los fallos continuados para mitigar las emisiones globalmente, el aumento de las mismas está en camino de superar este límite. Sin duda, los modelos muestran que es posible limitar en todo el planeta las emisiones para alcanzar el objetivo. Pero estas simulaciones hacen suposiciones heroicas, tales como la casi inmediata cooperación mundial y la amplia disponibilidad de tecnologías, tales como los métodos de captura y almacenamiento de C bioenergético que no existen aún ni a escala de demostración (Victor y Kennel, 2014).

Ya que las preocupaciones por el calentamiento futuro, suenan con fuerza y son políticamente correctas, el objetivo de 2°C ha permitido a los políticos dar la imagen que ellos están organizados para la acción, cuando de hecho la mayoría ha hecho muy poco. Pretender que están persiguiendo esta meta inalcanzable, también ha permitido a los gobiernos ignorar la necesidad de adaptación masiva al cambio climático. En segundo lugar, la meta de los 2°C es poco práctica; se relaciona probabilísticamente a las emisiones y las políticas, pero no les dice a los gobiernos y a las personas en particular lo que se puede hacer. Históricamente, en otras áreas de la política internacional, las metas han tenido un gran efecto cuando se han traducido en acciones concretas alcanzables.

También persiste una gran incertidumbre sobre cómo las naciones lucharán contra el cambio climático ¿Cuántos países cooperarán? ¿En qué medida se va a depender de la energía nuclear? ¿Cuánto tardarán las energías renovables en ser implementadas y a qué precio? Más allá de las preocupaciones inmediatas, los investigadores también tienen que lidiar con las posibles estrategias de mitigación más a largo plazo, como la captura y almacenamiento de C a gran escala o el desarrollo de grandes proyectos de geoingeniería destinados al rápido aplazamiento del calentamiento.

Otro debate cada vez más polémico, y que está relacionado con el clima, son los beneficios de los biocombustibles obtenidos a partir de plantas y microorganismos. La abundante literatura científica actual está dividida sobre si los efectos indirectos de la producción de cultivos para combustibles hacen más daño que bien al clima. También están presentes los temores de que una excesiva producción de bioenergía podría causar escasez de alimentos, lo cual hace que el debate sea aún más enconado (López-Bellido y López-Bellido 2012 y López-Bellido, et al. 2014).

Un impuesto directo sobre el C tal vez sea la forma más efectiva de reducir las emisiones y promover la innovación respetuosa con el clima. No obstante, la transformación mundial hacia una economía de bajas emisiones de C no se puede lograr, no importa cuáles sean los principales objetivos a los que los países emisores podrían comprometerse, sin incrementar sustancialmente el uso de energías renovables en todos los sectores de la economía. Según Lomborg (2003), análisis bastante razonables sugieren que las energías renovables, y en especial la energía solar, serán competitivas e incluso mejores que los combustibles fósiles a mediados del siglo XXI, lo que significa que un escenario de uso intensivo de combustibles fósiles es bastante improbable, y que las emisiones de C seguirán probablemente un modelo de transición hacia los combustibles no fósiles.

Durante las últimas cinco décadas, los ecosistemas terrestres han absorbido el 25-30% de las emisiones de CO_2 antropogénico, produciéndose gran parte de esta absorción a través de la acumulación de C en la biomasa forestal y en los suelos. Los mecanismos propuestos para este sumidero neto de C son atribuidos a la mejora del crecimiento de la vegetación debido al CO_2, a la fertilización nitrogenada y al gradual aumento de la duración de la estación de crecimiento en las regiones septentrionales. En conjunto, este sumidero terrestre mitiga el aumento antropogénico de los niveles de CO_2 atmosférico y proporciona una retroalimentación negativa en el sistema clima/ciclo de C. Es esencial investigar en qué medida, por cuanto tiempo y en qué ecosistemas esta absorción neta de CO_2

y la retroalimentación negativa continuarán (Reichstein et al. 2003).

Como ya se ha descrito anteriormente, la ciencia del clima es muy compleja y requiere una comprensión multitemporal y multiespacial de las interrelaciones de la química, la física y de los sistemas biológicos. La evaluación de alternativas políticas requiere la comprensión de la ingeniería de las compensaciones, asociada con el riesgo, el ciclo de vida y los análisis de coste-beneficio. Las decisiones involucran muchos factores más allá de la ciencia del clima, como la economía, los valores sociales, las prioridades en competencia y el riesgo de la incertidumbre. La educación sobre el cambio climático requiere un enfoque de gestión de riesgos que integra diversas y complicadas disciplinas para tener en cuenta las incertidumbres inherentes sobre el momento, la probabilidad y la gravedad de los impactos, así como las dimensiones humanas que influyen en gran medida en la toma de decisiones.

Los científicos tienen la responsabilidad de ayudar a que sus conciudadanos entiendan lo que la ciencia y la tecnología puede y no puede hacer por ellos. La actual divulgación de la ciencia sobre el cambio climático proporciona un claro ejemplo en el que la comunidad científica debe hacer un mayor esfuerzo. El cambio climático nos afecta a todos, por lo que todo el mundo debe entender por qué el clima está cambiando y lo que significa para ellos, sus hijos y las generaciones futuras. De esta manera, los individuos, las comunidades y los países pueden participar en las políticas y las acciones para mitigar los efectos del calentamiento global y adaptarse a lo que está sucediendo en nuestro planeta (Shakhashiri y Bell, 2013).

1.4 El Protocolo de Kioto. Políticas y actuaciones frente al cambio climático

La respuesta internacional ante el reto del cambio climático se ha materializado en dos instrumentos jurídicos, la Convención Marco de Naciones Unidas sobre el Cambio Climático (UNFCCC) y el Protocolo de Kioto (PK), que desarrolla y dota de contenido concreto a las prescripciones genéricas de la Convención. La UNFCCC fue suscrita en 1992 dentro de lo que se conoció como la Cumbre de la Tierra de Río de Janeiro.

El PK fue firmado en 1997 por 150 países y entró en vigor en el año 2005. Este Tratado obliga legalmente a los países desarrollados firmantes a reducir las emisiones de GEI por debajo del 5%, tomado como referencia los niveles de emisión de 1990, dentro del periodo que va desde el año 2008 al 2012. Esto no significa que cada país deba reducir sus emisiones de gases regulados en un 5%, sino que este es un porcentaje medio a nivel global. Cada país obligado por Kioto tiene sus propios porcentajes de emisión que debe disminuir. Adicionalmente, en el Protocolo se propone secuestrar C atmosférico en sumideros terrestres.

Los mecanismos de flexibilidad son instrumentos previstos por el PK que persiguen un doble objetivo: facilitar a los países desarrollados y a las economías en transición el cumplimiento de sus compromisos de reducción de emisiones, y apoyar el crecimiento sostenible en los países en desarrollo, a través de la transferencia de tecnologías limpias. Se contribuye así a alcanzar el fin último de la Convención de Cambio Climático: la estabilización de las emisiones de GEI. Los mecanismos de flexibilidad son tres: el Comercio Internacional de Emisiones (CE), el Mecanismo de Desarrollo Limpio (MDL) y el Mecanismo de Aplicación Conjunta (AC).

El Comercio Internacional de Emisiones consiste en la compra-venta de créditos entre países con compromisos de reducción (países desarrollados y economías en transición) y/o sus empresas (siempre y cuando estén autorizadas por los países) para cumplir, de forma eficiente desde el punto de vista económico, los compromisos adquiridos en el marco del PK. De esta manera, los que reduzcan sus emisiones más de lo comprometido podrán vender los créditos de emisiones excedentarios a los países que consideren más difícil u oneroso satisfacer estos objetivos.

El Mecanismo de Desarrollo Limpio consiste en la realización de proyectos en países en desarrollo, que generen un ahorro de emisiones adicional al que se hubiera producido en el supuesto de haber empleado tecnología convencional, o no haber incentivado la capacidad de absorción de las masas forestales. Las Reducciones Certificadas de Emisiones (RCE) así obtenidas pueden ser comercializadas y adquiridas por las entidades públicas o privadas de los países desarrollados o de las economías en transición para el cumplimiento de sus compromisos de reducción en el PK.

El Mecanismo de Aplicación Conjunta consiste en la realización de proyectos en países desarrollados o con economías en transición, que generen un ahorro de emisiones adicional al que se hubiera producido en el supuesto de haber empleado tecnología convencional, o no haber incentivado la capacidad de absorción de las masas forestales. Este ahorro adicional de emisiones debe ser verificado o bien por el país receptor del proyecto conforme a su propio procedimiento nacional, o bien por una entidad independiente acreditada por el Comité de Supervisión del Mecanismo de Aplicación Conjunta. Las Unidades de Reducción de Emisiones (URE) así obtenidas pueden ser comercializadas y adquiridas por las entidades públicas o privadas de los países desarrollados o de las economías en transición para el cumplimiento de sus compromisos de reducción en el PK.

En el PK se considera el uso de la tierra, el cambio de su uso y la silvicultura, como actividades importantes para la captura y almacenaje del CO_2 atmosférico en la vegetación, suelos y productos de la biomasa. En este sentido el Protocolo contempla que las actividades de forestación y reforestación y gestión de tierras agrícolas serán utilizadas a efectos de cumplir los compromisos de cada Parte incluida en el Anejo 1 del PK, considerándose tanto las variaciones netas de las emisiones por las fuentes como la absorción por los sumideros de GEI que se deban a la actividad humana directamente relacionada con el cambio de uso de la tierra y la silvicultura; calculadas estas últimas como variaciones verificables del C almacenado en cada período de compromiso.

Las normas del PK establecen que sólo pueden ser contabilizadas las absorciones producidas por actividades realizadas desde 1990, directamente inducidas por el hombre y ante todo verificables. No se contabilizará el C almacenado previamente, si no el aumento de C absorbido que cumple los requisitos del PK en el período de compromiso (2008-2012).

Inicialmente el PK no permitió utilizar el secuestro de C por la agricultura para cumplir sus compromisos de emisiones y participar en el comercio de créditos, aunque fue más tarde discutido como parte del Mecanismo de Desarrollo Limpio. Sin embargo, la comercialización de créditos fue limitada al ratificado de las Partes.

Desde el primer momento, EEUU no ratificó el Tratado del PK por considerar que su aplicación es ineficiente (EEUU, con apenas el 4% de la población mundial, consume alrededor del 25% de la energía fósil y es uno de los mayores emisores de gases contaminantes del mundo), y también es injusta al involucrar sólo a los países industrializados y excluir de las restricciones a algunos de los países en vías de desarrollo de mayores emisores de GEI, como China e India en particular.

En definitiva, aunque legal y técnicamente el PK ha introducido un mayor rigor en la gobernanza climática global, políticamente tiene poco peso y solidez y cada vez menos seguidores. También Canadá, aunque en un principio ratificó el Tratado, luego se retiró; igualmente Japón y Rusia se negaron a firmar una segunda ronda de las obligaciones. Los objetivos actuales y probablemente finales de Kioto, es decir, hasta 2020, sólo involucran a Europa y un pequeño grupo de otros países, que representan menos del 15% de las emisiones globales de GEI.

La Unión Europea ha sido la organización especialmente más activa en la concreción del PK, comprometiéndose a reducir sus emisiones totales medias durante el periodo 2008-2012 en un 8% respecto de las de 1990. No obstante, como se ha dicho, a cada país se le otorgó un margen distinto en función de diversas variables económicas y medioambientales.

Aproximadamente un 94% del CO_2 producido en Europa por el hombre puede atribuirse al sector energético. Podríamos decir que cada ciudadano de la Unión Europea emite del orden de 10 toneladas de CO_2 anuales.

La Unión Europea está comprometida a transformar a Europa en una economía de alta eficiencia energética y baja emisión de GEI, y ha decidido que en tanto no se concluya un acuerdo mundial a gran escala para el período posterior a 2012, y sin perjuicio de su posición en las negociaciones internacionales, la Comunidad llevará a cabo el compromiso firme e independiente de conseguir en 2020 una reducción de al menos el 20 % de las emisiones de GEI con respecto a los niveles de 1990. El Consejo Europeo de marzo de 2007 aprobó el objetivo de la Comunidad de conseguir, de aquí a 2020, una reducción del 30 % de las emisiones de GEI en relación con los niveles de 1990, como contribución a un acuerdo global a gran escala para el período posterior a 2012, siempre que otros países desarrollados se comprometan a alcanzar reducciones de emisiones comparables, y que los países en desarrollo económicamente más avanzados se comprometan a contribuir adecuadamente en función de sus responsabilidades y capacidades.

España, que se comprometió a aumentar sus emisiones en un máximo del 15% en relación al año base se ha convertido en el país miembro que menos posibilidades tiene de cumplir lo pactado. El incremento de sus emisiones en relación a 1990 se muestran en la Fig. 1.9. Las emisiones de GEI, en España, han experimentado en el año 2012 un descenso del 1.6% respecto al año anterior, situándose, en valores absolutos de 346.1 millones de toneladas frente a los 351.7 millones inventariados del año 2011. Así, el índice de referencia para el PK se sitúa en el 119.4% (tomando como referencia 100% los 289.8 millones de toneladas del año base 1990). Las evoluciones de este índice sobre el año base del PK y la de la tasa interanual de variación se muestran en la Fig.1.9. Según las estimaciones de la Comisión Nacional de Energía, las emisiones de efecto invernadero en España han descendido de forma progresiva desde 2007. Las emisiones de CO_2 se han reducido concretamente un 21% debido a la caída del consumo y el uso de biocarburantes y la mejora de la tecnología y eficiencia de los vehículos. Las emisiones de N_2O y CH_4 también han descendido un 2.5% desde el año 2000 y del CO, precursor del O_3 troposférico, destaca su reducción en un 10% desde 1992. Las emisiones de GEI de las actividades agrícolas y ganaderas, con referencia al año 2011, representan un 10.6% del total del inventario. Para el 2012 se estima una disminución de dichas emisiones con relación al año anterior en torno al 0.9%. En conjunto, las emisiones GEI alcanzaron en 2012 niveles similares a los de 1999 y 2000. No obstante, España es el segundo país en el mundo que más dinero gasta para poder emitir CO_2.

Numerosas críticas censuran el esfuerzo del PK, en el que se ha derrochado gran parte de las voluntades políticas mundiales de las últimas décadas y que costará miles de millones de dólares por año, y que si termina cumpliendo sus objetivos logrará un sorprendentemente pequeño beneficio a finales de este siglo. El beneficio de las reducciones de emisiones acordadas en Kioto se percibirá dentro de décadas, mientras que sus costes se sentirán inmediatamente en la subida de unos precios que afectan a nuestra vida diaria. Lo importante en este caso es que, con las mejores intenciones por hacer algo en contra del calentamiento global, podemos terminar cargando a la comunidad global con un coste mucho mayor e incluso el doble de lo que nos cuesta el propio calentamiento global. Si queremos hacer algo bien, debemos gastar nuestros recursos más juiciosamente. La propuesta del PK no tiene un significado científico o económico, porque la estabilización de emisiones de CO_2 no significa que se estabilicen la concentración de CO_2 en la atmósfera, la temperatura o el daño producido, que es lo que en realidad importa a la mayoría de los que toman decisiones. Sin embargo esta propuesta tiene la virtud de la simplicidad. El crecimiento continuado de la economía mundial habrá supuesto un aumento en las emisiones de CO_2; la estabilización significaría su reducción progresiva (Lomborg, 2003 y 2008).

Según dicho autor, la otra visión del tema, que utiliza el calentamiento global como trampolín para otros objetivos políticos más amplios, es perfectamente legítima, pero para ser honestos deberían decir lo que quieren desde el principio, sin esconderlo tras el fenómeno del calentamiento. En primer lugar, debemos tener muy claro de qué estamos hablando: ¿queremos gestionar el calentamiento global de la mejor forma posible o preferimos utilizar el calentamiento global como escalón para otros proyectos políticos? Si no se deja claro este punto, el debate seguirá enturbiado. Para obtener una idea clara de la situación, primero debemos hacer todo lo posible por separar los distintos aspectos implicados, partiendo del principio que los problemas se resuelven mejor de uno en uno. Por lo tanto, lo que hay es que centrarse únicamente en el problema del calentamiento global teniendo en cuenta que éste no es ni mucho menos el mayor de los problemas que acechan al mundo, como ya se ha dicho. Lo más importante es conseguir que los países en desarrollo sean más ricos y proporcionar a los habitantes de los países desarrollados más oportunidades.

Para Lomborg (2008), el PK influye muy poco en el clima, incluso aunque todos los países lo hubieran ratificado y hubieran cumplido con sus compromisos; lo que a muchos les habría costado bastante tiempo. Además, el cambio habría sido minúsculo y el coste altísimo, y sólo para reducir la temperatura unas décimas de °C para el 2050 y el 2100. El impacto sobre la temperatura será muy leve, independientemente de la acción que llevemos a cabo. Esto se debe en parte a que la respuesta en el tiempo del sistema climático es muy lenta, y también a que, incluso aunque logremos estabilizar las emisiones globales hasta el nivel de 1990, aún seguiremos emitiendo grandes cantidades de CO_2, que ayudarán a incrementar su concentración global. De hecho, si queremos limitar el aumento de la temperatura a 1.5°C, deberemos interrumpir totalmente las emisiones de C en 2035, lo que paralizaría el mundo tal como lo conocemos actualmente. Dada la importancia que ocupa el PK en el discurso público, resulta sorprendente que la mayoría de la población desconozca lo poco que su aplicación influirá en los cambios futuros. Por ello algunos medios de comunicación le ha denominado "Tratado básicamente simbólico". Incluso sus más firmes defensores definen a Kioto como un pequeño primer paso.

Si no se alcanza algún otro acuerdo que sustituya al de Kioto después de 2012, su efecto total habrá consistido en un retraso del aumento global de temperaturas insignificante. Esto hay que atribuirlo a que las emisiones del mundo desarrollado importan cada vez menos, a medida que aumentan drásticamente las economías de China, la India, y otros países en desarrollo. No parece que estos países emergentes vayan a aceptar limitaciones reales en los próximos años, básicamente porque tienen otras prioridades mucho mayores, como el alimento y la mejora en la calidad de vida. Por lo tanto, aunque los países desarrollados pongan freno a sus emisiones, los países en desarrollo no sólo no las reducirán sino que se prevé que sus emisiones de CO_2 aumenten como consecuencia de su desarrollo económico. Esto parece indicar que, si queremos lograr el objetivo a largo plazo de la reducción de CO_2, los países en desarrollo deberán estar, de una forma u otra, obligados a cumplir ciertas restricciones. Esta fue también la postura del Senado de EEUU, que en una resolución unánime declaró que la exención de los países en desarrollo es "inconsistente con la necesidad de una acción global" y que EEUU no debería firmar un acuerdo sin compromisos específicos para los países en desarrollo. No obstante, la consecución de un logro como este puede ser muy difícil o incluso imposible. En primer lugar, muchos países en desarrollo tienen la impresión de que el calentamiento global está provocado por los países ricos, y amenaza principalmente a los países en desarrollo. Por lo tanto, la reducción de las emisiones de GEI debería ser responsabilidad de los países desarrollados.

Actualmente, EEUU intenta provocar acuerdos de reducción de emisiones personalizados con China e India a espaldas del PK. Sin embargo, el rechazo tiene un coste en términos de imagen política. La postura más pragmática es la adoptada por algunos países europeos: se acata, pero no se cumple. Según el Protocolo ratificado, las emisiones de GEI en España deberían crecer como máximo un 15% hasta 2012 respecto a las de 1990; en 2004, las emisiones en España habían crecido ya un 45%, el triple del tope pactado para 2012. Pero nadie podrá decir que no nos preocupa el cambio climático. Ante este panorama, los firmantes del PK crean un auténtico "mercado" del CO_2. Las empresas que superen el límite de emisiones deberán "comprar" permisos de emisión a las que estén por debajo de sus cuotas. En este caso se pueden comprar también cuotas a países en vías de desarrollo, si se transfieren, por ejemplo, otras tecnologías más limpias a esos países. Se trata de seguir manteniendo nuestro estado del bienestar a costa de los más desfavorecidos.

Algunos especialistas apuntan que es importante y urgente limitar el uso de los combustibles fósiles, y favorecer el ahorro y la eficiencia energética. Pero esto exige medidas difíciles de aceptar por la opinión pública. Sin ir más lejos, las emisiones de gases debidas a los automóviles son un tercio del total, y son las que más rápido aumentan. Sin embargo, mientras se hace hincapié en la reducción de gases en la actividad productiva, nadie se ha atrevido a diseñar planes globales para el tráfico rodado.

Para reducir las emisiones actuales y futuras de GEI a niveles que eviten la mayor parte del calentamiento futuro previsto, habría que imponer sacrificios draconianos que casi todo el mundo consideraría intolerables. La carga que tal esfuerzo representa para la economía y la calidad de vida sería enorme, y muy pocos ciudadanos la aceptarían. Hoy por hoy, con las tecnologías actuales, sencillamente no podemos realizar el esfuerzo que sería necesario para paliar el grueso del impacto del calentamiento global. Aunque ese hecho objetivo no sea una excusa para quedarnos de brazos cruzados, la realidad subyacente a esta aseveración debería situar el debate actual en una perspectiva más clara.

Si queremos reducir las emisiones, necesitamos motivar a la gente para que emita menos. En este punto es donde los economistas abogan por los impuestos sobre las emisiones de C. Es obvio que a nadie le gusta pagar impuestos, lo que hace de este aviso un acicate evidente para evitar, o al menos reducir, las emisiones de C. Si nos va a costar más dinero, es muy probable que reduzcamos nuestro consumo energético. Más importante aún es lo que ocurre en la industria, las centrales energéticas y los generadores de calefacción, responsables de la mayor parte de las emisiones. El carbón es barato, pero emite grandes cantidades de CO_2, mientras que el gas es más caro pero menos contaminante, y las energías renovables como la biomasa y la energía solar son aún más caras, pero no emiten CO_2. Mediante un impuesto sobre las emisiones de C, los negocios tenderían a utilizar energías más costosas pero limpias, o a generarlas mediante procesos más complejos pero que consumieran menos energía.

Aún así, los análisis de costes y beneficios demuestran que sólo se puede garantizar un recorte moderado de las emisiones de CO_2, sencillamente porque esas reducciones son caras y generan poco beneficios, que además sólo serán apreciables a muchos años vista. A más largo plazo, nuestro objetivo debería ser conseguir una transición hacia un futuro con pocas emisiones de C, y tan barata como para que nuestros hijos y nietos quieran llevarla a cabo. Este es el motivo por el que debemos centrarnos en la I+D para mejorar ese futuro.

También para Ruddiman (2008) la medida individual más eficaz que se puede tomar para combatir el calentamiento global consiste en invertir en tecnologías que reduzcan las emisiones de C. La forma más clara de mantener un nivel de vida socialmente aceptable y al mismo tiempo hacer posible ese desarrollo, consistirá en grandes avances tecnológicos que nos permitan utilizar los combustibles fósiles emitiendo menos CO_2. Este autor es optimista y está convencido de que descubriremos nuevas tecnologías, en cambio es pesimista en cuanto a nuestra capacidad de eliminar los miles de millones de toneladas de CO_2 de forma económica. Las inversiones en fuentes de energía alternativa también son sensatas, si bien más que sustituir por completo el consumo de nuestros combustibles fósiles, parece que sólo retrasarán su agotamiento unas cuantas décadas. Este asunto es complejo e impredecible a la vez. Quizá si aplazamos parte del calentamiento futuro, tengamos más tiempo para encontrar una nueva solución tecnológica. Y si el calentamiento se produce más lentamente, quizá no alcance picos tan altos de aquí a unos siglos. Con todo, hoy por hoy, las verdaderas soluciones parecen ser o muy caras, o meros sueños optimistas para el futuro.

En definitiva, es evidente que desde la firma del PK en el seno de la UNFCCC, para mitigar el cambio climático y reducir el calentamiento global, los resultados reales y prácticos obtenidos han sido escasos, a pesar de haber dedicado a ello un gran esfuerzo económico y el tiempo de políticos, economistas y científicos, que ha generado un abundantísima literatura, pero poco más.

La política y la ciencia del cambio climático hace tiempo que no van juntas. La ciencia exige una acción política para frenar agresivamente las emisiones de GEI. La política, como siempre, es más complicada que esto. Pero es la política, no la ciencia, la que tiene que intervenir. La ciencia, por supuesto, puede ayudar a guiar la política. Sin embargo, no es fácil salir de la situación actual en la que el consumo de los combustibles fósiles, que alimentan la movilidad y la producción en la economía globalizada, es además el principal responsable del cambio climático. Aunque el calentamiento global es un peligro real y omnipresente, avanza con lentitud y esencialmente no es observable para la población en general. Por esta razón, un clima cambiante no ha obligado realmente a las sociedades y a los responsables políticos para que sea una prioridad (a diferencia de las epidemias o el terrorismo). Por otro lado, el objetivo final de cerrar la puerta a la era de los combustibles fósiles parece estar muy lejano, como tampoco tiene mucho sentido el objetivo de reducir el aumento de la temperatura global a sólo 2°C (Nature, 2014b).

Diringer (2013) ha revisado la situación actual de las políticas del cambio climático y los posibles enfoques y estrategias a seguir en el futuro. Tras sucesivos fracasos en las negociaciones de las Conferencias de las Partes, se ha establecido un nuevo plazo para 2015 con el objetivo de lograr un nuevo acuerdo climático global. En este sentido, parecen existir indicios de un nuevo camino a seguir en la línea de acercarse a posiciones intermedias más aceptadas y viables. Se trata de explorar seriamente una vía intermedia entre el rigorismo del PK y que cada país haga lo que estime oportuno. Aunque esta propuesta puede no ser una gran solución si podría valer con el tiempo para avanzar substancialmente en el esfuerzo climático global. En el modelo emergente, que ha sido propuesto por EEUU, entre otros países, los esfuerzos realizados por los países serían supervisados de conformidad con normas previamente acordadas. Sin embargo, los objetivos individuales de reducción de emisiones los establecería cada país por su cuenta, sin negociación. El acuerdo, en esencia, sería unir una mezcla de contribuciones autodefinidas. Para promover el estímulo, los países podrían examinar las ofertas iniciales de los demás. Muchos países, tras el fracaso de la Conferencia de Copenhague, parecen estar dispuestos a aceptar un pacto más flexible de manera que todos puedan participar con efectividad con el fin de reforzar las acciones de forma duradera. Este pensamiento refleja en parte la persistente realidad política de que los gobiernos siguen estando mucho más preocupados por la economía que por la alteración del clima, a pesar del creciente número de eventos meteorológicos extremos y otros impactos climáticos. También refleja una valoración más realista de lo que la UNFCCC puede realizar eficazmente.

Más de 90 países los cuales representan el 80% de las emisiones globales, incluyendo, por primera vez, todas las grandes economías del mundo, han manifestado promesas de acuerdos. Sin embargo, todas estas declaraciones de intenciones son demasiado débiles para situar al mundo en la dirección correcta para mantener el calentamiento por debajo de 2°C de incremento sobre los niveles preindustriales. Quedan por resolver las dos cuestiones recurrentes: la forma jurídica de un nuevo Acuerdo y la distribución de los esfuerzos entre los países desarrollados y en desarrollo. Los países en desarrollo han seguido insistiendo en que los países ricos tienen una responsabilidad mucho mayor en la reducción de las emisiones, ya que tanto en forma acumulativa y per cápita han generado muchos más. Los países desarrollados, por su parte, mantienen con firmeza que finalice el enfoque estrictamente binario del PK (objetivos vinculantes de emisiones para los países desarrollados y sin compromisos para los países en desarrollo).

Según Diringer (2013), las probabilidades de llegar a un acuerdo serán mayores en 2015 (en la Cumbre de París) de lo que fueron en Copenhague y han sido en otras reuniones más recientes, a pesar que apenas se ha logrado ningún avance concreto previo, pero si parece haberse establecido una hoja de ruta viable para un futuro Acuerdo para la referida Cumbre, que entraría en vigor en el año 2020. Los gobiernos saben que tiene que hacer algo y parecen estar más sensibilizados con el problema que en reuniones anteriores. El nuevo Acuerdo probablemente no será heroico, pero puede ser pragmático. Con creatividad y compromiso, los gobiernos pueden crear un marco multilateral que de coherencia, transparencia y rigor al mosaico que emerge de los esfuerzos nacionales. Esto, a su vez, puede fortalecer la confianza entre los países en el proceso y en la capacidad colectiva para superar el desafío del cambio climático.

Si un nuevo acuerdo debe ser tomado a finales de 2015, como establece el calendario de la ONU, no puede ser el modelo del PK. Como señala un reciente editorial de la revista Nature (2014b), las partes de la UNFCCC aún deben resolver temas espinosos como el cumplimiento de la verificación de las emisiones notificadas y las reglas del comercio de emisiones. Tales aspectos técnicos, que con frecuencia han demostrado ser fraudes, tienen gran importancia. No obstante, si China, EEUU, y la UE (los emisores más grandes del mundo), "tiran" juntos como lo han prometido, entonces es posible un acuerdo internacional significativo sobre el clima.

Independientemente de sus características específicas y fuerza legal, un acuerdo sobre el clima no salvará al mundo, pero tampoco un fracaso de la Cumbre de París en diciembre de 2015, significará automáticamente el fin de éste. La retórica binaria que los activistas tienden a aplicar en materia de medio ambiente no hace justicia a la complejidad de la tarea en cuestión. Sería demasiado fácil culpar a tal o cual gobierno de no hacer lo suficiente. El cambio climático antropogénico es realmente el resultado de las actividades económicas colectivas pasadas y presentes, que no pueden ser fácilmente eliminadas. La clave para llegar a un acuerdo, con el dilema sin precedentes con el que nos enfrentamos, es la cooperación internacional eficaz en todos los aspectos de la vida económica y social, con el fin de cerrar la puerta a la era de los combustibles fósiles. Este objetivo parece lejano, dada la dependencia actual del petróleo y el gas y la enorme cantidad de emisiones de la multitud de nuevas plantas que funcionan con carbón en China y otros lugares. Entre tanto, la población mundial seguirá creciendo para mediados de siglo, cuando ya se tendrían que haber disminuido las emisiones globales para evitar el calentamiento excesivo; mientras que miles de millones de consumidores en África y Asia permanecerán atrapados en la era de los combustibles fósiles; con independencia de las tecnologías bajas en C que podrían entonces estar disponibles, al menos que se les ayude a salir de la pobreza.

Los países ricos, por su parte, deben mejorar sus sistemas de transporte público, fomentar el ahorro de energía e invertir en redes y tecnología de almacenamiento de energía que pueden acomodar el flujo y reflujo de la electricidad a partir de fuentes renovables. Sin estos y otros incontables pasos, cualquier acuerdo sobre el clima en última instancia no será alcanzable o se quedará corto.

Para Victor y Kennel (2014), conseguir una actuación en serio sobre el cambio climático, como se pretende en los nuevos acuerdos mundiales que tendrán lugar en París en 2015, se requiere discutir el coste de la meta de las emisiones, compartir las cargas y elaborar mecanismos de financiación internacionales. También acordar la estimulación de la investigación de nuevos indicadores de salud del planeta; convertir las mediciones de las investigaciones actuales en los signos vitales planetarios del mañana. La población necesita entender lo que se le está pidiendo que pague. En este sentido la "concentración de CO_2" o "el contenido de calor del océano" no son tan efectivos como la "temperatura" para transmitir a las personas de la calle lo que está en riesgo. Estos mismos autores, estableciendo un inteligente parangón con la medicina, sostienen que al igual que los pacientes han llegado a comprender que los médicos deben realizar un seguimiento de los signos vitales: la presión arterial, la frecuencia cardiaca y el índice de masa corporal, etc. para prevenir la enfermedad e informarles; una estrategia similar sería necesaria en la actualidad para nuestro planeta.

Referencias

ACS. 2014. Climate Science Toolkit. American Chemical Society (www.acs.org).
ASA, CSSA, SSSA. 2011. Position statement on climate change. Climate Change Working Group. American Society of Agronomy, Crop Science Society of America, Soil Science Society of America. Madison, W. USA. 12 pp.
Blois JL, Zarnetske PL, Fitzpatrick MC, Finnegan S. 2013 Climate change and the past, present and future of biotic interactions. Science, 341: 499-504.
Carvalhais N, Forkel M, Khomik M, Bellarby J, Jung M, Migliavacca M, Mu M, Saatchi S, Santoro M, Thurner M, Weber U, Ahrens B, Beer C, Cescatti A. Randerson JT, Reichstein M. 2014. Global covariation of carbon turnover times with climate interrestrial ecosystems. Nature, 514: 213-217.
Deudon D. 2010. L'effect de serre. La pompe à chaleur de la terre. Perspectives Agricoles, 372 :40-41
Diffenbaugh NS, Field CB. 2013. Changes in ecologically critical terrestrial climate conditions. Science, 341: 486-492.
Diringer E. 2013. Climate change: A patchwork of emissions cut. Nature, 501: 307-309.
Global Carbon Project. 2014. http://www.globalcarbonproject.org.
Global Methane Initiative. 2010. Emisiones mundiales de metano y oportunidades de atenuación. www.globalmethane.org.
Hegerl G, Stott P. 2014. From past to future warning. Science, 343: 844-845.
Horner CHC. 2007. Guía políticamente incorrecta del calentamiento global (y del ecologísmo). Ed. Ciudadela Libros. Madrid. 223 pp.
Huntingford C, Jones PD, Livina VN, Lenton TM, Cox PM. 2013 No increase in global temperature variability despite changing regional patterns. Nature, 500: 327-330.
ICSC. 2013. International Climate Science Coalition. www.climatescienceinternational.org.
IPCC. 1992. Climate Change : The Supplementary Report to IPCC Scientific Assessment. Intergovernmental Panel on Climate Change. World Meteorological Organization. Ginebra.
IPCC. 2007. Fourth Assessment Report : Climate Change 2007. Intergovernmental Panel on Climate Change. World Meteorological Organization. Ginebra.
IPCC. 2014. www.ipcc.ch. Pag Web Intergovernmental Panel on Climate Change. World Meteorological Organization. Ginebra.
Kintisch E. 2009. Stolen e-mails turn up heat on climate change. Science, 326: 1329.
Klaus V. 2007. Planeta azul (no verde). Editorial Fundación FAES. SLU Madrid. 136 pp.
Liebig MA, Franzluebbers AJ, Follett RF. 2012. Agriculture and climate change: mitigation opportunities and adaptacion imperatives. En "Managing agricultural greenhouse gases" (MA Liebig, AL Franzluebbers, RF Follet, eds.) Elsevier. Amsterdam. pp 3-9.
Lomborg B. 2003. El ecologista escéptico. Ed. Espasa Calpe. Madrid. 632 pp.
Lomborg B. 2008. En frío. La guía del ecologista escéptico para el cambio climático. Ed. Espasa Calpe. Madrid. 284 pp.
López-Bellido RJ, López-Bellido L. 2012. Cropping systems: shaping nature. En "Encyclopedia of sustainability science and technology" (R Meyers, P Christou, R Savin, Eds.). Springer. New York. pp 2710-2760.
López-Bellido L, Wery J, López-Bellido RJ. 2014. Energy crops: Prospects in the context of sustainable agriculture. European Journal of Agronomy, 60: 1-12.

MAGRAMA. 2013. Avances emisiones de gases de efecto invernadero 2012. Sistema Español de Inventario. Ministerio de Agricultura, Alimentación y Medio Ambiente. Madrid.

Mann ME, Bradley RS, Hughe MK. 1999. Northern hemisphere temperatures during the past millennium: Inferences, uncertainties, and limitations. Geophysical Research Letters, 26: 759-762.

Metcalfe DB. 2014. Climate science: A sink down under. Nature, 509: 566-567.

Moritz C, Agudo R. 2013. The future of species under climate: resilience or decline?. Science, 341: 504-513.

Nature. 2013. The final assessment. Editorial. Nature, 501: 281.

Nature. 2014a. No magic fix for carbon. Editorial. Nature, 509: 7.

Nature. 2014b. Warming up. Editorial. Nature, 514: 5-6.

Palmer T. 2014. Climate forecasting: build high-resolution global climate models. Nature, 515: 338-339.

Reichstein M, Bahn M, Ciais P, Frank D, Mahecha MD, Seneviratne SI, Zscheischler J, Beer C, Buchmann N, Frank DC, Papale D, Ramming A, Smith P, Thonicke K, Van der Velde M, Vicca S, Walz A, Wattenbach M, 2013. Climate extremes and the carbon cycle. Nature, 500: 287-295.

Robinson AB, Baliunas SL, Son W, Robinson ZW. 1998. Environmental effects of increased atmospheric carbon dioxide. Journal of American Physicians and Surgeons, 3: 171-178.

Ruddiman WF. 2008. Los tres jinetes del cambio climático. Ed. Turner. Madrid. 291 pp.

Schellnhuber HJ. 2014. The elephant, the blind and the intersectoral intercomparison of climate impacts. Proceedings of the National Academy of Science, 111: 3225-3227.

Schiermeier Q. 2010. The real holes in climate change. Nature, 463: 284-287.

Shakhashiri BZ, Bell JA. 2013. Climate change conversation. Science, 340: 9.

Stern NH. 2006. Stern review : The economics of climate change. UK Government Economic Service, Londres. 662 pp.

Steinacher M, Joos F, Stocker TF. 2013. Allowable carbon emissions lowered by multiple climate targets. Nature, 499: 197-201.

Tollefson J. 2013. Study aims to put IPCC under a lens. Nature, 502: 281.

Tollefson J. 2014. The case of the missing heat. Nature, 505: 276-278.

Victor DG, Kennel CF. 2014. Climate policy: Ditch the 2°C warming goal. Nature, 514: 30-31.

Watson J, Iwamura T, Butt N. 2013. Mapping vulnerability and conservation adaptation strategies under climate change. Nature Climate Change, 3: 989-994.

Wheeler T, Von Braun J. 2013. Climate change impacts on global food security. Science, 341: 508-513.

Zhang HX. 2012. Climate change and global water sustainability. En "Encyclopedia of Sustanability Science and Technology" (R. Meyer, P. Christou, R. Savin, eds.). Springer. New York. pp 2061-2077.

Capítulo 2

Agricultura y cambio climático

2.1 Efectos de la agricultura en el cambio climático

Hace unos diez mil años tuvo lugar el descubrimiento de la agricultura en el "Creciente Fértil" del Mediterráneo oriental, una región en forma de arco que se extiende desde el actual norte de Turquía, hasta Irak y Siria y Jordania al sur. La invención de la agricultura en Mesopotamia, y posteriormente en Extremo Oriente y Mesoamérica, introdujo a la humanidad por un camino que iba a transformar la naturaleza. La agricultura y otras innovaciones empezaron a espolear el desarrollo de grandes civilizaciones que, a su vez, produjeron un impacto cada vez mayor sobre el medio ambiente. En este sentido, la metalurgia fue una innovación fundamental. Otro progreso importante, la domesticación de los animales, proporcionó elementos capaces de tirar de los arados con mucha más fuerza de la que podían desarrollar los humanos. También el riego se extendió ampliamente y aparecieron innovaciones tecnológicas y agrícolas como la rueda. Gracias a estas innovaciones aumentó enormemente la producción de alimentos, y también los niveles demográficos. Los cultivos de plantas permitían alimentar a cada vez más personas, y los excedentes se almacenaban para los años de escasez.

Por primera vez en la historia humana, nos estábamos convirtiendo en un importante factor de alteración de los paisajes naturales de la Tierra. Ésta se había convertido en un recurso explotable, y con este planteamiento llegó el primer deterioro medioambiental serio debido a la intervención humana. Por primera vez, el impacto humano se producía a gran escala: la tala de bosques para desbrozar tierras de labranza y pastizales, la erosión de las faldas de las colinas donde la deforestación y el pastoreo excesivo desestabilizaron los suelos. El impacto medioambiental de los seres humanos sobre el paisaje en las regiones muy pobladas fue en aumento. Las vulnerables tierras semiáridas de Oriente Próximo sufrieron un deterioro ambiental mucho más acusado que las regiones húmedas, más resistentes y ricas en agua. Además de la erosión de la tierra, el riego incrementó lentamente la salinidad de muchas zonas agrícolas de los valles del Tigris y el Eúfrates y de otras zonas, hasta que quedaron abandonadas. Mucho antes de que comenzara la era industrial, a finales del siglo XVIII, los seres humanos llevaban recorrido un largo camino desde las primeras tentativas esporádicas de sembrar unos cuantos granos de trigo y de cebada, diez mil años antes. Durante los últimos miles de años nos habíamos convertido en una fuerza capaz de transformar hasta la configuración del paisaje y al mismo tiempo nos convertimos de igual manera en un factor activo en el funcionamiento del sistema climático (Runddiman, 2008).

Las tierras agrícolas ocupan el 37% de la superficie terrestre del planeta. La mayor parte de esta área se dedica a pastos (69%), ocupando las tierras de cultivo el 28%. En las últimas cuatro décadas, las tierras de cultivo han aumentado casi 500 millones de ha procedentes de otros usos de la tierra. Durante este período, anualmente un promedio de 6 millones de ha de tierras forestales y 7 millones de ha de otras tierras se convirtieron en agrícolas; y este cambio se produjo en gran parte de los países en desarrollo. La cantidad de tierras de cultivo a escala mundial ha aumentado en un 8% desde la década de 1960, a su actual nivel en torno a 1400 millones de ha. Este incremento ha sido el resultado neto de una disminución del 5% en los países desarrollados y un aumento del 22% de las tierras de cultivo en los países en desarrollo. Esta tendencia parece que continuará en el futuro. Smith et al. (2007) estiman que 500 millones de ha adicionales se convertirán en agrícolas durante el período 1997-2020, sobre todo en América Latina y África Subsahariana.

La presión demográfica, el cambio tecnológico, las políticas agrícolas, el crecimiento económico y la disminución de la relación coste/precio han sido los principales factores de los cambios que se han producido durante las últimas décadas en el sector de la agricultura. Esto ha supuesto globalmente un fuerte ritmo de aumento de la producción y demanda en un mundo más poblado, incrementándose el promedio mundial de calorías per cápita diario, aunque con notables excepciones regionales. Sin embargo, este crecimiento ha sido a costa de una mayor presión sobre el medio ambiente y el agotamiento de los recursos naturales, mientras que no ha tenido éxito en la solución de los problemas de la seguridad alimentaria y la desnutrición infantil sufrida en los países pobres.

La cuantificación de las emisiones de GEI de la agricultura plantea numerosas y complicadas cuestiones que incrementan una inherente incertidumbre a la hora de definir las estrategias mitigadoras y que la distingue del conjunto de emisiones de otros sectores; caracterizados por menos empresas, por lo general con procesos y balances bien conocidos a la hora de establecer las tecnologías de reducción y procedimientos de registrar la reducción de emisiones. En comparación, la agricultura y el uso de la tierra son más atomizadas, heterogéneas y regionalmente diversas. Estos factores pueden alterar las reducciones potenciales de emisiones de GEI y la efectividad de las medidas adoptadas en los diferentes sistemas. Como en otros sectores, la efectividad de las medidas están también influenciadas por las interacciones entre éstas y su ambiente. Es técnicamente posible reducir esta incertidumbre por la consideración explícita de las interacciones de medidas de mitigación en el campo. Sin embargo, es evidente que se requieren más trabajos para concretar en objetivos más específicos los potenciales de reducción de dichas emisiones; por ejemplo a través del estudio de una variedad de tipos de explotaciones y sobre una base regional (Wreford et al. 2010). Según Cowie et al. (2012), hace falta investigación para el desarrollo práctico de medidas de reducción de CH_4 y N_2O en las explotaciones y métodos para cuantificar el C en cultivos y plantaciones, suelos agrícolas y ecosistemas de pastos, para mejorar los modelos de estimación y predicción de emisiones de GEI y permitir la evaluación de un nivel de referencia inicial.

La agricultura libera a la atmósfera grandes cantidades de CO_2, CH_4 y N_2O. Se estima que ésta genera del 10-12% de las emisiones antropogénicas de los GEI. Tales emisiones están dominadas por los flujos de N_2O y CH_4, con una menor contribución del CO_2. La figura 2.1 muestra la contribución de los distintos sectores de la agricultura a las emisiones de GEI.

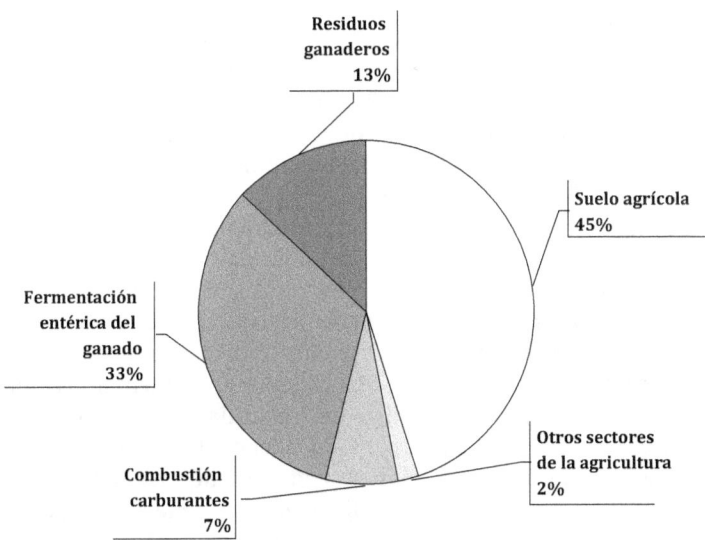

Fig. 2.1 Contribución de la agricultura a las emisiones de gases de efecto invernadero (Adaptado de OECD, 2001)

Según Wolfe (2013), las emisiones anuales de N_2O de la agricultura mundial son alrededor de 2.8 Gt de CO_2-eq/año, y las emisiones de CH_4 en torno a 3.3 Gt de CO_2-eq/año, que representan alrededor del 60% y 50% del total global de las emisiones antropogénicas de estos dos gases invernadero, respectivamente. En relación al CO_2, los flujos anuales entre la atmósfera, la vegetación y las tierras agrícolas son muy elevados, considerándose un flujo neto equilibrado, aproximadamente, con unas emisiones netas de CO_2 procedentes del suelo de 0.04 Gt CO_2/año, que representan alrededor del 1% de las emisiones antropogénicas. El CO_2, en comparación con los otros GEI, interviene de forma cíclica en cantidades más grandes a través de los sistemas de cultivos agrícolas. La emisión neta de CO_2 es pequeña, en comparación con su ciclo total, en la agricultura y se debe al uso de la energía en las explotaciones y a la fabricación y el transporte de los inputs agrícolas, en su mayoría (Snyder et al. 2009).

La agricultura intensiva ha sido responsable del descenso de materia orgánica en las tierras agrícolas, y de la consiguiente liberación de C orgánico a la atmósfera en forma de CO_2. El CO_2 es el de mayor incremento de los GEI. Las plantas fijan el CO_2 atmosférico vía fotosíntesis y respiran para devolver parte de él a la atmósfera. Cuando la biomasa de las plantas es recolectada, quemada o retornada al suelo, mucho del C de la materia vegetal es oxidado y liberado en forma de CO_2 a la atmósfera como consecuencia de la descomposición y respiración de los microorganismos del suelo o la combustión directa (Fig.2.2).

Las emisiones de CH_4 por la agricultura se deben fundamentalmente a la digestión fermentativa de los rumiantes; siendo otras fuentes de relevancia la degradación anaerobia de residuos orgánicos del suelo, los estiércoles almacenados, el arroz cultivado bajo condiciones de inundación y la combustión de la biomasa. El CH_4 puede ser producido por bacterias metanógenas bajo condiciones anaeróbicas del suelo y consumido a través de oxidación por microorganismos metanótrofos bajo condiciones aerobias del suelo. Los suelos agrícolas de secano representan un sumidero neto de CH_4 debido a sus condiciones oxidativas predominantes, con tasas medias de consumo ≤ 100 µg CH_4/m^2/h. El consumo de CH_4 en los suelos arables es generalmente más bajo que en los pastos y suelos forestales bajo similares condiciones ambientales. En la agricultura de regadío, períodos prolongados de inundación (encharcamiento), asociados con un incremento de la temperatura, tendrán mayor potencial para incrementar las emisiones de CH_4, particularmente cuando existe gran cantidad de residuos de cultivo. Por tanto, el uso de estrategias para un adecuado manejo del agua que permitan temporalmente condiciones oxidantes del suelo son esenciales para minimizar las emisiones de CH_4. El mayor consumo de CH_4 por el suelo en regadío es probable que se produzca donde se práctica el riego de no inundación (Baldock et al. 2012). Los métodos para reducir las emisiones del ganado, la fuente principal de CH_4, incluyen: la mejora genética, los cambios en la formulación de la alimentación animal y la mejora del manejo del estiércol (Smith et al. 2007).

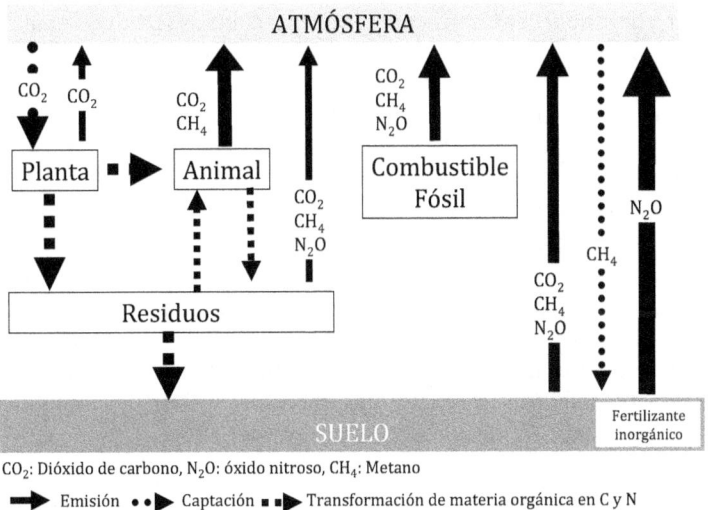

CO₂: Dióxido de carbono, N₂O: óxido nitroso, CH₄: Metano

➡ Emisión ••▶ Captación ▪▪▶ Transformación de materia orgánica en C y N

Fig. 2.2 Rutas de fuentes y sumideros de gases de efecto invernadero asociados con la agricultura (Adaptado de OECD, 2001).

Las emisiones de N_2O generadas por los suelos son el subproducto del proceso biológico natural de desnitrificación (conversión de NO_3^- a N_2). Según Snyder et al. (2009), los factores más importantes que afectan a las emisiones de N_2O de los suelos son de carácter ambiental y de manejo de cultivo. Entre los más importantes de los primeros estarían las condiciones climáticas (temperatura y precipitación), el contenido de C orgánico del suelo, su textura y estructura (relación macroporos/microporos y su consiguiente influencia en la retención de humedad y difusión del O_2), la abundancia de NO_3^--N, el pH del suelo, los ciclos de congelación y descongelación y la abundancia y la actividad de los microorganismos.

En general se puede producir un incremento potencial de las emisiones de N_2O procedente de los suelos a medida que la temperatura se incrementa en el intervalo de 5 a 25°C; sin embargo la tasa de emisión se reduce cuando el contenido de humedad del suelo; expresado en porcentaje de poros con agua, se reduce en el rango de 60 al 40%. Por debajo del 40% y con valores superiores a 90% la tasa relativa de emisiones de N_2O es despreciable, maximizándose entre el 60 y 70%. Bajo las condiciones de la agricultura de secano la influencia dependerá de la respuesta relativa a la temperatura y de la tasa de secado del suelo. Ello sugiere que en las regiones frías y secas las emisiones de N_2O pueden ser menores que en las zonas húmedas tropicales y subtropicales. Sin embargo, bajo las condiciones de riego, donde no existe limitaciones en el contenido de agua, las temperaturas más altas asociadas con un cambio climático proyectado podrían aumentar las emisiones de N_2O a menos que los niveles de N inorgánico del suelo sean estrechamente controlados (Baldock et al. 2012).

Las emisiones de N_2O se incrementan cuando el N disponible en el suelo excede a los requerimientos del cultivo, especialmente bajo condiciones de humedad (ASA, CSSA, SSSA, 2011), existiendo algunos estudios que demuestran que el suministro de N vía inclusión de leguminosas en la rotación de cultivo las reduce (Cowie et al. 2012).

Muchas de las prácticas de manejo de los cultivos pueden influir en las emisiones de GEI, bien directamente afectando a la disponibilidad de NO_3^--N o indirectamente mediante la modificación del microclima del suelo y los ciclos de C y N. Existen pocos estudios de larga duración que comparen los sistemas de cultivo en relación con las emisiones de GEI. Muchos trabajos han medido sólo emisiones periódicas, en vez de usar una base anual. El margen de incertidumbre de las emisiones de N_2O, especialmente en las estimaciones a gran escala, puede llegar a ser del $\pm 50\%$.

Aunque la mayoría de las investigaciones se han centrado en las emisiones netas de N_2O, existen numerosos estudios sobre los flujos netos negativos de N_2O (flujos de la atmósfera a la tierra). Ello indica que los factores que regulan el balance suelo-atmósfera de N_2O no son todavía bien conocidos y requieren más investigación. Los futuros resultados podrían proporcionar una información valiosa para el manejo y la biología de los suelos que mejorarán las condiciones favorables para el consumo neto de N_2O (Snyder et al. 2009).

Cabe esperar que las emisiones anuales de GEI procedentes de la agricultura aumenten en las próximas décadas debido a la demanda creciente de alimentos y a los cambios en la dieta. Sin embargo, las prácticas de manejo mejoradas y las tecnologías emergentes podrían permitir una reducción de las emisiones por unidad de alimento producida. Las futuras tendencias en el sector de la agricultura tendrán implicaciones en las emisiones o remociones de GEI. Smith et al. (2007) las han resumido en los siguientes escenarios: (1) se espera que el crecimiento en la productividad de la tierra continúe, aunque a un ritmo decreciente debido a la saturación de los avances tecnológicos y a un mayor uso de las tierras marginales, menos productivas. El uso de estas tierras marginales podrá aumentar el riesgo de erosión y la degradación del suelo; sin embargo los efectos de la erosión del suelo en las emisiones de CO_2 son muy inciertos; (2) las nuevas mejoras en la productividad requerirán un uso creciente del riego y los fertilizantes, con la consecuencia de un aumento de la demanda de energía. También el riego y la fertilización nitrogenada pueden causar un aumento de las emisiones de GEI; (3) la producción industrial, cada vez más común, de carne de vacuno, pollo y de cerdo, implica un aumento de la producción de estiércol con el consiguiente incremento de las emisiones de GEI. Esto es más evidente en regiones en desarrollo como Asia meridional y oriental y América Latina; y (4) los cambios en las políticas agrarias y los patrones regionales de producción y demanda están provocando un incremento del comercio internacional de productos agrícolas. Con ello se espera que aumenten las emisiones de CO_2, debido a un mayor uso de la energía para el transporte.

Según las proyecciones actuales, la población mundial podría acercarse a los 9 mil millones en 2050. Debido a estos aumentos y a los cambios en los patrones de consumo, algunos análisis estiman que la producción de cereales tendrá que duplicarse en las próximas décadas. El logro de estos aumentos en la producción de alimentos requerirá un mayor uso de fertilizantes nitrogenados, lo que dará lugar a posibles incrementos en las emisiones de N_2O, a menos que se utilicen técnicas de fertilización más eficientes. Asimismo el aumento de la demanda de alimentos de origen animal podría presumiblemente también incrementar el CH_4 de la fermentación entérica (Smith et al. 2007).

No obstante, a pesar de todo lo dicho anteriormente, la agricultura tiene un importante papel que desempeñar frente al cambio climático, mitigando sus causas y adaptándose a su inevitable impacto. La agricultura puede contribuir a la mitigación minimizando las emisiones de GEI, secuestrando C atmosférico y produciendo biocombustible sostenible. El objetivo global de la respuesta al cambio climático es garantizar la seguridad alimentaria y otras actividades humanas esenciales, a la vez que se protegen los ecosistemas y sus servicios vitales (ASA,CSSA, SSSA, 2011). El sector agrícola tiene un reto significativo: incrementar la producción global con el propósito de proporcionar seguridad alimentaria a 9 mil millones de personas para mediados del siglo XXI, mientras protege también el medio ambiente y mejora la función global de los ecosistemas.

Existen numerosas opciones de manejo para la mitigación de los GEI emitidos por la agricultura; entre ellas están la reducción de la deforestación y la quema de residuos de los cultivos, la mejora de la eficiencia en el uso de la energía y la reducción de los inputs que requieren un elevado consumo para producirlos, tales como los fertilizantes de N sintético. Otras soluciones clave incluyen la reducción del laboreo, la mejora de la eficiencia en el uso del N fertilizante y el manejo del estiércol y de los abonos orgánicos, la mejora del manejo del agua, los cultivos de cobertura de invierno y la inclusión de las leguminosas y los cultivos perennes en los esquemas de la rotación (Tabla 2.1).

La tabla 2.2 resume las opciones más relevantes para la mitigación de las emisiones de N_2O, CH_4 y CO_2. Muchas de estas opciones implican un incremento del secuestro de C por el suelo, lo cual no sólo juega un importante papel en la mitigación del cambio climático, sino que también mejora la salud del suelo, la productividad de los cultivos y la capacidad de adaptación al cambio climático. Los sistemas de producción de maíz, trigo y arroz son los de mayor importancia, debido a que en conjunto representan alrededor del 50% del consumo de todo el N fertilizante producido a escala mundial; por ello hay un especial interés por mejorar la eficiencia de su uso en estos cultivos.

Tabla 2.1 Potencial de mitigación de CO_2 y N_2O de las diferentes prácticas de cultivo (adaptado de Smith et al. 2008).

Zona climática	Prácticas de cultivo	CO_2 (t CO_2/ha/año)		N_2O (t CO_2-eq/ha/año)		GEI totales (t CO_2- eq/ha/año)	
		Media	Rango	Media	Rango	Media	Rango
Templado-seco	Agronómicas (1)	0.29	0.07 – 0.51	0.10	0.00 – 0.20	0.39	0.07 – 0.71
	Manejo de nutrientes(2)	0.26	-0.22 – 0.73	0.07	0.01 – 0.32	0.33	-0.21 – 1.05
	Laboreo y manejo de residuos(3)	0.15	-0.48 – 0.77	0.02	-0.04 – 0.09	0.17	-0.52 – 0.86
	Manejo del agua(4)	1.14	-0.55 – 2.82	0.00	0.00 – 0.00	1.14	-0.55 – 2.82
	Retirada de tierras y cambio de uso de la tierra(5)	1.61	-0.07 – 3.30	2.30	0.00 – 4.60	3.93	-0.07 – 7.90
	Agrosilvicultura(6)	0.15	-0.48 – 0.77	0.02	-0.04 – 0.09	0.17	-0.52 – 0.86
	Restauración de tierras degradadas(7)	3.45	-0.37 – 7.26	0.00	0.00 – 0.00	3.53	-0.33 – 7.40
	Aplicación de estiércol y biosólidos(8)	1.54	-3.19 – 6.27	0.00	-0.17 – 1.30	1.54	-3.36 – 7.57
Templado-húmedo	Agronómicas (1)	0.88	0.51 – 1.25	0.10	0.00 – 0.20	0.98	0.51 – 1.45
	Manejo de nutrientes(2)	0.55	0.01 – 1.10	0.07	0.01 – 0.32	0.62	0.02 – 1.42
	Laboreo y manejo de residuos(3)	0.51	0.00 – 1.03	0.02	-0.04 – 0.09	0.53	-0.04 – 1.12
	Manejo del agua(4)	1.14	-0.55 – 2.82	0.00	0.00 – 0.00	1.14	-0.55 – 2.82
	Retirada de tierras y cambio de uso de la tierra(5)	3.04	1.17 – 4.91	2.30	0.00 – 4.60	5.36	1.17 – 9.51
	Agrosilvicultura(6)	0.51	0.00 – 1.03	0.02	-0.04 – 0.09	0.53	-0.04 – 1.12
	Restauración de tierras degradadas(7)	3.45	-0.37 – 7.26	0.00	0.00 – 0.00	4.45	0.32 – 8.51
	Aplicación de estiércol y biosólidos(8)	2.79	-0.62 – 6.20	0.00	-0.17 – 1.30	2.79	-0.79 – 7.50

(Continúa página siguiente)

Tabla 2.1 Potencial de mitigación de CO_2 y N_2O de las diferentes prácticas de cultivo (adaptado de Smith et al. 2008)(*Continuación*).

Zona climática	Prácticas de cultivo	CO_2 (t CO_2/ha/año)		N_2O (t CO_2-eq/ha/año)		GEI totales (t CO_2- eq/ha/año)	
		Media	Rango	Media	Rango	Media	Rango
Cálido-seco	Agronómicas [1]	0.29	0.07 – 0.51	0.10	0.00 – 0.20	0.39	0.07 – 0.71
	Manejo de nutrientes[2]	0.26	-0.22 – 0.73	0.07	0.01 – 0.32	0.33	-0.21 – 1.05
	Laboreo y manejo de residuos[3]	0.33	-0.73 – 1.39	0.02	-0.04 – 0.09	0.35	-0.77 – 1.48
	Manejo del agua[4]	1.14	-0.55 – 2.82	0.00	0.00 – 0.00	1.14	-0.55 – 2.82
	Retirada de tierras y cambio de uso de la tierra[5]	1.61	-0.07 – 3.30	2.30	0.00 – 4.60	3.93	-0.07 – 7.90
	Agrosilvicultura[6]	0.33	-0.73 – 1.39	0.02	-0.04 – 0.09	0.35	-0.77 – 1.48
	Restauración de tierras degradadas[7]	3.45	-0.37 – 7.26	0.00	0.00 – 0.00	3.45	-0.37 – 7.26
	Aplicación de estiércol y biosólidos[8]	1.54	-3.19 – 6.27	0.00	-0.17 – 1.30	1.54	-3.36 – 7.57

[1] Incluyen: (a) las prácticas agronómicas mejoradas que incrementen los rendimientos generando mayores residuos de C que conlleven a un incremento del almacenamiento de C en el suelo (uso de variedades mejoradas, rotaciones de cultivo, cultivos perennes, evitación del barbecho desnudo; (b) adopción de sistemas de cultivo menos intensivos que reduzcan la dependencia de los pesticidas y otros inputs (por ej., uso de rotaciones con leguminosas, aunque éstas pueden ser una fuente de N_2O; (c) coberturas vegetales temporales entre cultivos.

[2] Mejora de la eficiencia en el uso del N: ajustar la dosis de aplicación a las necesidades de los cultivos (por ej; agricultura de precisión); uso de formas de fertilizantes de liberación lenta o inhibidores de la nitrificación; evitar desfase entre la aplicación del N y la extracción por el cultivo; localizar el N en el suelo para hacerlo más accesible a las raíces de los cultivos; evitar los excesos de aplicaciones de N o eliminar las aplicaciones de N cuando sea posible.

[3] Uso del no laboreo o del laboreo reducido; mantener los residuos del cultivo y evitar quemarlos.

[4] Uso eficiente del riego: ahorro energético; evitar la excesiva humedad del suelo y el alto uso de N; utilización del drenaje en las tierras de las regiones húmedas y pantanosas.

[5] La conversión de las tierras de cultivo a otros usos, como las cubiertas vegetales naturales, que incrementen el almacenamiento de C (por ej. convertir las tierras de cultivos arables en pastos) conlleva a una ganancia de C del suelo debido a la menor perturbación del mismo y a una reducida remoción de C en los productos consechados. En comparación con las tierras cultivadas, los pastos también pueden reducir las emisiones de N_2O al ser los inputs de N más bajos. En general esta es una opción en tierras agrícolas con excedentes o en cultivos con una productividad marginal.

[6] Se refiere a la producción de ganado o cultivos en tierras donde también crecen árboles ya sea para producción de madera, leña u otros productos arbóreos. El almacenamiento de C en la biomasa aérea es normalmente mayor que la equivalente en el uso de tierras sin árboles. También las plantaciones de árboles pueden incrementar el secuestro de C.

[7] Prácticas que puedan al menos parcialmente, restaurar la reserva de C, incluyen: revegetación (por ej; siembra de gramíneas); enmiendas de nutrientes para mejorar la fertilidad; aplicación de substratos orgánicos tales como estiércol, biosólidos y compost; laboreo reducido y retención de los residuos de cultivo; y conservación del agua.

[8] Los estiércoles pueden liberar cantidades significativas de N_2O y CH_4 durante el almacenamiento, aunque existen algunas prácticas de manejo que pueden diminuir dichas emisiones. También los estiércoles liberan GEI, especialmente N_2O después de su aplicación al suelo, aunque ya se ha mencionado algunas prácticas para reducir estas emisiones.

Tabla 2.2 Estrategias de mitigación agronómica para los tres principales gases de efecto invernadero (GEI) (adaptado de Wolfe, 2013).

GEI	Principales fuentes de emisiones	Acciones para la mitigación
N_2O	– Aplicaciones de N fertilizante excesivas o a destiempo. – Suelos húmedos y estiércoles.	– Aplicaciones fraccionadas de fertilizantes, optimización de la época y cantidad aplicada según los análisis de suelos. – Uso de leguminosas (fijación biológica del N) en las rotaciones. – Uso de cultivos de cobertura de invierno para limpiar y almacenar N en la zona radicular. – Mejorar el manejo del estiércol (por ejemplo mantenerlo cubierto y seco) o usar los estiércoles como fuente de energía en digestores anaeróbicos. – Mejorar el drenaje del suelo.
CH_4	– Cultivo de arroz inundado. – Fermentación entérica del ganado rumiante. – Estiércoles húmedos.	– Drenar los campos de arroz de forma intermitente o emplear diferentes opciones de producción de secano con riego donde sea factible. – Incorporar materiales orgánicos durante el período seco de la producción de arroz. – Desarrollar nuevas estrategias de alimentación animal y enmiendas de los piensos para reducir las emisiones de CH_4 por el ganado. – Uso de cubiertas o tanques de almacenamiento de estiércoles y almacenaje a baja temperatura.
CO_2	– Deforestación y quema de residuos. – Descomposición de la materia orgánica del suelo. – Uso de combustibles fósiles y electricidad para el transporte y los edificios. – Uso de combustibles fósiles en la fabricación de inputs agrícolas de alto consumo energético, como los fertilizantes nitrogenados sintéticos, pesticidas y herbicidas.	– Reducir o minimizar las prácticas agrícolas de roza y quema. – Reducir el laboreo del suelo (ralentiza la descomposición de la materia orgánica y reduce el uso de combustibles para los tractores). – Conservar e incorporar los residuos del cultivo. – Incrementar los residuos de cultivo mediante el incremento de los rendimientos y la biomasa, uso de cultivos de cobertura de invierno de alta biomasa y rotaciones de cultivo. – Uso de fuentes de fertilizantes ricas en C, compost o biochar. – Mejora del uso eficiente de la energía en la explotación mediante el diseño y aislamiento de los edificios; equipos y vehículos energéticamente eficientes. – Minimizar el uso de inputs agrícolas de alto coste energético (por ejemplo uso de fertilizantes orgánicos más que sintéticos). – Uso de fuentes de energía alternativa, tales como cultivos energéticos, digestión anaeróbica o pirólisis de los estiércoles y residuos de la explotación, energía solar y eólica.

En definitiva, para invertir la tendencia al aumento de la acumulación de GEI en la atmósfera existen dos vías: la reducción de las emisiones de GEI mediante el uso de una energía más limpia y la reducción del CO_2 atmosférico a través del secuestro de C. Los sectores de la agricultura y la silvicultura deberían jugar un papel clave en ambas.

2.2 Impacto del cambio climático en la agricultura

Los impactos ambientales sobre la agricultura debido al incremento de la concentración de CO_2 y de otros GEI son muy debatidos. Además de la integridad del medio ambiente, existe una preocupación importante respecto al impacto potencial del cambio climático sobre la capacidad de los sistemas agrícolas, que incluyen los recursos de suelo y agua para suministrar alimentos a hombres y animales, producir fibra y combustibles y el mantenimiento de los servicios que proporcionan los ecosistemas. Muchos estudios sostienen que los cambios en el clima están ya afectando a la sostenibilidad de los sistemas agrícolas y alterando la producción (ASA, CSSA, SSSA, 2011).

Los cambios ambientales más implicados en la agricultura son la temperatura, la precipitación y la concentración de CO_2 atmosférico. La investigación sobre el impacto del cambio climático en la agricultura frecuentemente se realiza de dos formas: por un lado, estudios dirigidos principalmente a analizar los efectos directos para una región climática determinada en un cultivo específico, sobre todo los referidos a los outputs agrícolas, tales como el rendimiento y la calidad; por otro, se intenta encontrar algunos principios generales de respuesta (Newton et al. 2007). Existen variaciones entre cultivos en su respuesta a los cambios de CO_2, temperatura y precipitación, que junto a las diferencias regionales en la previsión del clima, crean una situación en la cual evaluar la respuesta puede ser más complicada. El reto es entender las relaciones de los parámetros del cambio climático (interacciones entre temperatura, CO_2 y precipitación) y sus efectos sobre el crecimiento y desarrollo de las plantas, y al igual que sobre los estrés bióticos producidos por malas hierbas, plagas y enfermedades (Hatfield et al. 2011).

Según la Sociedad Americana de Agronomía (ASA, CSSA, SSSA, 2011), los principales efectos del clima sobre los cultivos son:

- Las altas temperaturas y las olas de calor que afectan al crecimiento y desarrollo de los cultivos, incluyendo su potencial de rendimiento. Una variable crítica es el número de días que un cultivo está expuesto a temperaturas que exceden los umbrales específicos durante los estados críticos de crecimiento (por ejemplo, floración, polinización, fructificación o llenado del grano), reduciendo los rendimientos y calidad de la producción.

- Los cambios en los modelos de precipitación que alteran el suministro de agua para los cultivos. Se prevé que el cambio climático desestabilice los regímenes de lluvia preexistentes en muchas regiones, produciéndose cambios en la duración e intensidad de los episodios de inundación y períodos de sequía. Esto es probable que incremente la extensión e intensidad de la erosión, encharcamiento y períodos de sequía, con efectos negativos en los rendimientos.

- El incremento de las concentraciones de CO_2 atmosférico, que estimula frecuentemente el crecimiento de las plantas, puede tener un efecto positivo en algunos cultivos, siendo un factor dependiente de la especie. La fotosíntesis, el crecimiento y el rendimiento de las plantas C3, tal como el trigo y el arroz, tienden a beneficiarse más del elevado CO_2 que las plantas C4 como el maíz (Fig. 2.3). Alto CO_2 en la atmósfera también incrementa la eficiencia en el uso del agua por los cultivos. Esto es debido a que con concentraciones superiores de CO_2 en la atmósfera, las hojas puede obtener el CO_2 necesario para la fotosíntesis con los estomas menos abiertos. Por lo tanto, se pierde menos agua por cada molécula de CO_2 asimilada. Sin embargo, pocos estudios han intentado cuantificar este beneficio en condiciones de campo. Un estudio realizado en soja con los niveles de CO_2 esperados para 2050 mostró un aumento de la eficiencia en el uso del agua del 12.5% de promedio en 4 años. Un aumento similar de la eficiencia en el uso del agua en el maíz haría descender la demanda de agua en el 2050 en 112 mm (Ort y Long, 2014).

- Los cambios en las temperaturas, precipitación y CO_2 interaccionarán con otros estrés ambientales, tales como el O_3, los cuales tienden a reducir la productividad de los cultivos.

Los impactos del cambio climático sobre la agricultura, a medio y largo plazo, son con frecuencia difíciles de analizar separadamente de las influencias no climáticas relacionadas con la gestión de los recursos. Sin embargo, hay una evidencia creciente que procesos tales como las variaciones fenológicas, las modificaciones de duración de la estación de crecimiento y los cambios de cultivo pueden estar relacionados con el cambio climático. Existe también un aumento de las catástrofes debido a la frecuencia cada vez mayor de algunos eventos extremos, los cuales pueden ser atribuidos al cambio climático.

Los impactos potenciales positivos del cambio climático sobre la agricultura están generalmente relacionados con estaciones de crecimiento más largas, nuevas oportunidades de cultivo e incremento de la fotosíntesis y la fertilización de CO_2. Estos posibles beneficios se contraponen con los impactos potencialmente negativos, que incluyen el incremento de la demanda hídrica y de los períodos de déficit hídrico, un mayor requerimiento de pesticidas, mayores daños en los cultivos y menos oportunidades de cultivo en algunas regiones. En general, los cambios en los niveles del CO_2 atmosférico y el incremento de las temperaturas están cambiando la calidad y composición de los cultivos y también la proporción entre las plagas y enfermedades nativas y las foráneas. Asimismo, el incremento en la concentración de O_3 troposférico relacionada con el cambio climático puede tener impactos negativos significativos sobre la agricultura, principalmente en las latitudes medias del norte (IPCC, 2007).

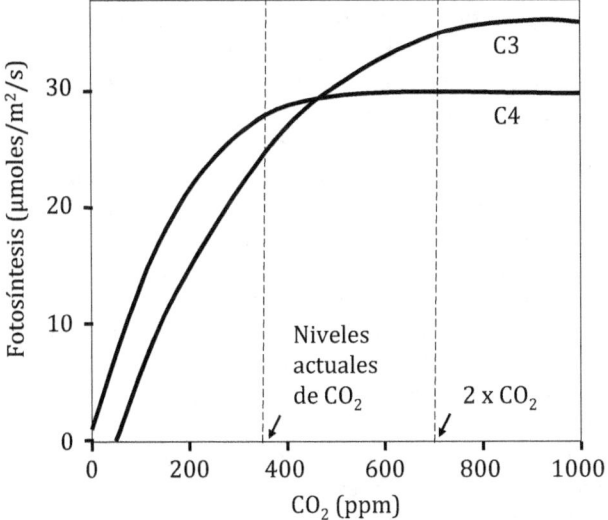

Fig. 2.3 Efecto de la concentración de CO_2 atmosférico en la fotosíntesis por unidad de área foliar de plantas C3 y C4. Aunque los valores específicos de fotosíntesis varían entre especies, en general las plantas C3 muestran un beneficio relativo mayor que las plantas C4 cuando se duplica la concentración de CO_2 (Adaptado de Wolfe y Erickson, 1993)

Aunque el impacto económico del cambio climático sobre la agricultura es muy difícil de determinar, debido a los efectos que tienen las políticas y los mercados y el continuo desarrollo tecnológico en las técnicas agrícolas, hay evidencias de una mayor vulnerabilidad económica de los sistemas agrícolas. Las técnicas de manejo en los agrosistemas pueden contrarrestar los efectos del cambio climático, aunque también pueden exacerbar sus efectos. Por consiguiente, dichas acciones de manejo jugarán en el futuro un importante papel en las medidas a tomar para la adaptación al cambio climático.

En consecuencia, es necesario mejorar drásticamente la forma en la que gestionamos los recursos de la agricultura. Mientras que el impacto del cambio climático será positivo en algunas áreas del mundo, tales como aquellas que pueden ganar una mayor estación de crecimiento y que además poseen suficientes recursos hídricos; en otras áreas los efectos serán adversos y será necesario mejorar las prácticas de manejo del suelo y el agua.

El impacto real del cambio y la variabilidad climática, que son observados en la diversidad de los sistemas agrícolas, son en gran manera dependientes de las características de la explotación (tamaño, intensidad de cultivo y uso de la tierra); todo lo cual influye en el manejo y en la adaptación. Para entender con mayor precisión dicho impacto y adaptación, su evaluación debería considerar la respuesta a diferentes niveles de organización. Puesto que los diferentes tipos de explotaciones se adaptan de forma distinta, una mayor diversidad en los tipos de explotación reduce el impacto de la variabilidad climática a nivel regional, aunque ciertos tipos de explotaciones pueden ser todavía bastante vulnerables.

Un reciente estudio realizado en Europa (Olesen et al. 2011), muestra en la última década tendencias evidentes en el incremento de las temperaturas y diferentes patrones de precipitación, con un incremento generalizado de estos últimos en el norte de Europa y una disminución en algunas zonas del sur y este del continente. También en muchos países, en años recientes, se ha observado una tendencia hacia el estancamiento de los rendimientos de los cereales y a un incremento de su variabilidad. Los impactos del cambio climático esperados en la agricultura, tanto positivos como negativos, serán tan grandes en los países del norte de Europa como en los del Mediterráneo; lo cual permitirá mayores posibilidades de adaptación efectiva para mantener los actuales rendimientos a nivel global. No obstante, si se consideran todos los efectos del cambio climático y las posibilidades de adaptación, los impactos serán netamente negativos en amplias regiones de Europa. Las temperaturas frías y la corta estación de crecimiento son las principales limitaciones en la agricultura del norte de Europa; mientras que las altas temperaturas y los períodos persistentes de sequía durante el verano limitan la producción de los cultivos en el sur de Europa. Hay una clara tendencia en el incremento de las temperaturas que afectan a la producción y a la elección de cultivos en toda Europa; con un incremento frecuente de sequías que inciden negativamente en los rendimientos de los cultivos en el sur y el centro. También hay indicios de un incremento de la variabilidad del rendimiento ligada a la alta frecuencia de olas de calor, así como a las sequías o los persistentes períodos húmedos.

La tabla 2.3 muestra la sensibilidad de los cultivos de trigo y cebada a los cambios climáticos citados.

Tabla 2.3 Sensibilidad del trigo y la cebada a los cambios climáticos (adaptado de Lewis y Witham, 2012).

Variable	Sensibilidad
Temperatura	En las latitudes más altas, las temperaturas más cálidas incrementan la longitud de la estación de crecimiento y el área de tierras adecuadas para los cultivos. En las áreas donde las temperaturas son próximas a la máxima fisiológica para los cultivos, tal como las regiones estacionalmente áridas y tropicales, las temperaturas más altas dan lugar al incremento del estrés térmico en los cultivos y a la pérdida de agua por evaporación, provocando un impacto negativo en el rendimiento.
Temperatura extrema	Hay una temperatura umbral clave por encima de la cual es alterada la fisiología del cultivo, y períodos cortos de intenso calor pueden destruir los cultivos. Es crítica la época de temperaturas extremas respecto a la estación de crecimiento. Para el trigo, temperaturas por encima de 35°C durante la floración tiene severos efectos sobre la reducción del rendimiento. El crecimiento de las plántulas de la cebada es inhibido a temperatura por encima de 32°C y puede ocurrir la mortalidad por encima de 35°C. El crecimiento del grano es también restringido con temperaturas por encima de los 35°C.
Precipitación y disponibilidad hídrica	La seguridad del suministro de agua es esencial para el rendimiento de los cultivos. Históricamente muchas de las mayores reducciones en la productividad de los cultivos han sido atribuidas a eventos anómalamente bajos de precipitación. Una disminución en el número de días lluviosos causa estrés hídrico y conduce a reducciones del rendimiento, mientras un mayor número de días de lluvia en áreas secas dan lugar a un incremento del rendimiento.
Lluvias fuertes e inundaciones	Eventos persistentes de lluvias, que ocasionan inundaciones, pueden aniquilar cultivos enteros. Lluvias persistentes hacia el final de la estación de crecimiento, que ocasionan infecciones de enfermedades fúngicas en la espiga, han sido relacionadas con una más baja calidad del grano. Las inundaciones pueden retrasar las operaciones de cultivo e impedir la recolección.
Tormentas/alto impacto climático	Tormentas severas (incluidas oleadas de tormentas) pueden causar daños directos, potencialmente devastadores, a los cultivos.
Otros	Los cultivos de plantas C3 (trigo, cebada, avena y arroz) pueden tener ventaja con las crecientes concentraciones de CO_2 atmosférico al incrementar la absorción de CO_2 y mejorar la fotosíntesis, lo cual produce un incremento del rendimiento. Los cultivos de plantas C4 (maíz, sorgo, mijo, caña de azúcar) no se benefician del aumento de la concentración de CO_2 atmosférico. La contribución de temperatura, precipitación y humedad afecta a la propagación de las plagas y enfermedades, que a su vez afectan a los cultivos. Los cambios del clima y su ocurrencia influyen en las diferentes plagas y enfermedades de forma distinta.

2.3 Suelos agrícolas y cambio climático

Según la Sociedad Americana de Agronomía (ASA, CSSA, SSSA, 2011), los principales efectos del clima en los suelos son:

- Las altas temperaturas que alteran el ciclo de nutrientes y del C y modifican el hábitat biótico del suelo, que a su vez afectan la diversidad de las especies y su abundancia.
- Los fuertes aguaceros que incrementan la erosión del suelo. Además, el aumento de la precipitación puede dar lugar al encharcamiento de los suelos, limitando el suministro de O_2 a las raíces de los cultivos e incrementando las emisiones de N_2O y CH_4. La alteración de la lluvia, a través del incremento o disminución de la precipitación, afecta a la química y biología del suelo.
- La capacidad de retención de agua por el suelo, que puede ser afectada por las crecientes temperaturas y por una reducción de la materia orgánica del mismo, debido al cambio climático y a los cambios de manejo de la tierra. El mantenimiento de la capacidad de retención de agua es importante para reducir los impactos de la intensa lluvia y de las sequías, las cuales se prevé lleguen a ser más frecuentes y severas.
- Las temporadas prolongadas de calor y sequía entre períodos lluviosos pueden causar desecación y salinización del suelo, las cuales pueden, en conjunto, reducir los rendimientos de los cultivos.
- El incremento de la temperatura y la disminución de la humedad tienden a acelerar la descomposición del material orgánico de los suelos; dando lugar a una reducción de las reservas del C orgánico del mismo y al incremento de las emisiones de CO_2 a la atmósfera.

El cambio climático presenta un gran reto para el manejo sostenible del suelo. Los suelos agrícolas son importantes sumideros de C, con un gran potencial para mitigar el cambio climático. También la biodiversidad del suelo juega un papel importante en los ciclos de C del mismo. El mejor entendimiento y manejo de los suelos representa un gran potencial para lograr su conservación e importantes beneficios: mitigar el cambio climático, evitar su degradación, mejorar la retención de agua e incrementar la productividad (FAO, 2008). La influencia de los procesos biológicos del suelo en el consumo de GEI atmosférico y en las emisiones procedentes de los mismos se muestra en las figuras 2.4 y 2.5, respectivamente.

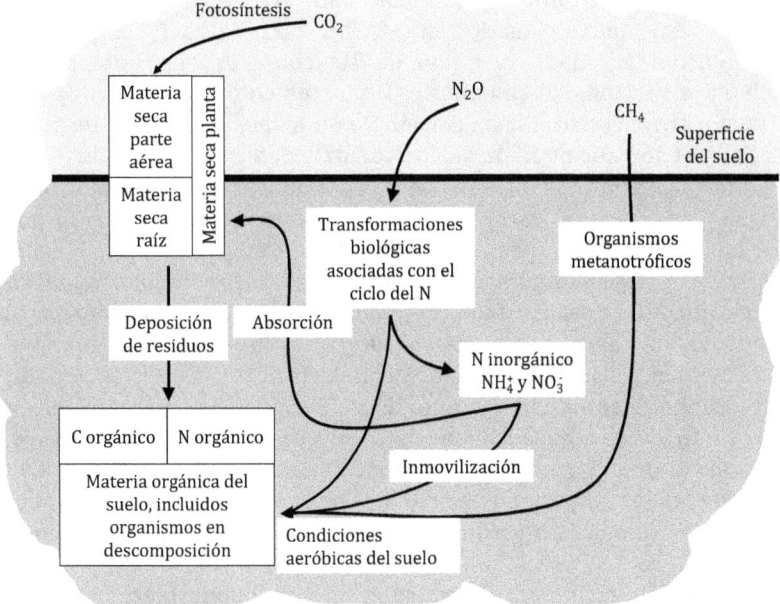

Fig. 2.4 Procesos biológicos del suelo que influyen en el consumo de gases de efecto invernadero atmosférico por el suelo (Adaptado de Baldock et al. 2012)

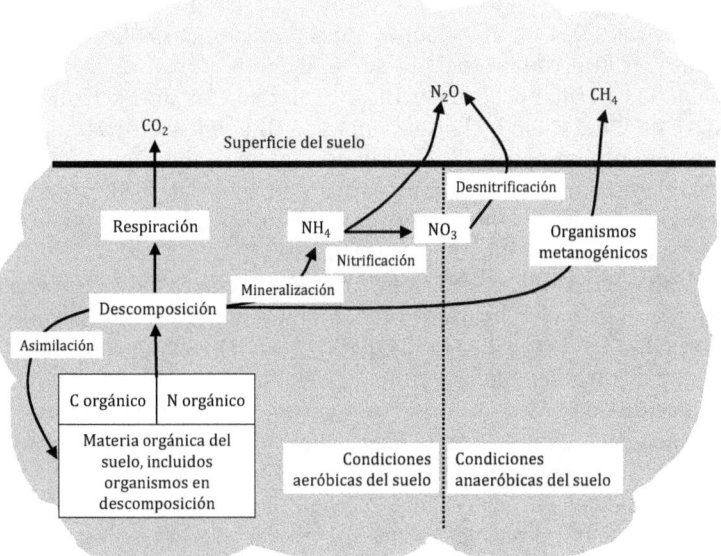

Fig. 2.5 Procesos biológicos del suelo que influyen en las emisiones de gases de efecto invernadero procedentes del suelo a la atmósfera (Adaptado de Baldock et al. 2012)

Numerosos estudios científicos han evaluado las consecuencias esperadas del cambio climático en relación con la calidad y el C del suelo y su productividad. Dado que una de las consecuencias anticipadas del cambio y la variabilidad climática es un incremento de la erosión potencial del suelo, será necesaria la aplicación de un manejo racional y de prácticas de conservación que mantengan su productividad y los niveles de fertilidad. La implementación de programas y/o políticas de conservación para mitigar y adaptarse a los impactos de un cambio climático harán posible contribuir a cambios positivos que permitirán alcanzar la seguridad alimentaria y la sostenibilidad. Sin estas actuaciones será mucho más difícil en el siglo XXI alcanzar tales objetivos debido al decrecimiento de la productividad. Está bien establecido que la erosión disminuye la productividad del suelo a través de diversos factores que se ven seriamente afectados; por ejemplo: incremento de las pérdidas de C orgánico del suelo y otros nutrientes esenciales que contribuyen a la reducción de los niveles de fertilidad del mismo; más baja capacidad de retención del agua; rotura de los agregados y calidad del suelo más baja; e impacto negativo sobre las propiedades químicas, microbiológicas y físicas del suelo (Delgado et al. 2013).

El contenido de arcilla del suelo es un factor importante para explicar la gran variabilidad en el intercambio de GEI entre zonas, en respuesta a la elevada concentración atmosférica de CO_2. El intercambio de GEI en los suelos arcillosos es más sensible a la elevada concentración atmosférica de CO_2 que en los suelos arenosos. Sin embargo, es necesaria más investigación sobre los efectos del calentamiento en el secuestro de C por el suelo y en el intercambio de GEI. Los pocos estudios existentes muestran efectos variables y modelos no claramente consistentes que expliquen como el C del suelo y el intercambio de GEI se ve afectado por el calentamiento. De forma similar, permanece sin clarificar cuales son las interacciones entre el secuestro de C del suelo y el intercambio de GEI en los agrosistemas debido al calentamiento climático. El objetivo de las investigaciones futuras sería mejorar el secuestro de C y mitigar las emisiones de GEI, y permanecer vigilantes en observar como el cambio climático continua aumentando en las próximas décadas (Dijkstra y Morgan, 2012).

La mitigación de las emisiones de GEI a través de las prácticas de manejo del suelo implicarían fundamentalmente la reducción de las emisiones de CO_2 y N_2O. Los flujos de CO_2 se ven afectados por los cambios en la temperatura del suelo y el manejo del laboreo. A partir de la mayor concentración de CO_2 atmosférico existe un mayor potencial para incrementar el crecimiento de la planta y el aporte de residuos de cultivo al suelo, que a su vez podrían secuestrar más CO_2. Sin embargo, hay un efecto de compensación en el crecimiento de las plantas causado por las temperaturas más cálidas, las cuales incrementarán la tasa de uso de agua por el cultivo; y cuando se une a la precipitación variable y el consiguiente incremento de la variación de la disponibilidad de agua en el suelo, se crea una respuesta negativa sobre la tasa de material vegetal añadido al suelo y una positiva sobre la tasa de descomposición. El resultado final es un incremento neto de las emisiones de CO_2. Se ha observado de forma consistente que la adopción de un sistema de laboreo reducido mantiene mejor los residuos del cultivo, los cuales reducirán las emisiones de CO_2 del suelo.

El N_2O, como se ha dicho, es una de las más importantes vías de emisión de gases procedentes de los suelos agrícolas. Un hecho consistente es que el incremento de la dosis de aplicación de N por encima del óptimo para el crecimiento de la planta o el rendimiento contribuye a incrementar las emisiones de N_2O (Hatfield et al. 2012). Las prácticas que incrementan el uso eficiente del N, especialmente si estas son acompañadas por la reducción de la dosis de N, son una excelente herramienta para ayudar a reducir las emisiones de N_2O. Al ser el N un elemento móvil y dinámico, éste puede ser transportado fuera del área de aplicación por escorrentía superficial con la erosión y puede también ser lavado por el agua y/o perdido vía volatilización amoniacal (Fig. 2.6). Prácticas tales como las aplicaciones fraccionadas, los análisis de suelos para considerar el N del suelo disponible inicialmente, los inhibidores de la nitrificación, los fertilizantes de liberación controlada, el uso de cultivos de cobertura, contabilizar en el ciclo de N los residuos de cultivo previos de leguminosas y tener en cuenta los niveles de N en el agua de riego, son ejemplos de prácticas que pueden contribuir a la reducción del inputs de N y en consecuencia incrementar su uso eficiente. Estas prácticas también pueden contribuir al uso de las dosis de N más bajas y reducir las emisiones de N_2O directas e indirectas, a la vez que se mantiene la productividad (Snyder et al. 2009 y Delgado et al. 2013).

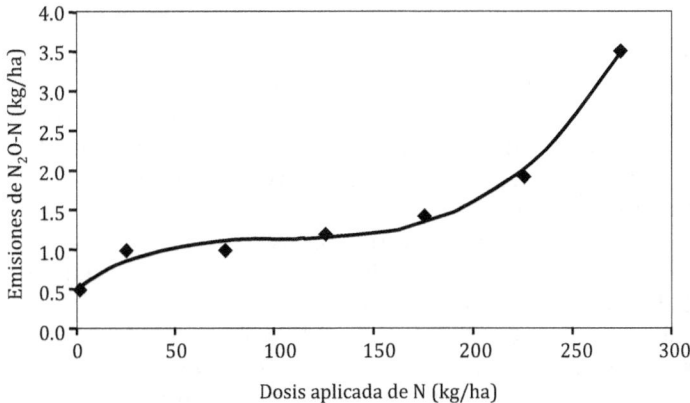

Fig. 2.6 Emisiones de N_2O según la dosis de N fertilizante aplicada (Adaptado de Snyder et al. 2009)

Las vías importantes de pérdidas de N (lavado, desnitrificación, escorrentía y volatilización del NH_4^+), aunque pueden ser minimizadas por la implementación de buenas prácticas de conservación y manejo, están también relacionadas con el ciclo hidrológico, la temperatura y el cambio climático. Las altas temperaturas y los eventos de alta precipitación pueden incrementar las pérdidas de N al ambiente. Algunos estudios han revelado que la incorporación del N fertilizante incrementa las emisiones de N_2O, aunque la profundidad de incorporación (superficial frente profunda) parece afectar la tasa de emisiones de N_2O. Se hace necesario conocer con nuevas investigaciones, como reducir las emisiones de N_2O por incorporación o utilizando nuevos tipos de fertilizante. Por otro lado, la comparación de las aplicaciones de N en primavera con las realizadas en otoño muestran una más alta eficiencia de uso del N en primavera, pero también un mayor flujo de emisiones de N_2O (Delgado et al. 2013).

Asimismo, las prácticas de manejo del suelo (el uso de la tierra, la aplicación de nutrientes a través del estiércol y los fertilizantes nitrogenados, la incorporación de los cultivos o residuos de cultivos, el laboreo, la reducción de la compactación del suelo, etc.), a través de su efecto sobre los factores ambientales enumerados, pueden influir indirectamente en los flujos de N_2O. La alta densidad aparente asociada con algunos tipos de suelos o debida a la compactación producida por los aperos de laboreo y otros equipos agrícolas, tales como remolques, cosechadoras y tractores, puede provocar la reducción de la aireación bajo condiciones de humedad del suelo, dando lugar a mayores emisiones de N_2O. Según Snyder et al. (2009), una ligera compactación del suelo, puede aumentar las emisiones de N_2O hasta en un 20%, mientras que una compactación severa puede duplicar dichas emisiones. Cuando se evita esta compactación y se preserva al mismo tiempo la superficie cubierta por los residuos de la cosecha, se reduce el riesgo de desnitrificación y de emisiones N_2O. En especial, la compactación de los suelos arcillosos tiene un mayor efecto negativo que los suelos arenosos. Algunos de los efectos negativos de la compactación también puede estar relacionados con la reducción de crecimiento de las raíces de los cultivos y los procesos microbianos de la zona de la raíz.

En síntesis, las técnicas agronómicas específicas para reducir las emisiones del N_2O incluyen: (1) ajustar la dosis de aplicación de N a las necesidades de los cultivos; (2) mejorar la época y localización de la aportación de N al suelo; (3) evitar las aplicaciones excesivas de N; (4) usar fertilizantes que incrementen la eficiencia y reduzcan las emisiones de N_2O; y (5) beneficiarse, cuando sea posible, de la fijación biológica del N (ASA, CSSA, SSSA, 2011).

Existe un gran potencial para mitigar las emisiones de GEI en el sector agrícola en el futuro. Algunas opciones de mitigación agrícola, que actualmente tengan un potencial limitado, puede mostrar una mejoría significativa a largo plazo. Entre ellas se incluyen un mejor uso de los fertilizantes a través de la agricultura de precisión, y un mayor desarrollo de los inhibidores de la nitrificación y la creación de nuevos tipos de abonos.

Hace más de una década se pusieron de manifiesto los avances en los fertilizantes de liberación controlada, que podrían ser un medio eficaz para mejorar la sincronización entre la disponibilidad de N en el suelo y la demanda de absorción de éste por los cultivos. En los últimos años ha surgido un interés creciente en el uso de este tipo de fertilizantes denominados fertilizantes de eficiencia mejorada ("enhanced efficiency fertilizers") por su potencial para reducir el impacto ambiental. Estos son productos cuyas características permiten una mayor absorción por la planta y reducir el potencial de pérdidas de nutrientes en el medio ambiente, en comparación con los fertilizantes de referencia convencionales. Estos fertilizantes nitrogenados incluyen inhibidores de la nitrificación y de la ureasa, fertilizantes sin recubrimiento de lenta disponibilidad y fertilizantes nitrogenados recubiertos.

Numerosos estudios se han realizado en fechas recientes, especialmente en EEUU, para conocer los efectos de estos fertilizantes de eficiencia mejorada sobre las emisiones de N_2O y el rendimiento agronómico de los cultivos. Hatfield y Venterea (2014) han analizado los resultados de un estudio multilocalización en EEUU, durante el período 2008-2011, en los cultivos de maíz, algodón y trigo. Las conclusiones más relevantes fueron las siguientes: (1) la aplicación de este tipo de fertilizantes, como método para reducir las emisiones de N_2O, depende de las condiciones ambientales. En general afectan a la tasa de emisiones de N_2O de los suelos, en especial durante el período inmediatamente después de la aplicación del fertilizante, y de manera más marcada en los sistemas de producción de regadío; (2) los eventos episódicos de lluvia durante la estación de crecimiento pueden dar lugar al aumento de las emisiones de N_2O cuando se aplican los fertilizante de eficiencia mejorada, lo cual puede limitar su eficiencia en climas húmedos con el aumento de las precipitaciones; (3) en todos los cultivos, la utilización de los fertilizantes de eficiencia mejorada incrementaron el uso eficiente del N por el cultivo, demostrando que estos tiene una respuesta positiva tanto agronómica como ambiental. No obstante, los resultados mostraron, en general, un efecto inconsistente en la producción agrícola al compararlos con los fertilizantes convencionales; (4) en el futuro habría que evaluar la aplicación de dosis más bajas de N con fertilizantes de eficiencia mejorada con el fin de alcanzar los mismos rendimientos de grano y las consiguientes menores pérdidas de N en comparación con los fertilizantes convencionales; y (5) asimismo, también es necesario un análisis económico adicional para conocer las variaciones en los costes de los diferentes tipos de fertilizantes de eficiencia mejorada y los productos de referencia, junto con los rendimientos resultantes y los costes adicionales asociados con las aplicaciones fraccionadas de los fertilizantes convencionales.

Otro estudio realizado por Halvorson et al. (2014) en maíz, en un suelo franco-arcilloso y clima semiárido bajo riego en las "Great Plains", mostró que la urea recubierta con polímeros, de liberación controlada, redujo las emisiones de N_2O en un 42% en comparación con la urea convencional, y en un 14% en comparación con una solución de urea + NO_3 NH_4, en no laboreo y laboreo en bandas, pero no tuvo efecto en el laboreo convencional. Reducciones de emisiones de N_2O similares o aún mayores ocurrieron cuando fueron aplicadas otras fuentes de urea estabilizada (46% y 21%, en comparación con la urea y la solución urea + NO_3 NH_4, respectivamente); o una fuente de liberación lenta de urea + NO_3 NH_4 (57% y 28%, en comparación con la urea y la urea + NO_3 NH_4, respectivamente). Asimismo, la mezcla urea + NO_3 NH_4 redujo las emisiones de N_2O el 35%, en comparación con la urea sola. Los autores concluyeron que existe un incremento lineal en las emisiones de N_2O con el incremento de la dosis de N tanto para la urea convencional como para la mezcla urea + NO_3 NH_4.

Por último, Dell et al. (2014), en un estudio durante un período de 4 años secos, constataron que la utilización en maíz de fertilizantes nitrogenados de mejor eficiencia (urea recubierta con polímeros, ureasa con urea tratada con inhibidores de la nitrificación, entre otros), no produjeron diferencias consistentes entre las tasas de emisión de N_2O, siendo similares las emisiones de N_2O acumuladas en la estación de crecimiento y el rendimiento de grano para todas las fuentes de N. Concluyeron que los períodos secos prolongados limitan el potencial de desnitrificación y las emisiones totales de N_2O en condiciones de campo; por lo cual los fertilizantes de eficiencia mejorada no parecen ser un medio eficaz para reducir las emisiones de N_2O en un sistema de secano, al menos cuando la lluvia es escasa.

Algunos investigaciones (Dwivevi et al. 2013), han predicho que los cambios en el clima podrían modificar rápidamente la distribución de las especies; algunas expandiéndose hacia nuevas áreas más favorables y otras reduciéndose a pequeñas localizaciones debido al incremento de las condiciones adversas. La diversidad del suelo excede a la biodiversidad de los sistemas que están por encima del mismo; lo cual es crucial para la sostenibilidad de los agrosistemas. Ésta consiste en la macrofauna (lombrices de tierra, etc...), mesofauna (microartrópodos, tales como arañas y colémbolos), microfauna (nemátodos y protozoos) y microflora (bacterias y hongos). Los organismos del suelo realizan un número de funciones vitales tales como la descomposición y degradación de los residuos vegetales y el ciclo de nutrientes, convirtiendo el N atmosférico en formas orgánicas (inmovilización) y remineralizando el N orgánico, que lleva a la formación de N gaseoso; la supresión de patógenos del suelo a través de antagonistas; la regulación del microclima y los procesos hidrológicos locales; la síntesis de enzimas, vitaminas, hormonas, quelantes vitales y aleloquímicos que regulan poblaciones y procesos; y la alteración de la estructura del suelo y otras características físicas, químicas y biológicas. Además de los efectos sobre la desertificación del suelo, el modelo de uso de la tierra y la contaminación del suelo alteran la biodiversidad de éste. Cambios en la biodiversidad del suelo son observados a través de los efectos sobre los organismos del suelo, como resultado de los cambios en la temperatura y la precipitación, y a través de los cambios climáticos inducidos (aumento del CO_2 atmosférico y calentamiento), que afectan la productividad de los cultivos y la composición de especies. Las evidencias acumuladas hasta ahora revelan que los componentes bióticos del suelo son vulnerables al cambio climático. Por ejemplo, la dimensión del efecto positivo de la elevada concentración atmosférica de CO_2 en la abundancia de los componentes bióticos del suelo parece disminuir con el tiempo, mientras que el efecto negativo del calentamiento y el positivo de la precipitación se acrecientan con el tiempo. La mayoría de los estudios concluyen que los efectos del cambio climático y las interacciones entre ellos pueden causar cambios en la abundancia de bacterias y hongos, teniendo la precipitación un mayor efecto sobre las especies que componen la fauna del suelo.

La composición microbiana del suelo está principalmente relacionada con la diversidad de plantas, asumiendo que las diferentes especies de plantas pueden albergar distintas poblaciones microbianas rizosféricas, más bien que alterar los flujos de C del suelo inducidos por la elevada concentración atmosférica de CO_2 que lleva a un aumento de la fotosíntesis. Existen suficientes evidencias que muestran que la transferencia de C a través de las raíces de las plantas al suelo juega un papel básico en la regulación de la respuesta de los ecosistemas al cambio climático y su mitigación.

La biodiversidad del suelo también puede ser explorada y preservada (*ex situ* o *in situ*) en su papel para hacer frente a los efectos adversos del calentamiento global sobre la agricultura. La fertilidad del suelo se verá fuertemente influenciada tanto por el incremento de la concentración atmosférica de CO_2 como por la temperatura. Los efectos del cambio climático vía fertilidad del suelo y diversidad microbiana, deberían ser investigados en función de los nutrientes y su utilización por los cultivos, y sus efectos sobre la producción de alimentos y su calidad. Se debería poner mayor énfasis en mejorar nuestro entendimiento de las interacciones planta-microorganismos, específicamente de la biota, en el contexto de la complejidad ambiental natural, biótica y abiótica (Dwivevi et al. 2013).

2.4 Respuesta de los cultivos al cambio climático

2.4.1 Estrategias de adaptación

Para incrementar la seguridad alimentaria frente al reto del cambio climático se requerirá que los sistemas agrícolas sean contemplados desde una perspectiva holística, con el fin de entender las implicaciones que representan las interacciones de los cambios de temperatura, CO_2 y precipitación sobre los procesos de crecimiento y desarrollo de los cultivos. Los impactos de las altas temperaturas sobre la reducción de los rendimientos de los cultivos pueden producir serías consecuencias en términos de estabilidad de la producción, especialmente sobre los procesos de la polinización y formación del grano. Estos efectos pueden no ser compensados por la beneficiosa estimulación del crecimiento debido a la consecuencia directa del incremento de los niveles de CO_2. Tales cambios, junto con el incremento de la variabilidad de la precipitación, plantean el reto de buscar la solución para que los sistemas de cultivo puedan ser más resistentes al estrés. La conexión entre la respuesta fisiológica y las características genéticas suministra la clave para crear sistemas de cultivo más resistentes que puedan enfrentarse al cambio climático. La evaluación de la interacción de la genética con el medio ambiente, especialmente en el escenario potencial del cambio climático, requerirá un entendimiento de cómo estas variables interactúan durante el ciclo de crecimiento de los cultivos (Hatfield et al., 2011).

El objetivo fundamental es producir rendimientos más altos con emisiones reducidas de GEI por unidad de producción y conservar y enriquecer el contenido de materia orgánica del suelo, promover un uso eficiente del agua y conservar la integridad de los ecosistemas. Este objetivo puede ser alcanzado a través de un manejo agronómico avanzado destinado a la intensificación y producción agrícola sostenible, y a la focalización de programas de mejora basados en una mejor comprensión de la genética y la fisiología de los cultivos.

Según ASA, CSSA, SSSA (2011), entre las estrategias actualmente disponibles para la adaptación de la agricultura al cambio climático figuran:

- Incrementar la diversidad de cultivos, incluyendo la ampliación de la gama de variedades de un mismo cultivo y del rango de especies cultivadas; lo cual puede ser una forma efectiva para moderar los efectos de la variabilidad del clima y los eventos extremos asociados con el cambio climático.
- Utilizar riego por goteo y otros tipos de riego que puedan ayudar a manejar los suministros limitados de agua más eficientemente, a medida que los regímenes hidrológicos se hacen cada vez más inestables y los períodos de sequía más severos.

- El manejo integrado de plagas como un medio de ayudar a los sistemas agrícolas a responder frente a los cambios de comportamiento de las mismas como resultado del cambio climático.

- El manejo del suelo, tal como el laboreo reducido y el manejo de residuos, que puede ser utilizado para conservar el agua, reducir la erosión e incrementar la productividad.

Según Delgado et al. (2013), bajo las condiciones de cambio climático habría que dar más énfasis a las estrategias de mejora del manejo del N. La modificación de los ciclos de C y N vistos de forma conjunta en los suelos bajo el incremento de CO_2, junto con el régimen variable de agua en el suelo, alterará la habilidad de la planta para utilizar el N y en consecuencia afectará a los modelos de extracción de N. Una mayor comprensión de la conexión entre los ciclos de C y N bajo el cambio climático mejorará nuestras capacidades de manejo.

La adaptación de los cultivos anuales al cambio climático global será un proceso continuo de evaluación, selección y ensayos de especies y variedades en ambientes variados y en un amplio rango de condiciones climáticas. Se requerirá además información sobre la susceptibilidad de dicho material a plagas y enfermedades. En función de la rapidez con que el cambio del clima tenga lugar, necesitarán ser identificadas y ensayadas un rango de cultivares y especies adecuadas de cultivo bajo condiciones anticipadas de temperatura y humedad contra potenciales plagas y enfermedades (Tabla 2.4).

Según Rosenzweig y Hillel (2013), la agricultura está cambiando a un nuevo paradigma que abarca un enfoque de sostenibilidad y servicios ambientales. Este nuevo modelo está representado por un amplio conjunto de prácticas, descritas a veces como "agricultura de conservación". El potencial para este prototipo de nueva sostenibilidad y servicios ambientales debería ser más ampliamente explorado e investigado, y deberían ser establecidas y mejoradas redes de apoyo para que los agricultores adopten estas prácticas en respuesta a las necesidades del cambio climático.

Las prácticas de conservación serán claves y deben ser usadas como estrategia para la adaptación a los impactos del cambio climático sobre el recurso del suelo. Entre las estrategias claves figuran el uso del laboreo de conservación, las rotaciones de cultivo y el manejo de los residuos de cultivo (incluido el uso de cultivos de cobertura, donde sean viables), el manejo del pastoreo intensivo del ganado, la mejora del manejo de los sistemas de riego y el uso de tecnologías de agricultura de precisión. Muchas otras prácticas de conservación también tienen la capacidad de reducir parcialmente o en su totalidad el potencial de aceleración de las tasas de erosión del suelo, que pueden ocurrir bajo un cambio en el clima que inducirá más lluvia total, con eventos de lluvia de intensidad más alta, o cambios a climas más secos que potencialmente provocarán tasas más altas de erosión por el viento. Una práctica importante de adaptación será considerar los cambios espaciales proyectados en el ciclo hidrológico, tales como regiones más húmedas y más secas, y períodos de sequía. Esto podría ayudar en el desarrollo de políticas de conservación del suelo y el agua que consideren los efectos temporales y espaciales derivados del cambio climático a escala regional. Estas políticas deberían también considerar prácticas de conservación que contribuyan a incrementar la capacidad de retención de agua en el perfil del suelo, mejora de las prácticas de drenaje y el desarrollo de nuevas variedades de cultivo y sistemas de cultivo más resistentes a la sequía (Delgado et al., 2013).

Las soluciones agronómicas a muchos de los más probables impactos del cambio climático son razonablemente bien conocidas. El reto frecuentemente no es que las técnicas no estén disponibles, si no que falta la capacidad para adaptarlas; lo cual está frecuentemente ligado con la disponibilidad de capital. Por esto los agricultores más pobres y los países en desarrollo son particularmente vulnerables. Sin embargo, estudios realizados en Europa han documentado que la disponibilidad de capital y el acceso a la información no necesariamente se traduce en adaptaciones exitosas (Wolfe, 2013).

Según Iglesias (2009), el diseño de estrategias efectivas de adaptación al cambio climático en la agricultura tiene como objetivo ayudar a los agricultores y ganaderos a reducir sus efectos. Desgraciadamente, las estrategias concretas de adaptación están mucho menos desarrolladas. En teoría un plan concreto de adaptación debe incluir tanto estrategias basadas en la creación de información, como en el establecimiento de las condiciones normativas, institucionales y de gestión que permitan desarrollar las acciones que deban implementarse en el futuro (por ejemplo, la investigación y la educación son instrumentos fundamentales para la adaptación). Posteriormente, la adaptación deberá centrarse en la adopción de medidas que ayuden a reducir la vulnerabilidad a los riesgos climáticos y/o aprovechar las oportunidades. Cualquier tipo de estrategia se puede desarrollar en los distintos niveles del sistema productivo: a nivel de explotación agraria y con la participación exclusiva de los agricultores; estrategias de mercado; externalización de los riesgos con la participación del sector publico y privado; y, por último, instrumentos de ayuda pública, especialmente ante situaciones de catástrofe. Con el fin de que las medidas sean efectivas, se necesita saber cuál es la disponibilidad potencial de los agricultores a la implantación de las mismas (grado de aceptación, coste, necesidades de control, implicaciones, requisitos). Por tanto, es necesario analizar si existen barreras a la implementación, que acciones pueden incentivar el desarrollo de estas medidas por el mayor número de agricultores posible, así como los costes y beneficios que acarrean cada una de ellas (Tabla 2.5).

Tabla 2.4 Conjunto de actuaciones de adaptación frente al cambio climático (adaptado de Follett, 2012).

Actuación	Valor para la adaptación al cambio climático	Medidas para incrementar la flexibilidad
Tierra	Extensión de las tierras de cultivo en de diversos climas.	Fomentar un uso flexible de la tierra, diversificación y adaptación.
Agua	El agua ya puede limitar la agricultura en algunas regiones y es crucial para la adaptación.	Estimular el uso prudente del agua. Elevar el valor del cultivo producido por volumen de agua consumida.
Energía	El suministro de energía segura es esencial para muchas adaptaciones al nuevo clima.	Mejorar la eficiencia energética de la producción de alimentos. Explorar nuevos combustibles biológicos, energía solar y otras fuentes de energía.
Infraestructura física	Facilitar los flujos de inputs, comercio y mercados.	Mantener y mejorar el suministro de inputs y las infraestructuras de distribución de las exportaciones para responder a las señales del mercado.
Diversidad genética	Fuente de genes para adaptar los cultivos y la ganadería a los nuevos climas.	Reunir, preservar y caracterizar los genes de plantas y animales. Dirigir la investigación hacia los cultivos y ganadería alternativa.
Investigación	Fuente de conocimiento y tecnología de adaptación.	Ampliar la investigación sobre estrategias de adaptación. Mejorar la agricultura sostenible y alternativa y los sistemas alimentarios.
Información	Suministrar la información necesaria para realizar el seguimiento climático.	Mejorar los sistemas nacionales e internacionales de intercambio de información sobre el cambio climático y como adaptarse a él.
Recursos humanos	Proporcionar un conjunto de competencias que permitan a los agricultores e investigadores adaptarse al cambio climático.	Lograr que las habilidades de adaptación sean el sello de calidad (la clave) de los recursos humanos de la agricultura.
Instituciones políticas	Determinar las políticas y las normas que faciliten la eliminación de aquellas que impiden la adaptación.	Armonizar los objetivos agrícolas y las políticas.
Mercados mundiales	Permitir que el comercio facilite los intercambios de la producción agrícola y enviar señales de precios que eventualmente ajusten la producción a los nuevos climas.	Promover un mercado más libre y evitar el proteccionismo.

Tabla 2.5 Estrategias de adaptación agronómica y beneficios, costes y limitaciones asociadas (adaptado de Wolfe, 2013).

Adaptación	Beneficios	Coste relativo	Limitaciones/riesgos
Cambio/diversificar fecha de siembra.	- Aprovechar estaciones de crecimiento más largas, incluyendo posibles dobles cultivos. - Evitar períodos secos, húmedos y cálidos.	Bajo	- Competencia para entrar en el mercado en nuevas épocas de recolección. - Dificultad de predecir eventos de tiempo adversos.
Nuevos/más diversificación de cultivos y variedades.	- Explorar nuevos cultivos y mercados para estaciones de crecimiento más largas. - Utilización de variedades y cultivos tolerantes a los nuevos estrés.	Bajo a moderado	- Competencia para entrar en nuevos mercados. - Nuevos equipos de campo, infraestructuras y transporte, requeridos por los nuevos cultivos. - Cultivos y variedades tolerantes al estrés no disponibles o no aceptados en el mercado.
Mejora de la monitorización de las poblaciones de plagas, enfermedades y malas hierbas y sus cambios de distribución.	- Mejor preparación para nuevas plagas, enfermedades y malas hierbas.	Bajo a moderado	- Bajos gastos en campo, pero requiere costosas redes regionales para ser efectivo.
Control químico y no químico de plagas, enfermedades y malas hierbas.	- Control de nuevas plagas y malas hierbas reduciendo al mínimo la contaminación química del medio ambiente.	Bajo a moderado	- Fitosanitarios no disponibles, no autorizados o costosos. - Métodos no químicos no disponibles y que requieren tiempo para su desarrollo.
Sistemas de riego.	- Mantener el rendimiento y la calidad durante los períodos secos.	Moderado a alto	- Costosa infraestructura. - Necesidad de un adecuado suministro de agua.
Protección de los daños por inundación.	- Mantener el rendimiento y la calidad durante los períodos húmedos.	Bajo a alto	- Sistemas de siembra intensivos propensos a la sequía en períodos secos. - Sistemas de tubos de drenaje costosos. - Parcelas mejor drenadas o con menos propensión a la inundación no disponibles.
Protección contra daños de heladas y olas de frío.	- Minimizar los daños a los cultivos debido a las temperaturas variables de invierno y primavera.	Moderado a alto	- Incluso con pronóstico, los sistemas de aspersión antiheladas no siempre son efectivos.

Wolfe (2013) ha sintetizado las restricciones para la adaptación de la agricultura al cambio climático en los siguientes tipos:

- Limitaciones físicas y ecológicas (regiones o cultivos vulnerables a los efectos del cambio climático que dificultan la habilidad adaptativa).
- Limitaciones tecnológicas (no disponibilidad de las variedades adecuadas o de las tecnologías de riego).
- Barreras financieras (de agricultores individuales, regiones o países: falta de capital para las inversiones de adaptación y ayudas para los agricultores).
- Barreras informativas y de conocimiento (falta de acceso a la información sobre la adaptación, subestimación de los riesgos debido a la falta de acción).
- Barreras sociales y culturales (limitan la respuesta adaptativa).

2.4.2 Estrategias de mitigación

La adaptación de la agricultura del futuro al cambio climático estará basada también en la mejora de las actuales estrategias de mitigación. La mejora de las prácticas puede reducir la emisión neta de GEI; sin embargo, la efectividad de las prácticas agrícolas usadas dependerán del clima, tipo de suelo y sistema agrícola. La mayor oportunidad de mitigación deriva de la mejora del secuestro de C orgánico por el suelo, seguida por la reducción de las emisiones de GEI. El mantenimiento y posible incremento de las cantidades de C orgánico secuestrado por el suelo puede ser crítico para la futura adaptación al cambio climático. Las tecnologías y prácticas más relevantes para la mitigación de las emisiones de GEI procedentes del sector agrícola, según Delgado et al. (2013), incluyen: (1) mejora de los cultivos y el manejo de las tierras de pastos para incrementar el almacenamiento de C del suelo; (2) restauración de tierras degradadas; (3) mejora de las técnicas de cultivo del arroz; (4) mejora del ganado y manejo del estiércol para reducir las emisiones de CH_4; (5) mejora de las técnicas de aplicación del N fertilizante para reducir las emisiones de N_2O; (6) cultivos energéticos para reemplazar el uso de combustibles fósiles; y (7) mejora de la eficiencia energética de las operaciones agrícolas.

La mitigación y la adaptación al cambio climático por la agricultura deberán producirse e interaccionar simultáneamente. Nos obstante, las medidas de mitigación y adaptación impulsadas por la agricultura pueden tener tanto consecuencias positivas como negativas. Entre las primeras, figuran el mantenimiento de residuos en el suelo que mejoren la capacidad de retención de agua y el secuestro de C. Entre las segundas, destacan la fuerte dependencia de la energía procedente de la biomasa y el aumento del uso de fertilizantes nitrogenados que incrementará las emisiones de N_2O. Los flujos de GEI de la agricultura son complejos y heterogéneos, pero la gestión activa de los sistemas agrícolas ofrece posibilidades de mitigación. Muchas de estas oportunidades de mitigación utilizan las tecnologías actuales y se puede implementar de inmediato (Smith et al. 2007; Smith et al. 2008).

De forma global, Smith et al. (2008) han establecido las oportunidades para la mitigación de GEI en la agricultura en tres grandes categorías basadas en el mecanismo subyacente:

- *Reducción de las emisiones.* La agricultura libera a la atmósfera cantidades significativas de CO_2, CH_4 y N_2O. Los flujos de estos gases se pueden reducir mediante la gestión más eficiente de los flujos de C y N en los ecosistemas agrícolas. Por ejemplo, las prácticas que suministran N de manera más eficiente a los cultivos a menudo reducen la emisión de N_2O; y el manejo del ganado para hacer un uso más eficaz de la alimentación animal a menudo disminuye la cantidad de CH_4 producido. Las estrategias más eficientes en la reducción de las emisiones dependen de las condiciones locales y, por tanto, varían de una región a otra.

- *Incrementar la remoción de C atmosférico.* Los ecosistemas agrícolas tienen grandes reservas de C, sobre todo en forma de materia orgánica del suelo. Aunque históricamente estos sistemas han ido perdiendo grandes cantidades de C orgánico, algunas de estas pérdidas se pueden recuperar a través de un mejor manejo, retirando de esta manera el CO_2 atmosférico. Cualquier práctica que aumente la entrada fotosintética de C o retrase el retorno de C almacenado a través de la respiración o la quema de residuos vegetales aumentará el C almacenado, produciendo un secuestro neto de C y constituyéndose el suelo como sumidero de C. Muchos estudios en el mundo han demostrado que cantidades significativas de C se pueden almacenar de esta manera, a través de una serie de prácticas adaptadas a las condiciones locales. Cantidades significativas de C también se pueden almacenar en la biomasa de los sistemas agroforestales u otras plantaciones perennes en tierras agrícolas.

- *Evitar (o desplazar) las emisiones.* Los cultivos y sus residuos vegetales se pueden utilizar como una fuente de combustible, bien sea directamente o después de su conversión a combustibles como el bioetanol o biodiesel. Estas materias primas bioenergéticas también liberan CO_2 durante la combustión, pero ahora el C es de origen atmosférico reciente (a través de la fotosíntesis), en lugar de proceder de C fósil. El beneficio neto de estas materias primas bioenergéticas en la emisión de C a la atmósfera es equivalente a las emisiones derivadas de la energía fósil desplazadas, menos las emisiones de la producción, el transporte y el procesamiento. Las emisiones de GEI, especialmente el

CO_2, también se pueden evitar por prácticas de manejo agrícola que eviten el cultivo de nuevas tierras que actualmente son de bosque, pastizales u otra vegetación no agrícola.

Existe mucho margen para el desarrollo tecnológico en el sector de la agricultura que conlleve a la reducción de las emisiones de GEI. Por ejemplo, el aumento de la eficiencia de los cultivos y de la producción animal reducirán las emisiones por unidad de producción. Estos incrementos se llevarán a cabo a través de la mejora de las técnicas de manejo de la explotación. Por lo tanto, un mejor manejo (uso de cultivos modificados genéticamente, los cultivares mejorados, los sistemas de recomendación de fertilizantes, la agricultura de precisión, la mejora de las razas animales, los aditivos alimentarios y los factores de crecimiento animal, la mejora de la fertilidad de los animales, los cultivos bioenergéticos, la digestión anaeróbica de los purines y de los sistemas de captura de CH_4, etc.) depende, en cierta medida, de la evolución tecnológica. La mejora tecnológica puede tener efectos muy significativos y podría potencialmente contrarrestar los efectos negativos del cambio climático sobre las reservas de C en las tierras de cultivo y pastizales; lo cual sugiere que será un factor clave en la mitigación de los GEI en el futuro. De todos modos, el problema principal, como ya se ha citado, es la transferencia de tecnología, la difusión y la implementación. Otras estrategias todavía requieren más investigación para permitir que los sistemas puedan operar de forma viable, como por ejemplo los cultivos bioenergéticos. Por último, hay muchas nuevas estrategias en las primeras etapas de desarrollo, y existe todavía un papel importante para la investigación y el desarrollo en este área (Smith et al., 2007).

Asimismo, el reciclaje de los subproductos agrícolas, como residuos de cultivos y estiércol, y la producción de cultivos energéticos mitigarán directamente las emisiones de GEI derivadas de los combustibles fósiles. Se ha estimado que un 10-15% de las tierras cultivables podrían ser utilizadas para producir cultivos energéticos. Sin embargo, aún existen barreras significativas en las tecnologías y la economía para la utilización de residuos agrícolas y en la conversión de los cultivos energéticos en combustibles comerciales. El desarrollo de tecnologías innovadoras es un factor crítico para desarrollar el potencial de los residuos agrícolas y de los cultivos energéticos. Las inversiones gubernamentales para el desarrollo de estas tecnologías y las ayudas para el uso de estas formas de energía son esenciales.

De igual forma, las perspectivas a largo plazo para la mitigación de GEI por el ganado son buenas. Las continuas mejoras en las razas de animales hacen prever una reducción de las emisiones de GEI por kg de producto animal. En este mismo sentido, la mejora de la eficiencia de la producción debida a los cambios estructurales o a una mejor aplicación de las tecnologías existentes se asocia generalmente con emisiones reducidas.

También nuevas tecnologías pueden surgir para reducir las emisiones provenientes del ganado, como los probióticos, inhibidores de metano, etc. Sin embargo, el aumento de la demanda mundial de productos de origen animal podría significar que mientras que las emisiones por kg del producto disminuyen aumenten las emisiones totales (Smith et al. 2007).

Estos autores sostienen que la mitigación de las emisiones de GEI asociadas a las diversas actividades agrícolas y el secuestro de C por el suelo podría lograrse a través de mejores prácticas de manejo hasta cierto punto. Éstas, no sólo son esenciales para mitigar las emisiones de GEI, sino también para otras facetas de la protección del medio ambiente, como el aire y la gestión de la calidad del agua. No obstante, existen muchas incertidumbres debido a la escasez de datos y el conocimiento incompleto de sus efectos. Por otro lado, antes de que las opciones para mitigar las emisiones de GEI de los sectores de la agricultura puedan ser recomendadas como medidas, sus aspectos socioeconómicos tienen que ser convenientemente evaluados.

Las tierras de cultivo, que a menudo son manejadas intensivamente, ofrecen muchas oportunidades para implantar prácticas que reduzcan las emisiones netas de GEI. Entre las prácticas de mitigación en la gestión de las tierras de cultivo se incluyen, según Smith et al. (2008), las siguientes categorías:

- *Agronomía.* La mejora de las prácticas agronómicas que aumentan los rendimientos y generan mayores entradas de residuos de C puede conducir a un mayor almacenamiento de C en el suelo. Ejemplos de este tipo de prácticas son: el uso de variedades mejoradas de cultivos, ampliar la rotación de cultivos y el uso de cultivos perennes que acumulen más C bajo el suelo, evitar o reducir el uso del barbecho desnudo (sin sembrar). La adición de más nutrientes, cuando el suelo es deficiente también puede promover ganancias de C del suelo, aunque los beneficios del uso de N fertilizante pueden ser compensados por el aumento de las emisiones de N_2O procedentes de los suelos y de las emisiones de CO_2 procedentes de la fabricación de fertilizantes. Las emisiones también pueden reducirse mediante la adopción de sistemas de cultivo menos intensivos, lo que reduce la dependencia de los plaguicidas y otros inputs (y por lo tanto el coste de GEI en su producción). Un ejemplo importante es el uso de las rotaciones con cultivos de leguminosas, lo que reduce la dependencia de inputs de N, aunque el N derivado de las leguminosas puede ser también una fuente de N_2O. Otro grupo de prácticas agronómicas son las que proporcionan una cubierta vegetal temporal entre los cultivos agrícolas, la cual incorpora C a los suelos a la vez que puede extraer el N no utilizado por el cultivo anterior aún disponible, reduciendo así las emisiones de N_2O.

- *Manejo de nutrientes.* El N aplicado como fertilizante y los estiércoles no siempre se utilizan de manera eficiente por los cultivos. La mejora de esta eficiencia puede reducir las emisiones de N_2O generadas por los microorganismos del suelo, en gran parte derivadas de los excedentes de N, y puede reducir indirectamente las emisiones de CO_2 procedentes de la fabricación de los fertilizantes nitrogenados. Las prácticas que mejoran la eficiencia de uso de N, como ya ha sido mencionado, incluyen: el ajuste de la dosis de aplicación sobre la base de la estimación precisa de las necesidades de los cultivos (por ejemplo, agricultura de precisión); utilización de fertilizantes de liberación lenta o inhibidores de la nitrificación (que frenan los procesos microbianos que conducen a la formación de N_2O); evitar el desfase de tiempo entre la aplicación del N y su absorción por la planta (sincronización); localizar el N con más precisión en el suelo para hacerlo más accesible a las raíces de los cultivos; evitar el exceso de aplicaciones de N, y eliminar las aplicaciones de N cuando sea posible.

- *Laboreo/manejo de residuos.* Los avances en los métodos de control de malas hierbas y en la maquinaria agrícola permiten actualmente que en muchos cultivos se practique el laboreo mínimo (laboreo reducido) o el no laboreo (siembra directa). Estas prácticas se están utilizando cada vez más en todo el mundo. Dado que la alteración del suelo por el laboreo convencional tiende a estimular las pérdidas de C del mismo mediante el aumento de la descomposición y la erosión, la reducción del laboreo o la agricultura sin laboreo a menudo conlleva a un aumento de C en el suelo, aunque no siempre. Adoptar un laboreo reducido o no laboreo también puede afectar a las emisiones de N_2O, pero los efectos netos son inconsistentes y no están bien cuantificados globalmente. El efecto de la reducción del laboreo sobre las emisiones de N_2O puede depender de las condiciones del suelo y del clima: en algunas áreas el laboreo reducido promueve las emisiones de N_2O mientras que en otras pueden reducir las emisiones o no tienen influencia medible. Por último, los sistemas agrícolas que retienen residuos del cultivo también tienden a aumentar el C del suelo, ya que tales residuos son los precursores de la materia orgánica, el principal depósito de C en el suelo.

- *Agrosilvicultura.* La agrosilvicultura es la producción de ganado o de cultivos alimentarios en tierras donde también crecen árboles, ya sea para obtener madera, leña u otros productos forestales. La biomasa de C por encima del suelo suele ser normalmente más alta que la de la tierra equivalente sin árboles. Las plantaciones de árboles también pueden aumentar el secuestro de C por el suelo, aunque sus efectos sobre las emisiones de N_2O y CH_4 no son bien conocidos.

2.4.3 Prioridades de investigación

Son necesarias mayores inversiones, mantenidas a largo plazo, en investigación para desarrollar nuevas tecnologías, herramientas de decisión e información y estrategias efectivas de comunicación para transformar la agricultura en un sistema que sea más flexible y adaptado a la variabilidad y al cambio climático. Con oportunas y apropiadas inversiones proactivas en investigación en el sector de la agricultura, se dispondrán de las herramientas necesarias para afrontar los retos estratégicos de adaptación y tomar ventaja en algunas de las oportunidades que ofrece el cambio climático. También los responsables de las políticas tendrán la información necesaria para facilitar la adaptación y minimizar desigualdades en los impactos y costes de adaptación. Asimismo, los agricultores podrán contribuir significativamente a la mitigación de los GEI al tener acceso a las nuevas herramientas e incentivos.

Wolfe (2013) ha propuesto las siguientes prioridades de investigación:

- Estrategias de adaptación para el control de malas hierbas, plagas y enfermedades, tales como la mejora de la monitorización regional y la comunicación de su manejo integrado en relación al rango de cambio y llegadas migratorias de las mismas; mejora en tiempo real de los sistemas basados en el clima para su control; desarrollo de opciones no químicas para nuevas plagas y enfermedades; y desarrollo de planes de acción de respuesta rápida para el control de especies invasivas.
- Mejora de los sistemas de manejo del agua y tecnologías de programación del riego.
- Desarrollo de mejores herramientas de decisión para determinar el tiempo óptimo y la magnitud de las inversiones en la estrategia de adaptación al cambio climático, con el fin de mantener/maximizar los beneficios a través de múltiples horizontes de planificación. Esto requerirá, frente a las incertidumbres del clima, modelos de predicción de lluvia, frecuencia de eventos extremos y variabilidad temporal y espacial del clima. Igualmente se requerirá la cuantificación de los costes y beneficios de la adaptación a nivel de explotación.
- Mejora de los esfuerzos de mitigación en el sector agrícola. Serán necesarias mejores herramientas para monitorizar, contabilizar y manejar la energía, C, N y los GEI asociados.
- Explorar el potencial de la agricultura de conservación más plenamente, apoyando redes de agricultores que adopten dichas prácticas.

También, la Sociedad Americana de Agronomía ha propuesto de forma muy pormenorizada las principales líneas de investigación para la adaptación de la agricultura al cambio climático, como se muestra en la tabla 2.6.

Tabla 2.6 Principales líneas de investigación para la adaptación de la agricultura al cambio climático (adaptado de ASA, CSSA, SSSA, 2011).

Objetivos	Líneas
Garantizar la seguridad alimentaria en un clima en proceso de cambio	– Desarrollar y evaluar un manejo adaptativo de base local y estrategias de mitigación para mejorar la adaptación de los cultivos y los sistemas de producción de pastos.
	– Desarrollo y utilización de herramientas de evaluación interdisciplinares que incorporen las limitaciones sistemáticas de recursos que afectan a la productividad agrícola, incluyendo los escenarios climáticos y socioeconómicos, considerando una mejor caracterización de la política y los programas ambientales.
	– Acometer una investigación integrada en genética, fisiología de cultivos y de manejo suelo-nutrientes-agua-cultivos para mejorar los rendimientos agrícolas y la calidad ambiental.
	– Conservar activamente los recursos genéticos con el fin de salvaguardar este material para el futuro desarrollo de variedades mejoradas.
	– Uso privado y público de programas de selección genética para mejorar la resistencia global a los estrés abióticos y bióticos de los cultivos, incrementar el uso eficiente de los nutrientes y el agua y obtener beneficios del CO_2 atmosférico.
Entender los efectos del elevado CO_2 y la variabilidad climática sobre los suelos y los cultivos	– Progresar en el entendimiento de los impactos potenciales de los estrés abióticos (incremento CO_2, temperatura variable, y modelos de precipitación erráticos), sobre los factores biológicos en los agrosistemas y ecosistemas naturales.
	– Caracterizar las interacciones entre plantas, microorganismos y suelos que afecten a la resistencia y adaptabilidad de los agrosistemas.
Mejorar la eficacia de las prácticas de mitigación agrícolas	– Adoptar sistemas conjuntos para abordar la mitigación de GEI en los agrosistemas, incorporando evaluaciones del ciclo de C y N
	– Evaluar las prácticas agronómicas basadas en la optimización, tanto del secuestro de C por el suelo como el uso eficiente del N.
	– Estudio del papel de los microorganismos en el ciclo de C del suelo y la estabilización del N.
	– Desarrollar e incorporar el análisis del ciclo de vida para evaluar la eficiencia energética de las prácticas agrícolas actuales y alternativas a escala local, regional y nacional.
Dióxido de carbono	– Cuantificar el secuestro de C resultante de las diferentes prácticas de manejo y evaluar y documentar otros servicios beneficiosos, tales como cambios en la calidad del suelo, productividad, erosión y calidad del agua y del aire.
	– Llevar a cabo estudios de campo de larga duración que mejoren el conocimiento de los procesos y desarrollar modelos que aseguren las prácticas de secuestro de C estable en el suelo a largo plazo.
	– Crear programas que coordinen mediciones a escala de explotación, nacional e internacional, con el fin de reducir la incertidumbre en estimar el cambio en las reservas de C incorporando las bases de datos existentes.
	– Construir una red monitorizada de múltiples localizaciones que suministren observaciones a sistemas basados en modelos, los cuales integren información procedente de los experimentos de campo de larga duración existentes y sean capaces de proporcionar datos de lugares específicos sobre el clima, suelos y prácticas de manejo.
	– Implementar metodologías a tiempo real para documentar los cambios de C del suelo en grandes áreas, utilizando observaciones de campo, modelos de simulación y sensores remotos.

(Continúa página siguiente)

Tabla 2.6 Principales líneas de investigación para la adaptación de la agricultura al cambio climático (adaptado de ASA, CSSA, SSSA, 2011) (*Continuación*).

Objetivos	Líneas
Metano	— Investigar vías para reducir las emisiones de CH_4 procedentes de la fermentación entérica.
	— Desarrollar métodos para el manejo del estiércol del ganado que reduzcan las emisiones de CH_4.
	— Mejorar la eficiencia de los sistemas de producción de arroz para reducir las emisiones de CH_4.
Óxido nitroso	— Analizar el potencial para la reducción del uso del N fertilizante sin que impacte negativamente en la producción y calidad del los cultivos, como una estrategia de mitigación del cambio climático; a través de estudios sobre el manejo de cultivos de cobertura, residuos y procesos microbianos y físicos, que regulen el ciclo del N del suelo y su disponibilidad.
	— Establecer redes de monitorización, localizaciones de experimentos agrícolas de campo y programas de medición de fuentes indirectas, con el fin de crear un inventario anual exacto de flujo de N_2O estimado en la agricultura.
	— Utilizar modelos de simulación biogeoquímicos apropiados que predigan los flujos de N_2O en simulaciones con escenarios de cambio climático.
Mejorar las opciones de adaptación	— Utilizar modelos apropiados para definir las características de las técnicas de cultivo que puedan suministrar tolerancia a los ambientes con un incremento de variabilidad climática y que utilicen la ventaja del creciente CO_2.
	— Desarrollar cultivos resistentes a la sequía y/o calor que hayan sido testados por su estabilidad de rendimiento cuando son sometidos a periodos dilatados de escasez de agua.
	— Organizar redes de ensayos globales a largo plazo y bases de datos utilizando protocolos estándar, para llevar a cabo programas de mejora de adaptación y evaluar el comportamiento del material genético existente y nuevo, bajo toda la gama de condiciones de manejo y agroclimáticas.
	— Establecer programas continuados de ensayos de campo para rastrear el cambio climático, resistencia a nuevas enfermedades y plagas y cambios en la distribución de polinizadores, con el propósito de abordar la adaptación de los cultivos. Tales ensayos deberían extenderse más allá de las áreas tradicionales de los cultivos con el fin de anticiparse a la implantación de estos y sus sistemas de producción bajo las nuevas condiciones ambientales.
	— Construir modelos de simulación conjuntos, climáticos y de cultivos, para mejor caracterizar la incertidumbre de los futuros impactos de la agricultura y las proyecciones de adaptación.
	— Desarrollar sistemas de manejo que incrementen la diversidad genética en el paisaje. En muchas áreas, la diversidad genética de las plantas cultivadas ha decrecido tanto que cambios inesperados del clima o problemas de plagas pueden amenazar la seguridad alimentaria mundial.

2.5 Regadío y cambio climático

El agua es un factor clave en la adaptación de la agricultura al cambio climático. La producción agrícola depende críticamente de cómo las variables climáticas tales como la precipitación y las temperaturas varían a lo largo de una región y en el tiempo. Las necesidades de agua de los cultivos, su disponibilidad, calidad del agua y otros factores se ven afectados por el cambio climático, tanto por el cambio gradual a largo plazo como por los eventos extremos a través de un rango de escalas, que van desde la local a la regional y continental. Las interacciones entre el cambio climático, el agua y la agricultura son numerosas, complejas y específicas para cada región. El cambio climático puede afectar a los recursos hídricos a través de varias dimensiones simultáneamente: cambios en la cantidad y en los modelos de tiempo de precipitación, impactos sobre la calidad del agua a través de cambios en la escorrentía, caudal de los ríos, retención y por tanto carga de nutrientes, y a través de eventos extremos como inundaciones y sequías (OECD, 2014).

La agricultura consume alrededor del 70% de agua dulce del mundo. Gran parte del agua de riego proviene de reservas subterráneas; sin embargo el agua es un recurso cada vez más escaso. En muchas áreas donde el cambio climático puede dar lugar a sequías más frecuentes, la menor lluvia creará una necesidad aún mayor del riego. Los agricultores de todo el mundo tendrán que encontrar la forma de aumentar su suministro de agua o reducir su uso, si se quiere alcanzar el objetivo de una mayor seguridad alimentaria. El mundo se enfrenta a una crisis de agua grave. Cuando se lanzaron en el año 2002 los primeros satélites de monitorización de agua, se evidenció la disminución de las reservas de agua subterráneas a nivel mundial. Algunos estudios demuestran importantes pérdidas de agua en algunas regiones de la India, en las cuencas de los ríos Tigris y Éufrates, que comparten Turquía, Siria, Irak o Irán Occidental, y en el Valle Central de California (Bourzac, 2013).

La falta de disponibilidad de agua para la producción agrícola, los proyectos energéticos, otras formas de consumo antropogénico de agua y el uso ecológico, representan actualmente un grave problema en muchas partes del mundo y se espera que se acreciente con el aumento de la población, la mayor demanda de alimentos (especialmente carne), el incremento de las temperaturas y el cambio de los modelos de precipitación. La disponibilidad de agua dulce es de suma importancia para casi todos los impactos socioeconómicos y ambientales derivados del cambio climático, con implicaciones para su sostenibilidad (Fig. 2.7).

Debido a que la gestión del agua agrícola involucra bienes públicos, externalidades y manejo de riesgos, la adaptación privada al cambio climático no resulta igual que la adaptación colectiva. Según la OECD (2014), una estrategia coherente para gestionar el agua para la agricultura debe tener en cuenta los cinco niveles de acción siguientes:

- En la explotación: adaptación de las prácticas de manejo del agua y los sistemas de cultivo y ganado.
- Nivel de cuenca: adaptación de las políticas de suministro y demanda de agua para la agricultura y por otros usuarios (urbanos e industriales) y usos (ecosistemas).
- Gestión de riesgos: adaptación de los sistemas de gestión de riegos contra sequías e inundaciones.
- Políticas y mercados agrícolas: adaptación al cambio climático de las políticas agrícolas existentes y los mercados.
- Interacciones entre mitigación y adaptación del manejo del agua en la agricultura.

Los resultados de la aplicación de modelos hidrológicos para diferentes cultivos, comparando la oferta y demanda de agua, han mostrado preocupantes impactos climáticos directos en las pérdidas de producción de maíz, soja, trigo y arroz. Las limitaciones de agua dulce en algunas regiones intensamente regadas podrían requerir la reversión de 20-60 millones de ha de tierras de cultivo de regadío a secano (oeste de EEUU, sur y oeste de China y Asia Central). La abundancia de agua dulce en otras regiones (norte/este de EEUU, partes de América del Sur; mayor parte de Europa y Asia Sudoriental) podría ayudar a mejorar estas pérdidas, aunque sería necesaria una inversión sustancial en infraestructuras de riego para utilizar el abastecimiento del agua excedente (Elliot et al. 2014).

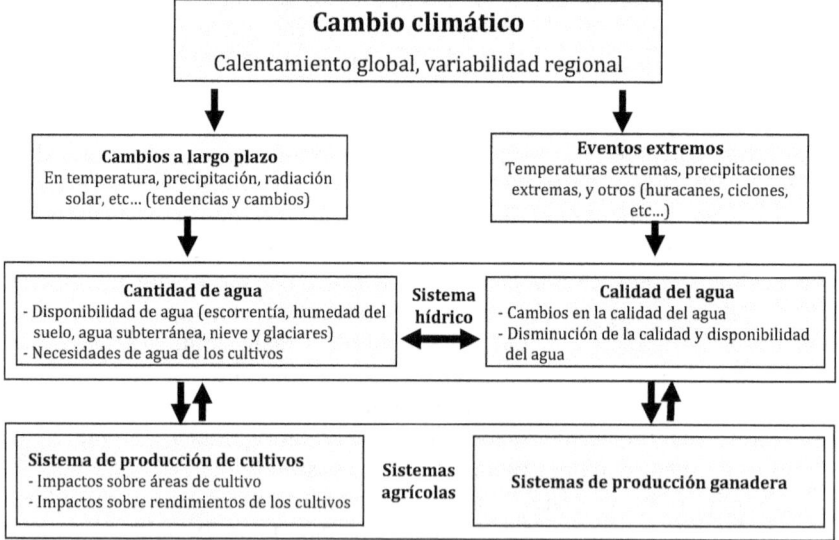

Fig.2.7 Principales relaciones entre el cambio climático, el ciclo del agua y los sistemas agrícolas (Adaptado de OECD, 2014)

El riego es de suma importancia para aumentar la productividad de las tierras agrícolas existentes, y el consumo proyectado por ha de riego es pues un output importante en los modelos globales de cultivos. El riego es también, con mucho, el mayor componente de la demanda antrópica de agua dulce y constituye una parte esencial del ciclo hidrológico global, y por lo tanto de las simulaciones del modelo hidrológico global. Tanto en las regiones en las que se prevé puedan sufrir limitaciones de agua y en las que se prevé puedan tener potencial de ampliar el riego, siempre se podrán beneficiar de la reducción de las pérdidas de agua en el transporte y en la aplicación, y también del riego deficitario, más perfeccionado para aumentar la eficiencia global de su uso. Dependiendo de las condiciones locales, el aumento de la capacidad de riego y la eficiencia deben ser completadas por esfuerzos para aumentar la eficiencia del uso del agua y la conservación del suelo en los sistemas de secano, los cuales tienen una capacidad demostrada para mejorar el rendimiento de los cultivos sin explotar aún más los recursos de agua dulce de los ríos y acuíferos. En definitiva, se precisan más esfuerzos para aumentar la productividad, incluidos otros medios de intensificación, ahorro de agua y el cambio de uso de la tierra y de la cubierta vegetal, para cerrar lo que se prevé que sea una brecha creciente entre la producción agrícola en las actuales tierras de cultivo bajo el cambio climático y el aumento de la demanda de productos básicos de la agricultura. La mitigación climática efectiva también debe ser una de las medidas más importantes para mantener la productividad actual en secano y regadío.

Las zonas del mundo con una larga historia de escasez de agua podrían servir de modelo. En Israel, por ejemplo, el uso innovador del agua en la agricultura es una cuestión de supervivencia. La mayor parte de las tierras de cultivo del país son semiáridas con una precipitación media anual de unos 500 mm. No existe más opción para la agricultura que adoptar estas nuevas tecnologías. Hoy día, Israel tiene una tecnología de riego ampliamente reconocida y es un importante fabricante de material de riego por goteo.

Son bien conocidas las notables diferencias existentes entre los distintos sistemas de riego. El riego por surcos a lo sumo tiene una eficacia del 60% en su uso por la transpiración y el crecimiento de las plantas, perdiéndose el resto por procesos de evaporación o infiltración profunda en el suelo. El riego por aspersión tiene una eficacia algo mayor, en torno al 75%. La manera de regar con una eficacia del 90% es el riego localizado, que utiliza un tubo de plástico para aplicar el agua gota a gota en la base de la planta de una manera regulada. El riego por goteo casi continuo mejora la eficiencia de la absorción de agua por las raíces de las plantas, en comparación con la aplicación de la misma cantidad total de agua de forma periódica o diaria. El riego por goteo es apropiado para cultivos de alto valor, tales como árboles frutales, cultivos de hortalizas, algodón, etc.; aunque es un sistema   demasiado caro para su utilización en cultivos básicos como cereales y otros. Sin embargo, es una tecnología de ahorro de agua cada vez con un menor coste, fácil de instalar, mantener y utilizar, y que permite a los agricultores confiar en ella para asegurarse el abastecimiento de agua a los cultivos.

El Departamento de Agricultura de EEUU está estudiando el uso de redes de sensores para monitorizar el estrés de los cultivos y la humedad del suelo a nivel local en tiempo real, con el fin de que el agua se pueda suministrar con mayor precisión cuándo y dónde sea necesaria. Sensores infrarrojos de temperatura instalados en los equipos de riego monitorizan la temperatura de las plantas a lo largo del día. Si las plantas tienen la misma temperatura que el aire o más fría sus necesidades hídricas están cubiertas; pero si las plantas están más calientes que el aire, especialmente a primeras horas de la mañana, el cultivo está bajo estrés y necesitará aporte de agua. Tales estudios, utilizando monitores de temperatura, han ahorrado 500 m^3 de agua por ha anuales, tanto en algodón como en sorgo, sin afectar al rendimiento. Se espera que en próximos años el uso de estos sensores integrados se generalice en muchas explotaciones. La utilización de sensores en los sistemas de riego, tractores y otros equipos recopilarían datos sobre los cultivos, las precipitaciones locales, la humedad del suelo y otros factores. Esta información local será integrada con los datos de los servicios meteorológicos y de satélites de monitorización de agua. Con esta tecnología los agricultores serán capaces de controlar los datos detalladamente y recibir señales de alerta ante cualquier eventualidad, ayudándoles a optimizar los inputs (agua, fertilización, etc.). El resultado más importante de toda esta tecnología será simple: la conservación del agua (Bourzac, 2013).

La necesidad de fuentes de agua que requiere la agricultura también pueden ser satisfechas aprovechando el agua del mar. Afortunadamente, vivimos en un planeta cuya superficie está cubierta de agua en un 71% y prácticamente ninguna de ella es utilizada actualmente para la agricultura. El aprovechamiento del agua de mar es la única opción disponible en muchas regiones, es el caso de Oriente Medio, Norte de África, región Mediterránea, Australia, etc. Actualmente, la desalación produce 75 millones de m^3 de agua al día, que se utiliza principalmente para consumo humano y para uso industrial. Las tecnologías de desalación más antiguas que trabajan esencialmente por agua hirviendo, requieren 20-25 kilovatios hora para producir 1000 litros de agua desalada. Estas sólo son prácticas en zonas ricas en petróleo y pobres en agua, tal como Arabia Saudí. Las últimas tecnologías, que utilizan membranas de filtración, requieren sólo 3-4 kilovatios/hora por cada 1000 litros, y aún se está trabajando para reducir aún más los costes. Por otro lado, la energía necesaria para bombear y presurizar el agua durante el proceso alcanza más de 40% del coste de la desalinización. En la actualidad, las membranas de desalinización están mejorando, y se acoplan al proceso fuentes de energía renovables, tales como plantas de energía termosolar, para hacer más atractiva la desalinización para la agricultura. Se estima que en función de la salinidad inicial del agua, la energía mínima requerida para la desalinización es alrededor de 1 kilovatio hora por cada 1000 litros (Bourzac, 2013).

La desalinización elimina las sales de sodio y cloruro que impiden el crecimiento de las plantas, aunque estos no son los únicos iones que se eliminan. El agua desalinizada también carece de Mg, Ca y sulfatos, y el reemplazamiento de estos requiere la fertilización adicional. Se ha encontrado que los altos niveles de boro, que naturalmente están presentes en el agua del mar y que son retenidos en el agua desalada, pueden reducir los rendimientos de algunos cultivos en las regiones áridas. Tales consecuencias imprevistas están descubriéndose a medida que se utiliza más agua desalada. No obstante, la tecnología de la desalación deberá ser utilizada en el futuro porque los suministros de agua subterránea son finitos y la sequía es cada vez más común en muchas zonas agrícolas. Por otro lado habrá que seguir utilizando las opciones ya disponibles como las tecnologías que aumentan la eficiencia de riego, el mejor control del uso del agua y la búsqueda de nuevas fuentes de agua dulce. En definitiva todas las soluciones son válidas para paliar la escasez de agua para la agricultura. En cada caso habrá que aplicar la más adecuada, tanto desde el punto de vista económico como ambiental.

Alrededor del 18% de las tierras de cultivo del mundo son de regadío. La ampliación de la superficie de regadío o el uso de métodos de riego más eficaces puede mejorar el almacenamiento de C en los suelos gracias al aumento de los rendimientos y los retornos de residuos. Sin embargo, algunas de estas ganancias puede ser contrarrestadas por el CO_2 de la energía utilizada para suministrar el agua o por las emisiones de N_2O debidas a la mayor humedad de los suelos y a la aportación de mayores dosis de fertilizante; aunque este último efecto no ha sido ampliamente evaluado. El drenaje de las tierras agrícolas en las regiones húmedas puede promover la productividad (y por tanto el C del suelo), y quizás también suprimir las emisiones de N_2O mediante la mejora de la aireación. Sin embargo, cualquier pérdida de N a través del drenaje, podría ser asociada a la pérdida como N_2O (Smith et al. 2008).

Los suelos cultivados de arroz en tierras húmedas emiten cantidades significativas de CH_4. Las emisiones durante la estación de crecimiento se pueden reducir con diferentes prácticas. Por ejemplo, el drenaje del arroz inundado una o varias veces durante el período vegetativo reduce eficazmente las emisiones de CH_4, aunque este beneficio puede ser parcialmente contrarrestado por mayores emisiones de N_2O; y la práctica puede verse limitada por el suministro de agua. Cultivares de arroz con bajas tasas de exudación podrían ofrecer una interesante opción en la mitigación de CH_4. Fuera de la estación de cultivo, las emisiones de CH_4 pueden reducirse mediante una mejor gestión del agua, especialmente mantener el suelo lo mas seco posible y evitando su encharcamiento.

2.6 Biodiversidad y recursos genéticos

El cambio climático puede representar una seria amenaza para la adaptación de las especies y para los servicios de los ecosistemas a la agricultura, esenciales para la producción de alimentos. Se prevé que los aumentos de la temperatura y las concentraciones atmosféricas de CO_2 induzcan grandes cambios en la estructura y función de los ecosistemas, las interacciones ecológicas y la distribución geográfica de las especies; con consecuencias predominantemente negativas para la biodiversidad, los ecosistemas y los bienes y servicios derivados para el hombre, por ejemplo el suministro de agua y alimentos (FAO. 2008).

La agrobiodiversidad (tanto de plantas como de la biota del suelo) es crucial para hacer frente al cambio climático. La evidencia acumulada revela que hay una inminente amenaza para la biodiversidad debido al calentamiento global, ya que los organismos tienen que adaptarse al cambio ambiental para jugar eficazmente su papel en su respectivo agrosistema. Los parientes silvestres de las especies de plantas cultivadas corren un riesgo añadido debido a la erosión genética y a la pérdida de biodiversidad. Estos necesitan ser preservados *in situ* en áreas protegidas para asegurar la evolución de nuevas variantes genéticas, las cuales pueden contribuir a dirigir nuevos avances para la producción agrícola y la calidad de los cultivos (Dwivevi et al. 2013).

El cambio climático plantea amenazas a la biodiversidad que son también importantes para la seguridad alimentaria. La biodiversidad desempeña un papel crucial en la agricultura. La biodiversidad agrícola proporciona una serie de beneficios dentro de los agrosistemas; los cuales incluyen beneficios asociados con la producción y la productividad, la función del agroecosistema y el bienestar humano (Tabla 2.7). La pérdida de biodiversidad afectará a la agricultura, y podría conducir a pérdidas significativas en la diversidad genética dentro de las especies más importantes para la alimentación.

La biodiversidad agrícola no se ha integrado adecuadamente en las estrategias de adaptación de la agricultura al cambio climático, lo que crea un desafío para el futuro. La mejora de los servicios de los agrosistemas a través del uso de la biodiversidad agrícola será crucial, ya que contribuye a la adaptación, la mitigación y la resistencia al cambio climático. Analizar si el cambio climático puede constituir una amenaza para la biodiversidad en el futuro requiere comprender el alcance y la distribución de la biodiversidad en la agricultura y su vulnerabilidad, y patrones de adaptación. La combinación de esta información, con la disponible en los modelos de cambio climático, será un requisito básico para informar de las estrategias más adecuadas para su adaptación y conservación. La FAO (2008) ha sugerido un conjunto de acciones futuras en relación con la biodiversidad y el cambio climático:

Tabla 2.7 Beneficios de la biodiversidad para la agricultura a través de los servicios de los ecosistemas (adaptado de FAO, 2008).

Suministro	Regulación	Apoyo	Cultural
— Alimentos y nutrientes. — Combustibles. — Piensos. — Medicinas. — Fibras y tejidos. — Material para la industria. — Material genético para la mejora de variedades y sus rendimientos. — Resistencia a plagas y enfermedades.	— Regulación de plagas y enfermedades. — Control de erosión. — Regulación del clima — Regulación de riesgos naturales (sequías, inundaciones y fuego). — Polinización.	— Formación del suelo. — Protección del suelo. — Ciclo de nutrientes. — Ciclo del agua.	— Bosques reservados como fuentes de alimento y agua. — Variedad de formas de vida agrícola. — Reservorios de material genético. — Reservorios de polinizadores.

- Mejorar los inventarios nacionales sobre diversidad biológica, que incluyan información espacial relevante que evalúe las amenazas causadas por el cambio climático a las especies, poblaciones o genotipos de interés para la agricultura.

- Mejorar el conocimiento sobre los procesos genéticos, tales como el flujo de genes, introgresión, poblaciones locales y extinciones, que permitan o socaven la adaptación de las especies al cambio climático.

- Llevar a cabo un modelo predictivo de la distribución futura de los recursos genéticos para la agricultura bajo diferentes escenarios de cambio climático, con el fin de mejorar las estrategias nacionales.

- Desarrollar planes de monitorización de la biodiversidad para analizar los cambios debidos al clima en sistemas agrícolas específicos; con el objetivo de mejorar la información sobre las estrategias de adaptación.

- Fortalecer la caracterización y evaluación de los recursos genéticos para la agricultura como base fundamental para permitir su uso sostenible.

- Desarrollar o fortalecer los sistemas de información sobre los recursos genéticos, incluidos los sistemas de alerta temprana.

Mejorar el conocimiento de los servicios que prestan los agrosistemas a través de la diversidad biológica agrícola y de cómo pueden verse afectados por el cambio climático, será un elemento clave en el desarrollo de las respuestas agrícolas sostenibles. Tales respuestas deben ser dinámicas, dados los complejos cambios que se producen a diferentes escalas.

La capacidad de adaptación mediante la gestión de la biodiversidad en los sistemas agrícolas requiere:

- Identificar qué ecosistemas agrícolas, componentes o propiedades de la biodiversidad agrícola son más o menos sensibles a la variabilidad climática.

- Poner en marcha un seguimiento a largo plazo de la biodiversidad agrícola funcional en los sistemas de producción, e identificar los indicadores clave de esta biodiversidad para facilitar dicho seguimiento.

- Promover la difusión de conocimientos, tecnologías y herramientas para mejorar adecuadamente las prácticas de gestión relacionadas con la diversidad biológica agrícola y los servicios de los ecosistemas.

Los recursos genéticos constituyen la materia viva que las comunidades locales, los mejoradores y los investigadores utilizan para adaptarse a las nuevas necesidades socioeconómicas y los retos ecológicos. El mantenimiento y el uso de una amplia gama de diversidad genética en un momento de cambio climático será de un valor esencial para la agricultura. El uso sostenible de los recursos genéticos será la base para muchas de las estrategias de adaptación necesarias en la alimentación y la agricultura. Con el fin de adaptarse al cambio climático, las plantas y animales importantes para la seguridad alimentaria tendrán que adecuarse a los cambios abióticos, como el calor, la sequía, las inundaciones y la salinidad. También el cambio climático traerá nuevas plagas y enfermedades, que requerirán nuevas resistencias de los cultivos y variedades. La diversidad genética que se encuentra actualmente infrautilizada puede ser más atractiva para la agricultura como consecuencia del cambio climático (Tabla 2.8).

Tabla 2.8 Utilización de la diversidad genética para la adaptación de los cultivos al cambio climático (adaptado de FAO, 2008).

Adaptación	Ejemplos de características y prácticas de manejo
Nuevos estrés abióticos	— Adaptación de variedades de cultivos para permitir nuevas épocas de siembra o recolección. — Mejora de los cultivos para incrementar la eficiencia en el uso del agua, la tolerancia al estrés por calor o el uso de nutrientes. — Uso de especies infrautilizadas o variedades adaptadas a ambientes severos. — Manejo basado en el cultivo de poblaciones con una amplia diversidad genética de plantas para permitir la capacidad de adaptación.
Nuevos estrés bióticos	— Utilización de cultivares resistentes a enfermedades, multilíneas o mezclas compuestas por los agricultores para fortalecer la capacidad de adaptación y resistencia de los cultivos. — Utilización de estrategias de diversificación para incrementar el número de especies y la diversidad genética de los cultivos y reducir la vulnerabilidad.
Eventos climáticos extremos	— Mejora de la especies forestales boreales para controlar la época primaveral de crecimiento y evitar los daños de heladas tardías. — Utilización de la diversidad genética de las especies forestales tolerantes al fuego. — Comunidad de variedades locales adaptadas para soportar eventos climáticos extremos.

La actual falta de caracterización y evaluación de los recursos genéticos para la alimentación y la agricultura será un obstáculo en el desarrollo de mecanismos de adaptación al cambio climático. La evaluación es actualmente un cuello de botella importante en todos los tipos de recursos genéticos. Mejorar los sistemas de información sobre los recursos genéticos y la difusión de información relevante para los usuarios será una prioridad importante para el futuro.

Existe una necesidad continua de reunir y proteger estratégicamente el germoplasma y descubrir nuevas fuentes de variación, que permitirán el desarrollo de nuevas variedades de cultivos adaptadas al clima adverso y su variabilidad. El material silvestre próximo a los cultivos ha contribuido a introducir muchas características agronómicas beneficiosas en forma de modernos cultivares. Dicho material continuará suministrando variación genética útil para la adaptación al cambio climático y haciendo también posible el mantenimiento de la potencialidad genética de los cultivos. Promover su conservación en explotaciones agrícolas puede permitir que los genes evolucionen y respondan a los nuevos ambientes, lo cual podría ser de gran ayuda para capturar nuevas variantes genéticas que ayudarían a mitigar los impactos del cambio climático (Dwivevi et al. 2013).

El cambio climático es probable que cause una pérdida significativa de la diversidad genética que es fundamental para la sostenibilidad agrícola. Tanto la conservación *ex situ* e *in situ* necesitarán más apoyo para garantizar la disponibilidad de los recursos genéticos. La conservación *in situ* en explotaciones agrícolas será necesaria para garantizar la evolución dinámica de la diversidad genética hacia las condiciones cambiantes. Sin embargo, habrá regiones en las que el ritmo de cambio causado por el cambio climático puede ser mayor que la capacidad natural de ciertas especies y poblaciones para su adaptación. Entonces será necesario intervenir para evitar la erosión genética acelerada, en particular a través de la conservación *ex situ*. La conservación *ex situ* debe considerarse como una estrategia complementaria a la conservación *in situ* y no sustituirla. El desafío está en cómo desarrollar un enfoque global integrado para que su conservación y uso resulte rentable, y que al mismo tiempo proteja la diversidad en el futuro ante el posible cambio climático.

Con el cambio climático, los países dependerán cada vez más de los recursos genéticos de otros países y regiones para adaptar su agricultura. La pérdida de diversidad genética en un determinado lugar puede tener efectos negativos tanto a nivel local como a nivel mundial, ya que características importantes para la adaptación al cambio climático pueden ser perdidas irreversiblemente. La interdependencia entre los países en relación a los recursos genéticos para la agricultura aumentará, igual que la necesidad de mejorar los mecanismos de intercambio de los mismos. En los países en desarrollo, la falta de recursos humanos y financieros impedirá la respuesta al cambio climático a través de la conservación y el uso sostenible de los recursos genéticos. La cooperación internacional, por lo tanto, será un elemento clave de la estrategia de conservación a largo plazo para enfrentarse al cambio climático en este campo. En este sentido, la FAO (2008) recomienda las acciones futuras siguientes:

- Analizar los efectos del cambio climático, en particular en los centros de origen y diversificación de los recursos genéticos, con el fin de informar sobre las estrategias de conservación a escala nacional.
- Mejorar los métodos de supervisión de los recursos genéticos que están administrados *in situ* para profundizar en la comprensión de las amenazas y de la vulnerabilidad debidas al cambio climático.
- Promover la recogida y la conservación *ex situ* de los recursos genéticos más amenazados por el cambio climático y potencialmente más útiles en la adaptación.
- Desarrollar programas y estrategias sólidas para el uso sostenible de los recursos genéticos, para que los agricultores y ganaderos puedan disponer de una amplia gama de diversidad genética para adaptarse al cambio climático.
- Integrar las dimensiones del cambio climático en las políticas y programas internacionales para la conservación y el uso sostenible de los recursos genéticos, y la distribución justa y equitativa de los beneficios derivados de su utilización.
- Fortalecer la cooperación internacional para crear capacidad en los países en desarrollo que permita la conservación y el uso sostenible de los recursos genéticos con el fin de responder al cambio climático.

2.7 Mejora genética y biotecnología

El cambio climático, como ya se ha mencionado, está imponiendo significativos estrés a la agricultura, en el momento en que más alimentos se requieren por el incremento de la población mundial. Para alimentar alrededor de 9.000 millones de personas a mediados del siglo XXI, la producción de alimentos de alta calidad debe incrementarse con inputs reducidos. La mejora genética de los cultivos debe por esta razón enfocarse en aquellas características que mejoren su calidad nutricional, proporcionen mayores cantidades de nutrientes, incrementen la eficiencia en el uso del agua y aquellas otras características que mejoren la adaptación a los estrés abióticos y bióticos con el objetivo de incrementar el rendimiento. Sin embargo, hay que tener en cuenta que la mejora genética es un proceso largo, por lo que la preparación para adaptarse al cambio climático requiere planificación (Dwivevi et al. 2013).

Nuevos cultivares necesitarán ser continuamente desarrollados para ayudar a resistir los extremos climáticos y mantener o incluso aumentar la productividad en un escenario de incremento de la diversidad climática. El cambio climático, como también ya se ha citado, está alterando la disponibilidad de recursos y cambiando las condiciones ambientales, cruciales para su comportamiento. Estos responden a dichos cambios a través de las variaciones inducidas ambientalmente en el fenotipo (plasticidad fenotípica). El entendimiento de estas respuestas es crucial para predecir y manejar los efectos del cambio climático sobre las especies nativas, así como en las plantas cultivadas. La evidencia de los datos sugiere que la mejora de la plasticidad fenotípica, en otras características diferentes al rendimiento, permitirá aumentar potencialmente la capacidad de adaptación a un ambiente cada vez más imprevisible. Las modernas herramientas, tales como aquellas derivadas de la genómica aplicada o transgénicos, deben apoyar a la mejora convencional para acelerar el desarrollo de nuevos cultivares o híbridos, de tal manera que incrementen la diversidad genética disponible para mejorar la seguridad alimentaria y nutricional.

Sin embargo, no está claro si los investigadores pueden seguir consiguiendo aumentos de los rendimientos como en las últimas décadas, o si tales mejoras son adecuadas para los cambios que se avecinan. Las altas temperaturas y la sequía causan un mayor impacto durante las fases de floración y reproducción. Muchos cultivos han desarrollado mecanismos para acelerar la floración antes de que llegue la estación seca. Los mejoradores han explotado esta característica para generar variedades precoces de cultivos a través de cruzamientos tradicionales. En Australia, el ajuste de la época de floración ha sido el factor más importante para la mejora del rendimiento del trigo (Eisenstein, 2013).

Debido a que gran parte de los progenitores ancestros de la mayoría de los cultivos se desarrollaron en condiciones periódicamente secas, deben existir genes de tolerancia a la sequía en la mayoría de las colecciones de germoplasma. No todos estos importantes genes han persistido en los cultivares modernos, debido a que la agricultura se ha concentrado en la mejora de variedades adaptadas a los entornos favorables y de respuesta al riego. La necesidad de incorporar genes de tolerancia a la sequía resulta acuciante a la vista de las probabilidades cada vez más frecuentes de sequías severas. La agricultura debe producir más cultivos por volumen de agua y desarrollar estrategias para compartir los recursos hídricos en la interfase rural-urbana, donde el agua se puede comprar y ser desviada a usos no agrícolas (Lauer et al. 2012).

En relación con la adaptación de los cultivos a la sequía y las altas temperaturas, Lauer et al. (2012) han planteado diferentes objetivos referidos a la mejora genética: (1) creación de equipos de investigación integrados por mejoradores, genetistas, fisiólogos y agrónomos, que aborden el estudio de la tolerancia al estrés abiótico en su más amplio sentido con el propósito de producir variedades tolerantes y económicamente viables; (2) desarrollar redes de áreas propensas al estrés abiótico y métodos eficaces de detección precoz, que identifiquen genotipos tolerantes a la sequía y a las altas temperaturas; (3) determinar los recursos genéticos económicamente importantes en relación a estos estrés abióticos en las colecciones de germoplasma y en los programas de mejora aplicados; (4) establecer cuales son los mecanismos fisiológicos mediante los cuales los genes de tolerancia al estrés interactúan unos con otros y con el medio ambiente para conferir tolerancia al mismo; (5) determinar cuales son los mecanismos fisiológicos y genéticos por los que la temperatura reduce la viabilidad del polen y el cuajado de frutos y semillas, y si la tolerancia genética al estrés de temperatura puede ser lograda; y (6) explotar la variación en la morfología y profundidad de las raíces y/o la funcionalidad de las raíces, hojas y tallos para mitigar los efectos de los estrés abióticos.

La mejora genética convencional es lenta, y hace que sea difícil ampliar ciertas características específicas. Muchos investigadores están utilizando en su lugar la mejora genética molecular para encontrar la base genética de la resistencia a la sequía. Ésta utiliza la selección por marcadores, que a través de un proceso de cruzamiento controlado de la planta posibilita encontrar regiones genómicas asociadas con la mejora de la productividad (por ejemplo los genes que permiten producir más grano a partir de una cantidad limitada de agua). Estos *loci* de características cuantitativas (*Cuantitative Trait Loci*) pueden a continuación ser introducidos en las variedades existentes para mejorar su resistencia. El enfoque más reciente de la creación de organismos genéticamente modificados ha progresado poco hasta ahora en la vía de la mejora de la resistencia a la sequía (Eisenstein, 2013).

Aunque los genetistas han logrado un progreso constante en la manipulación de las plantas en condiciones controladas de laboratorio; en relación con el uso del agua, estas mejoras raramente se han traducido en beneficios en el campo. Por ello, muchos fisiólogos vegetales están adoptando otros enfoques para conocer mejor el comportamiento de las plantas respecto a sus necesidades hídricas. Las plantas también sobreviven a condiciones secas mediante el uso de procesos de escape y de tolerancia, modelando su capacidad para captar más agua del medio ambiente y mantener una actividad vigorosa cuando su disponibilidad es limitada. Algunas de estas estrategias son más eficaces que otras; implicando un sistema de raíces más profundo o reduciendo la pérdida de agua por evaporación mediante un mayor desarrollo foliar que sombree mejor del suelo. Sin embargo, las condiciones de sequía varían drásticamente de una región a otra, por lo que no bastaría una sola característica que confiera resistencia ideal a la sequía para todas las zonas. Bajo las condiciones de secano en zonas semiáridas, las lluvias son la clave para el rendimiento de los cereales, altamente vulnerables a la sequía. Nuevas variedades de trigo han sido obtenidas en Australia con mayor eficiencia en el uso de agua, lo que permite maximizar la producción de grano con reducido aporte hídrico. En contrapartida, estos cultivares tienden a ser de pequeño porte y de baja productividad en condiciones más favorables.

Aunque existe una tendencia a centrarse en la genética, ya que hay gran cantidad de factores atractivos para la creación de nuevas variedades prometedoras; sin embargo la evidencia es que la agronomía (modificación del ambiente) también tiene realmente un papel importante (por ejemplo, la tendencia hacia un menor laboreo, lo cual ayuda a conservar la humedad del suelo). Eisenstein (2013) señala que un adecuado manejo del suelo y del agua han hecho mucho más para conservar la productividad agrícola en los climas áridos de Australia que cualquier tipo de mejora genética en las variedades cultivadas. En definitiva, estamos ante un sistema muy complejo que requiere un enfoque en métodos basados en la combinación de la agronomía, la mejora y la biotecnología.

2.8 Influencia del cambio climático en las plagas, enfermedades y malas hierbas de los cultivos

El rendimiento de los cultivos depende del clima durante la estación de crecimiento, el cual también condiciona la incidencia de las enfermedades y las plagas que lo afectan y en la capacidad de resistencia de la planta huésped. La variación y el cambio climático están ya influyendo en la distribución y virulencia de las plagas y enfermedades, aunque las interacciones entre los cultivos, plagas y enfermedades son complejas y escasamente entendidas en este contexto. Si bien hay poca información sobre el impacto del cambio climático en las enfermedades y plagas de los cultivos; sus efectos (los cuales dependen de los cambios en la distribución y fenología del huésped) serán percibidos por su difusión geográfica, las pérdidas que causen a los cultivos, y las opciones de protección y control que se dispongan (Dwivevi et al. 2013).

Los cambios en la dinámica de las plagas, enfermedades y malas hierbas bajo la acción del cambio climático harán más extremos los daños sobre los cultivos. La expansión de una amplia gama de plagas y enfermedades y las potenciales condiciones más favorables crearán una situación en la cual la capacidad de adaptación de los sistemas de cultivo tendrán que tener en cuenta las interacciones entre estos y los cambios fisiológicos producidos en los cultivos (Hatfield et al. 2011).

Las plagas de insectos pueden incrementarse bajo sequía, mientras que los hongos se verán beneficiados por el incremento de la lluvia o debido a los cambios en la temperatura. La caracterización dinámica de las interacciones entre los cambios en las variables climáticas y sus efectos sobre las enfermedades y las plagas, permitirá valorar sus potenciales impactos sobre los cultivos, los árboles y los pastos y desarrollar opciones para su control. La temperatura parece ser el factor más importante que afecta a la ecología, epidemiología y distribución de los insectos; mientras que las enfermedades son altamente sensibles a la humedad y la lluvia, así como a la temperatura.

La producción de biomasa, como ya se ha referido, puede incrementarse como resultado del aumento de la concentración de CO_2 en la atmósfera. Por lo tanto, habrá más tejidos que pueden ser infectados por patógenos. Además, los patógenos dependientes del azúcar (por ejemplo las royas y los oidios), pueden incrementarse como consecuencia de un aumento del contenido de carbohidratos en los tejidos aéreos. Por otra parte, la alta densidad de la cubierta foliar y el tamaño de las plantas pueden promover el crecimiento, esporulación y difusión de hongos que infectan las hojas, tales como las royas y el oidio; los cuales requieren alta humedad ambiental para su desarrollo. Por estas razones, Dwivevi, et al. (2013) han reseñado que numerosas enfermedades pueden incrementar su severidad en ambientes enriquecidos de CO_2.

Aunque existe amplio conocimiento sobre los cambios en el ciclo biológico de los patógenos, la expresión de la resistencia de la planta-huésped, la epidemiología, la severidad de las enfermedades, y producción de inóculo; no se han realizado suficientes estudios en relación a los cambios potenciales en la biodiversidad de estos. Las nuevas razas o patotipos continuarán evolucionando en función del manejo de los cultivos y el manejo de la sanidad de las plantas, aunque el cambio climático puede influir en los futuros cambios en la distribución de amenazas emergentes de los patógenos. De todos modos, como ya se ha expuesto, el impacto del cambio climático sobre las principales enfermedades que afectan a los cultivos no es aún bien conocido.

Al igual que ocurre con las enfermedades fúngicas, en las plagas de insectos y nemátodos los cambios en las condiciones climáticas pueden causar que algunas de ellas se extiendan a nuevas áreas o se retraigan de las áreas donde representan actualmente una sería amenaza para la producción de los cultivos. También pueden aparecer biótipos más virulentos bajo las nuevas condiciones ambientales. Las evidencias actuales sugieren que las plagas de insectos responden evolutivamente ante el calentamiento a través de cambios en la fenología y la distribución. El crecimiento de los cultivos en un ambiente de elevado CO_2 generalmente incrementa la relación C/N de los tejidos de las plantas y reducen la calidad nutricional. Esto puede provocar que los insectos incrementen su ingesta de tejidos para compensar su más bajo contenido de N. Otro efecto del cambio climático puede ser la aparición de insectos en regiones donde no están actualmente establecidos. La potencial elevación global de las temperaturas supondrá que las plagas que están confinadas en las zonas tropicales podrán propagarse a las partes más frías del mundo (Dwivevi et al. 2013).

Por otro lado, la sequía tiende a elevar la temperatura. A medida que la temperatura aumenta los insectos aceleran su metabolismo, come aún más, incrementan sus apareamientos y elevan sus poblaciones. Asimismo la sequía hace que las plantas sean más nutritivas a las plagas, puesto que la falta de agua en sus tejidos concentra los aminoácidos. Algunos estudios sugieren que algunos insectos herbívoros prefieren específicamente a plantas bajo estrés hídrico. Sin embargo, la relación entre las poblaciones de insectos y la sequía no es tan evidente. La razón puede atribuirse a que durante un tiempo los insectos pueden responder positivamente a las condiciones secas; sin embargo posteriormente estos sufren un deterioro al igual que las plantas de las que se alimentan. Por ejemplo, los pulgones prosperan durante períodos cortos de sequía debido a que los nutrientes de la planta son más concentrados; pero esta situación cesa cuando se prolonga debido a una caída de presión del fluido dentro del floema de las plantas provocado por estrés hídrico. También los depredadores de las plagas se ven afectados por la sequía en este mismo sentido (Maxmen, 2013).

La resistencia genética continuará siendo muy importante para el manejo de la sanidad vegetal bajo el cambio climático, debido a que el aumento de temperatura y la variación de la humedad pueden favorecer la emergencia de patógenos y los ataques de plagas. Por otro lado, los futuros logros en la búsqueda de resistencia a plagas y enfermedades darían lugar a la aplicación de menos pesticidas, lo cual también representaría una reducción en el uso de combustibles y menores emisiones de CO_2, y en consecuencia un efecto mitigador del cambio climático.

Respecto a las malas hierbas, hay que considerar que éstas, al igual que los cultivos, también experimentarán con el cambio climático una aceleración de su ciclo, y se beneficiarían también de la fertilización del C atmosférico. Puesto que la gran mayoría de malas hierbas son plantas C3, probablemente competirán incluso más que ahora con los cultivos. No obstante, algunos resultados hacen creer que los herbicidas aumentarían su efectividad con el incremento de la temperatura (Olesen et al. 2012).

2.9 Políticas agrícolas y cambio climático

La evolución de la agricultura está determinada, al menos en parte, por las políticas agrarias que apoyan algunas formas de producción directamente o establecen condiciones para el desarrollo de inversiones. En Europa y EEUU, por ejemplo, las ayudas directas a la producción de la segunda mitad del siglo pasado están siendo sustituidas por ayudas a formas de producir más respetuosas con el medio ambiente, cambiando la visión que tienen muchos agricultores del siglo XXI sobre su papel en la protección medio ambiental. En la actualidad, las políticas agrícolas de la UE, EEUU o Australia se están transformando a gran velocidad para centrarse en medidas que promuevan los servicios medioambientales de la agricultura, el desarrollo rural y la gestión de riesgos (Iglesias, 2009).

Las emisiones de GEI derivadas de la agricultura presentan grandes incertidumbres, siendo difícil evaluar la eficacia de las medidas políticas de mitigación en las condiciones cambiantes del futuro; complicando el logro de consensos y dificultando la formulación de éstas. Algunos países han puesto ya en marcha varias políticas climáticas y no climáticas para el desarrollo sostenible y la mejora de la calidad del medio ambiente. Se cree que la mayoría de estas políticas tienen efectos directos o sinérgicos sobre la mitigación de las emisiones de GEI procedentes de la agricultura. Por otro lado, el intercambio mundial de tecnologías innovadoras para el uso eficiente de los recursos de la tierra y los productos químicos agrícolas, con el fin de eliminar la pobreza y la malnutrición, sin duda mitigará considerablemente las emisiones de GEI procedentes de la agricultura.

Las restricciones económicas pueden limitar la aplicación de las medidas de mitigación de los GEI en la agricultura a menos del 35% del potencial biofísico total para el año 2030. Otras barreras pueden limitarlas aún más. El reto para el éxito de la mitigación de los GEI de la agricultura será la eliminación de estas barreras mediante la implementación de políticas creativas. Las identificación de las políticas adecuadas que proporcionen beneficios para el clima, así como para los aspectos de la sostenibilidad económica, social y ambiental, es fundamental para garantizar que las medidas más eficaces de mitigación de los GEI serán ampliamente aplicadas en el futuro (Smith et al. 2007).

Las estrategias de cambio climático para la agricultura necesitan la consideración simultánea de la globalización, el incremento de la población y el crecimiento de los ingresos; así como su contexto regional socioeconómico y ambiental. Los gobiernos deben integrar más plenamente las preocupaciones del cambio climático en sus políticas de desarrollo sostenible. Por tanto, son necesarios más avances que impliquen a todas las partes interesadas del sector agrícola en la participación en los esfuerzos de mitigación y adaptación. En este contexto, aquellas estrategias que maximicen las sinergias entre adaptación, mitigación, producción de alimentos y desarrollo sostenible serían las más apropiadas. Por ejemplo, el incremento de la eficiencia de los fertilizantes y el uso del agua conducirían a beneficios más altos para los agricultores así como un mayor secuestro de C, el cual a su vez mejoraría la fertilidad del suelo y contribuiría a una producción más alta. Tales prácticas podrían ser más fácilmente adoptadas si los agricultores fuesen compensados por los servicios ambientales que la agricultura suministra. Es el momento de que la sociedad considere tales incentivos a los agricultores por el interés general que supone proteger y mejorar el ambiente global, la seguridad alimentaria y el medio de vida rural (Rosenzweig y Hillel, 2013),

El fomento efectivo de la creación de capacidades es un componente esencial de la respuesta de la agricultura al cambio climático. Son necesarias actividades de capacitación (formación, adiestramiento y preparación) sobre el cambio climático y la agricultura. El fomento de la capacitación no estaría limitado sólo a aspectos científicos y tecnológicos; debe incluir también el desarrollo de recursos humanos, movilización, comunicaciones y actividades de divulgación. La adopción de estrategias de mitigación y adaptación requiere que los agricultores sean socialmente fuertes así como la adquisición de conocimientos y habilidades relacionadas con las prácticas adecuadas.

La cooperación internacional servirá para generar un aumento de la atención sobre la importancia de la mitigación del cambio climático y la investigación sobre la adaptación, la creación de capacidades y desarrollo de actividades basadas en políticas eficientes y las necesidades de apoyos de fondos internacionales con esta finalidad. Una perspectiva globalmente unificada es esencial para desarrollar estrategias efectivas de agricultura regional, con el objetivo de que las experiencias aprendidas puedan ser compartidas y aplicadas eficientemente. Este es el camino a seguir para garantizar la seguridad alimentaria, a la vez que se mantiene el suelo, el agua y los recursos bióticos en un clima cambiante.

Los agricultores tienen un largo historial de adaptación al cambio climático, pero actualmente se enfrentan al reto de una mayor y más rápida adaptación en el uso de la tierra y en las prácticas de producción. Para los responsables políticos, un desafío adicional es el derivado de los factores culturales y sociales, como la educación, la información y las prácticas tradicionales locales, que pueden facilitar u obstaculizar la aplicación de medidas de adaptación y mitigación. En este sentido, la investigación ha demostrado que los factores asociados al comportamiento humano influyen en el resultado final de las políticas de incentivos; potenciando los efectos que tales políticas persiguen.

Un informe de la OECD (2012) ha identificado las opciones políticas que pueden contribuir a crear un sector agrícola sostenible y resistente en el contexto del cambio climático. El resultado ambiental real de las políticas aplicadas suele ser mucho menor que su potencial debido a las limitaciones institucionales, educativas, sociales y políticas. La idoneidad de las políticas de incentivos, de educación e información, y de coherencia y compatibilidad con las prácticas tradicionales de una zona, determinan la eficiencia de los resultados finales. De este análisis surgen cuatro líneas de estrategias políticas:

- *Es necesario un enfoque holístico.* Un sector agrícola que pretenda contribuir a la mitigación de GEI y la adaptación al cambio climático requerirá una combinación de instrumentos de política y otros mecanismos, como los hábitos, el conocimiento y las normas que puedan influir en el comportamiento de los agricultores.
- *El cambio de comportamiento debe ser entendido a nivel local.* Con el fin de hacer frente a la heterogeneidad espacial, es importante que las políticas reconozcan que la ejecución de los diferentes objetivos políticos varían en función de la región y los agricultores.
- *El estímulo podría ser un enfoque útil para orientar las políticas.* Ello implica un pequeño cambio en el contexto social que altere el comportamiento, sin forzar a nadie a adaptarlo. Un ejemplo de ello es la visualización, como el etiquetado ecológico (huella de C). Este enfoque

alentaría a los agricultores a establecer lo que tienen que hacer, y permitiría que los esfuerzos sean transmitidos a los consumidores a través del etiquetado.

- *La formación de redes de agricultores o el trabajo colectivo puede desempeñar un papel importante.* Las normas sociales (o el capital social) pueden influir en potenciar la acción colectiva (diversas formas de actividad en grupo) de los agricultores. Las opciones colectivas deberían ser consideradas seriamente como alternativa al mercado, o a una norma para hacer frente a los problemas de la agricultura y los recursos naturales. Tanto la adaptación como la mitigación están estrechamente vinculadas a beneficios públicos (valor compartido), debiendo ser las políticas gubernamentales las que desarrollen las estrategias necesarias para el fomento de la cooperación entre agricultores.

Referencias

ASA, CSSA, SSSA. 211. Position Statement on climate change. Working Group American Society of Agronomy, Crop Science Society of America, Soil Science Society of America. Madison, W. USA.

Baldock JA, Wheeler I, Mckenzie N, McBrateny A. 2012. Soil and climate change: potential impacts on carbon stocks and greenhouse gas emissions, and future research for Australian agriculture. Crop & Pasture, 63: 269-283.

Bourzac K. 2013. Water: the flow of technology. Nature, 501: 4-6

Cowie A, Eckard R, Eady S. 2012. Greenhouse gas accounting for inventory, emissions trading and life cicle assessment in the land-based sector: a review. Crop & Pasture Science, 63: 284-296.

Delgado JA, Nearing MA, Rice ChW. 2013. Conservation practices for climate change adaptation. Advances in Agronomy, 212: 47-115.

Dell CJ, Han K, Bryant RB, Schmidt JP. 2014. Nitrous oxide emissions with enhanced efficiency nitrogen fertilizer in a rainfed system. Agronomy Journal, 106: 723-731.

Dijkstra FA, Morgan JA. 2012. Elevated CO2 and warming effects of soil carbon sequestration and greenhouse gas exchange in agroecosystems: a review. En "Managing Agricultural Greenhouse Gases" (MA Liebig, AJ Franzluebbers, RF Follet, eds.). Elservier, Academic Press. pp 467-486.

Dwivedi S, Sahrawat K, Upadhyaya H, Ortiz R. 2013. Food, nutrition and agrobiodiversity under global climate change. Advances in Agronomy, 120: 1-128

Eisenstein M. 2013. Plant breeding: discovery in a dry spell. Nature, 501: 7-9.

Elliott J, Deryng D, Müller C, Frieler K, Konzmann M, Gerten D, Glotter M, Flörke M, Wadah Y, Best N, Eisner S, Fekete BM, Folberth CH, Foster I, Gosling SN, Haddeland I, Khabarov N, Ludwig F, Masaki Y, Olin S, Rosenzweig C, Ruane AC, Satoh Y, Schmid E, Stacke T, Tang Q, Wisser D. 2014. Constraints and potentials of future irrigation water availability on agricultural production under climate change. Proceedings of the National Academy of Sciences, 111: 3239-3244.

FAO. 2008. Climate change and biodiversity for food and agriculture. Food and Agriculture Organization of the United Nations. Roma. 11pp.

Follett RF. 2012. Beyond mitigation: adaptation of agricultural strategies to overcome projected climate change. En "Managing Agricultural Greenhouse Gases" (MA Liebig, AJ Franzluebbers, RF Follet, eds.). Elservier, Academic Press. pp 505-523.

Halvorson AD, Snyder CS, Blaylock AD, Del Grosso SJ. 2014. Enhanced-efficiency nitrogen fertilizer: potencial role in nitrous oxide emission mitigation. Agronomy Journal, 106: 715-722.

Hatfield JL, Boote KJ, Kimball BA, Ziska LH, Izaurralde RC, Ort D, Thomson AM, Wolfe D. 2011. Climate impacts on agriculture: implications for crop production. Agronomy Journal, 103: 351-365.

Hatfield JL, Parkin TB, Sauer TJ, Prueger JH. 2012. Mitigation opportunities from land management practices in a warming world: increasing potential sinks. En "Managing Agricultural Greenhouse Gases" (MA Liebig, AJ Franzluebbers, RF Follet, eds.). Elservier, Academic Press. pp 487-504.

Hatfield JL, Venterea RT. 2014. Enhanced efficiency fertilizers: a multi-site comparison of the effects on nitrous oxide emissions and agronomic performance. Agronomy Journal, 106: 679-680.

Iglesias A. 2009. El cambio climático y su mitigación ¿qué puede hacer la agricultura? Mediterráneo Económico. Fundación Cajamar. Almería. 15: 105-122.

IPCC. 2007. Climate Change 2007: the physical science basic. Intergovernmental Panel on climate Change. Cambridge Univ. Press, Cambridge, UK. 996 pp.

Maxmen A. 2013. Crop pests: under attack. Nature, 501: 15-17.

Lauer JG, Bijl CG, Grusak MA, Baenziger PS, Boote K, Lingle S, Carter T, Kaeppler S, Boerma R., Eizenga G, Carter P, Goodman M, Nafziger E, Kidwell K, Mitchell R, Edgerton MD, Quesenberry K, Willcox MC. 2012. Grand challenges for crop science. CSA News, June 4-12.

Newton PCD, Carran RA, Edwards GR, Niklaus PA. 2007. Introduction. En "Agroecosystems in a changing climate" (PCD Newton, RA Carran, GR Edwards, PA Niklaus, eds.). Taylor & Francis. New York. pp 1-8.

OECD. 2001. Environmental indicators for agriculture. Organization for Economic Co-operation and Development. Paris. Vol. 3. 409 pp.

OECD. 2012. Farmer behaviour, agricultural management and climate change. Organization for Economic Co-operation and Development. Paris. 83 pp.

OECD. 2014. Climate change, water and agriculture. Organization for Economic Co-operation and Development. Paris. 99 pp.

Olesen JE, Trnka M, Kersebaum KC, Skjelvag AO, Seguin B, Peltonen-Sainio P, Rossi F, Kosyra J, Micale F. 2011. Impact and adaptation of European crop production systems to climate change. European Journal of Agronomy, 34: 96-112.

Olesen JE, Børgesen CD, Elsgaard L, Palosuo T, Rötter RP, Skjelvåg AO, Peltonen-Sainio P, Börjesson T, Trnka M, Ewert F, Siebert S, Brisson N, Eitzinger J, van Asselt E. 2012. Changes in time of sowing, flowering and maturity of cereals in Europe under climate change. Food Additives and Contaminants. Part A, 29: 1527-1542.

Ort DR, Long SP. 2014. Limits on yield in the Corn Belt. Science, 344: 484-485.

Reidsma P, Ewert F, Lansink AO, Leemans R. 2010. Adaptation to climate change and climate variability in European agriculture: the importance of farm level responses. European Journal of Agronomy, 32: 91-102.

Rosenzweig C, Hillel D. 2013. Agricultural Solutions for climate change at global and regional scale. En "Handbook of climate change and agroecosystems" (D Hillel, C Rosenzweig, eds.). Joint publication with the American Society of Agronomy, Crop Science Society of American, and Soil Science Society of America. Imperial College Press, London. pp 281-292.

Ruddiman WF. 2008. Los tres jinetes del cambio climático. Ed. Turner. Madrid. 291 pp.

Smith P, Martino D, Cai Z, Gwary D, Janzen H, Kumar P, McCarl B, Ogle,S, O'Mara F, Rice C, Scholes B, Sirotenko O, Howden M, McAllister T, Pan G, Romanenkov V, Schneider U, Towprayoon S. 2007. Policy and technological constraints to implementation of greenhouse gas mitigation options in agriculture. Agriculture, Ecosystems and Environment, 118: 6-28.

Smith P, Martino D, Cai Z, Gwary D, Janzen H, Kumar P, McCarl B, Ogle S, O'Mara F, Rice C, Scholes B, Sirotenko O, Howden M, McAllister T, Pan G, Romanenkov V, Schneider U, Towprayoon S, Wattenbach M, Smith J. 2008. Greenhouse gas mitigation in agriculture. Philosophical Transactions of the Royal Society, 363:789-813.

Snyder CS, Bruulsema TW, Jensen TL, Fixen PE. 2009. Review of greenhouse gas emissions from crop production systems and fertilizer management effects. Agriculture, Ecosystems & Environment. 133: 247–266.

Wolfe DW. 2013. Contribution to climate change solutions from the agronomy perspective. En "Handbook of climate change and agroecosystems" (D. Hillel y C. Rosenzweig, eds.). American Society of Agronomy. Imperial College Press. Londres. pp 11-29.

Wolfe DW, Erickson JD. 1993. Carbon dioxide effects on plants: un certainties and implication for modelling crop response to climate change. En "Agricultural Dimensions of Global Climate Change" (HN Kaiser, TE Drennen, eds.). St. Lucie Press. Florida. pp 153-178.

Wreford A, Moran D, Adger N. 2010. Climate change and agriculture. Impact, adaptation and mitigation. Organization for Economic Co-operation and Development (OECD). Paris. 135 pp.

Capítulo 3

Agricultura y secuestro de carbono

3.1. Potencial de la agricultura como sumidero de carbono

La agricultura ha sido siempre un sector estratégico para la economía de un país, cualquiera que sea su nivel de desarrollo (Eagle y Olander, 2012). Sin embargo, en las últimas décadas, ha sido objeto de duras críticas, por diversos sectores sociales, como si su actividad fuese algo nocivo, siendo para muchos uno de los principales responsables del incremento de los niveles de GEI, fundamentalmente CO_2, y otros contaminantes ambientales (Lal, 2002). Sin embargo, gracias a la fijación de CO_2 de los cultivos a través de la fotosíntesis se producen alimentos y otros productos agrícolas esenciales. La sociedad actual parece haber olvidado que a la agricultura corresponde directamente proporcionar a los habitantes del mundo la energía para que puedan realizar su actividad diaria, además de otras muchas cosas, como tejidos, fármacos, etc...

La agricultura no sólo se ve afectada por el clima, sino que también contribuye al cambio climático global a través de su propio intercambio de GEI con la atmósfera. Sin embargo, a diferencia de otros sectores como la industria o el transporte, la agricultura es capaz, bajo un manejo apropiado, no sólo de reducir a cero las emisiones de CO_2 a la atmósfera, sino de capturarlo y almacenarlo como C orgánico en el suelo o en la biomasa de la vegetación perenne, a la vez que puede minimizar las emisiones de CH_4 y N_2O. Aunque existe mucho desconocimiento de hasta dónde el cambio climático impactará en la productividad de los cultivos; las prácticas de conservación y el manejo del suelo suministran un gran potencial para su mitigación y adaptación (Delgado et al., 2013).

Por consiguiente, la agricultura tiene un potencial significativo para reducir las emisiones de GEI y mejorar el secuestro de C a un coste más bajo que los esfuerzos de mitigación de los GEI por otros sectores (Eagle y

Olander, 2012). Al mismo tiempo, el C orgánico del suelo está estrechamente vinculado con otros beneficios adicionales de carácter ambiental, productivo, y de sostenibilidad de los sistemas agrícolas (Baldock et al. 2012). Su aumento mejora la fertilidad del suelo, uno de los factores más importantes en la productividad de los cultivos (López Bellido, 1998). Un incremento de la eficiencia de la producción aumentará el rendimiento total sin incrementar la tierra utilizada y puede dar lugar a emisiones más bajas de GEI por unidad de producción. A su vez, al producirse un adecuado desarrollo del los cultivos, éstos evitarían procesos de erosión y desertificación, potenciaría la biodiversidad, emitirían más O_2 a la atmósfera y ayudarían a regular el clima y la hidrología (Eagle y Olander, 2012). Las prácticas que minimizan los impactos ambientales mientras maximizan los rendimientos por ha serán las más valiosas en términos netos (Wreford et al. 2010).

Hasta hace sólo unos pocos años, el debate sobre el papel de la agricultura en las políticas y programas climáticos tuvo un enfoque limitado y centrado hacia los cambios de laboreo y la repoblación forestal. Recientemente se han hecho significativos progresos en la ampliación del papel de la agricultura en la mitigación de los GEI (Eagle y Olander, 2012). La preocupación sobre el incremento de CO_2 en la atmósfera y el cambio global del clima ha llevado a un aumento del interés en valorar el potencial de secuestro de C en las tierras agrícolas, y las medidas que pueden ser utilizadas para alcanzarlo (Wang y Dalal, 2006). Sin embargo, en la actualidad existe una gran incertidumbre y debate en relación al potencial total de los suelos agrícolas para almacenar C adicional, la tasa a la que los suelos pueden acumular C, la permanencia en este sumidero y la mejor forma de controlar los cambios en las reservas de C orgánico del suelo (Sanderman et al. 2010).

Dicha incertidumbre se debe a que la producción agrícola tiene lugar dentro de un sistema con múltiples interconexiones entre procesos, organismos, nutrientes y reservorios de C. El C orgánico y el N presentes en el suelo están sometidos a una gran cantidad de procesos biológicos capaces de generar o consumir GEI. El propio manejo de los sistemas agrícolas también produce un fuerte impacto sobre la cantidad de C orgánico y N almacenados en el suelo y su dinámica; complicando aún más su evaluación. Por otro lado, existe preocupación sobre el potencial de retroalimentación positivo que el cambio climático puede provocar sobre las tasas de emisiones de GEI procedentes del suelo, ya que éstas derivan de procesos biológicos que son sensibles a la temperatura y al contenido de agua del mismo (balance entre lluvia y evapotranspiración potencial); pudiendo impactar significativamente sobre futuras emisiones (Baldock et al. 2012).

El suelo es la mayor reserva de C de los ecosistemas terrestres, conteniendo 1550 Pg C en forma de materia orgánica, la cual representa más que la reserva atmosférica (760 Pg) y biótica (560 Pg) juntas (Lal,

2004). Los ecosistemas agrícolas representan aproximadamente el 11% de la superficie terrestre del planeta, e incluyen algunos de los suelos más productivos y ricos en C. Por consiguiente, las tierras de uso agrícola son uno de los ecosistemas más extensos de la biosfera.

Sin embargo, la conversión de las tierras naturales para la agricultura se ha traducido por lo general en una disminución de las reservas de C orgánico del suelo, suponiendo unas perdidas del orden de 40 a 60% en relación a los niveles previos pre-agrícolas. Globalmente, esta pérdida de C orgánico del suelo ha dado lugar a la emisión de al menos 41 Pg de C a la atmósfera (Sanderman et al. 2010). Según las estimaciones de Wang y Dalal (2006), estas pérdidas históricas de C orgánico del suelo en las tierras cultivadas del mundo estarían comprendidas entre 41 y 55 Pg C (aproximadamente 2/3 atribuidos a procesos de mineralización y 1/3 a la erosión); debiéndose principalmente a la baja productividad, el laboreo intensivo, la fertilización inadecuada, la retirada o quema de los residuos de cultivo y la erosión del suelo.

A tenor de los datos expuestos, la recaptura de una pequeña fracción de este C perdido mediante la mejora del manejo de tierras podría representar una reducción significativa de los GEI. (Sanderman et al. 2010). Según Snyder et al. (2009), con óptimas tasas anuales de secuestro de C en los suelos agrícolas de todo el mundo, en un periodo 50 años se podría recuperar entre la mitad y los dos tercios de la pérdida histórica estimada de C en los suelos cultivados. En este aspecto, la agricultura de altos rendimientos tiene el potencial para aumentar la aportación anual de C a los suelos a través de los residuos generados por los cultivos; pudiendo suponer el secuestro de C por la agricultura un 20% o más de las reducciones objetivo establecidas por el IPCC

Diversos autores han realizado diferentes estimaciones del potencial de secuestro de C que tienen los suelos agrícolas. Wang y Dalal (2006) señalan que a través de este manejo mejorado, 1300 millones de ha de suelos cultivados en el mundo podían potencialmente secuestrar 0.4-0.6 Pg C/año en los próximos 50 años, lo cual supondría alrededor del 13-19% del incremento neto anual del CO_2 atmosférico durante la década de los 90. Según FAO (2002), los suelos podrían secuestrar cerca de 20 Pg de C en 25 años, suponiendo dicha captura más del 10% de las emisiones antropogénicas. Según Lorenz (2013), la tasa de mitigación potencial de las tierras de cultivo puede estar alrededor de 0.8 t C/ha/año.

Desde un punto de vista más amplio, y considerando la aplicación de prácticas que mejoren la productividad, reduzcan las emisiones de otros GEI y conserven el suelo, ASA, CSSA, SSSA (2011) ha estimado la mitigación global por la agricultura en un rango comprendido entre 5500 y 6000 Mt CO_2-eq/año.

Sin embargo, en estas estimaciones existe una fuerte base teórica, sólo apoyada parcialmente por un número limitado de estudios de campo. La falta de investigación en este tema está impidiendo una evaluación más cuantitativa del potencial de secuestro de C de los suelos agrícolas. Como dato de partida se asume como productividad neta de biomasa a escala mundial una magnitud de alrededor de 3 Pg C/año, y la hipótesis de que parte de ésta puede ser retenida en el suelo para compensar las emisiones y también mejorar la capacidad de adaptación del suelo y los agrosistemas al cambio climático (Lal, 2014).

Para valorar realmente el papel que la agricultura juega en la reducción de CO_2 atmosférico es necesario conocer cuánto CO_2 de la atmósfera puede capturar la agricultura y cuánto tiempo éste puede permanecer secuestrado sin que se retorne a ella. Ambas cuestiones hacen referencia, respectivamente, a la cantidad y a la calidad del secuestro de C. No sólo importa cuanto CO_2 se elimina de la atmósfera sino cuanto tiempo permanece estabilizado sin volver a la misma, y de nuevo pasar a formar parte del problema; en este sentido la agricultura no se diferencia mucho del papel que desempeña un bosque. Sin embargo, en los sistemas agrícolas, parte del CO_2 que fijan los cultivos queda almacenado en el suelo gracias a sus raíces y residuos, comportándose en este caso como un sumidero a largo plazo; mientras que el resto del C fijado es retirado en la cosecha y subproductos, actuando como un sumidero temporal. No obstante, este sumidero temporal también tiene un importante papel en la mitigación del cambio climático, ya que la fijación por los cultivos y la consecuente remoción de CO_2 de la atmósfera se renueva año tras año (Victoria et al. 2010).

Como se ha citado anteriormente, un adecuado manejo de los sistemas de cultivo, además de reducir considerablemente las emisiones GEI debidas al sector agrario, puede secuestrar cantidades significativas de CO_2 atmosférico; actuando como un agente mitigador relevante a nivel mundial y a un coste económico y social asumible. Snyder et al. (2009) agrupan las estrategias a seguir para la reducción de las emisiones netas de CO_2 procedentes de la agricultura en cuatro grandes grupos: (1) aumento de la eficiencia energética a través de la mejora en el uso del combustible de la maquinaria agrícola, la programación del riego, y otras actividades; (2) secuestro neto de C en el suelo debido a cambios en el sistema de laboreo, manejo de los residuos de cultivos y residuos animales, uso de cultivos de cobertura, períodos de barbecho y otros aspectos del manejo de las rotaciones de cultivos; (3) producción de biocombustibles y el desarrollo de tecnología que compensen el uso de combustibles fósiles en la producción de energía y materias primas industriales; y (4) incremento en la eficiencia de producción o rendimiento de los cereales, el ganado y otros productos agrícolas, con el fin de evitar tener que usar nuevas tierras para el desarrollo agrícola, con la consecuente pérdida de C de esos suelos.

Sin embargo, entre las estrategias citadas, la opción más eficiente en la mitigación de CO_2 a medio y largo plazo, y con la finalidad de compensar las emisiones antropogénicas, es el almacenamiento de C en los suelos cultivados. Esta estrategia se fundamenta en dos procesos: el secuestro CO_2

por los cultivos (producción económica, biomasa aérea y subterránea) y su almacenamiento en forma de materia orgánica estable en los suelos (López Bellido, 1998).

3.2 El ciclo y el balance de carbono en la agricultura

La reacción fotosintética que fija 120 Pg C/año procedente de la atmósfera en biomasa, se expresa en la siguiente ecuación (Lal, 2008):

$$106\, CO_2 + 16\, NO_3^- + HPO_4^{2-} + 122\, H_2O + 18\, H^+ = C_{106}\, H_{263}\, O_{110}\, N_{16}\, P + 138\, O_2$$

De los 120 Pg de CO_2-C fijados inicialmente por esta reacción, 60 Pg son devueltos de nuevo a la atmósfera a través de la respiración autótrofa y la descomposición de la materia orgánica o la respiración del suelo. En una escala de tiempo geológico, este proceso ha sido extremadamente importante en la conversión de CO_2 atmosférico en los combustibles fósiles (carbón, petróleo, gas) y en la formación de turberas.

El ciclo de C a corto y largo plazo es de la mayor importancia en los ecosistemas agrícolas. Los procesos más importantes de este ciclo, como ya se ha reiterado, son la fijación del CO_2 atmosférico por las plantas a través de la fotosíntesis y el retorno de parte de este C a la atmósfera a través de las plantas, animales y respiración microbiana como CO_2 bajo condiciones aeróbicas y CH_4 bajo condiciones anaeróbicas. Los agrosistemas juegan un papel central en el ciclo global del C. La cantidad de C secuestrado depende en gran parte de la localización y la estructura y función de los agrosistemas y está determinado además por factores ambientales y socioeconómicos (Oke y Olatiilu, 2011).

Las reservas de C en los sistemas terrestres incluyen la biomasa de las plantas por encima del suelo (aérea), tal como la madera, y la biomasa subterránea, como las raíces, microorganismos del suelo y formas relativamente estables de C orgánico e inorgánico en el horizonte superficial del suelo y en los más profundos. En los agrosistemas, una parte sustancial del C fijado es removido durante la cosecha. Normalmente un 30-50% de la materia seca por encima del suelo es cosechada en los cultivares modernos de cereales. Después de la cosecha, el resto del C anual fijado permanece como residuo encima del suelo, debajo de éste (biomasa de la raíces) o es trasladado al interior como exudados de las raíces y micorrizas (incluyendo raíces finas de corta vida y las hifas de hongos)(Fig.3.1).

La erosión ha sido históricamente uno de las principales mecanismos de pérdida del C orgánico del suelo en los agroecosistemas, con estimaciones que varían de 20 a 50% de las pérdidas históricas de C. El C orgánico del suelo erosionado puede ser un sumidero neto o una fuente neta de CO_2, dependiendo tanto del marco de referencia como del destino de este material erosionado. En términos de contabilización del C en una explotación determinada, las pérdidas por erosión de C orgánico del suelo deberán ser tratadas como un pasivo neto, puesto que el destino de este C ya no se puede explicar dentro de los límites del área de la explotación (Sanderman et al. 2010).

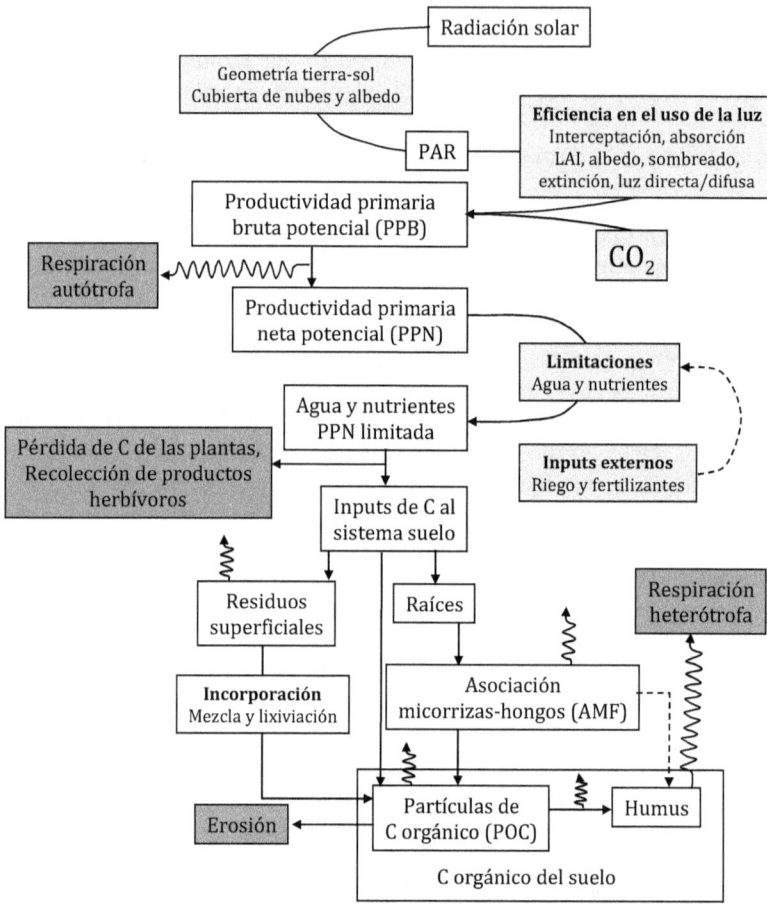

Fig. 3.1 Flujo de C en los agrosistemas. Las limitaciones en la captura de C se representa en los cuadros grises claros. Las pérdidas de C se representan en los cuadros grises oscuros y las líneas serpenteantes representan las pérdidas de CO_2. Los inputs de C en el sistema suelo puede ser divididos entre los componentes por encima y por debajo del mismo. Una fracción de los flujos de la Productividad Primaria Neta (PPN) es excretada a través de las raíces y de la asociación micorrizas-hongos (AMF). La mayoría del C entra en el suelo como partículas de C orgánico (POC). Por encima del suelo el C entra en el mismo como material disuelto en el agua de lavado a través de capas de residuos o como POC mezclados en el suelo por la fauna o el laboreo. Una parte del C encima y debajo del suelo que entra en éste es lentamente transformada en humus y el resto es mineralizado volviendo de nuevo a CO_2 (Adaptado de Sanderman et al. 2010).

Los componentes principales del coste de C oculto son el uso de inputs basados en la energía no renovable. La cuantificación de cada uno de estos componentes es esencial para la realización del análisis del ciclo de vida de un suelo específico, cultivo, región y otros factores particulares de cada lugar. Existen muy pocos datos relativos al balance de C en los sistemas agrícolas y la contribución que pueden hacer estos en la reducción de los niveles de CO_2 atmosférico.

3.2.1 Productividad primaria neta (PPN)

Para la determinación del balance de C de un ecosistema agrícola o de un cultivo determinado, existen variadas metodologías que presentan ventajas e inconvenientes y cuya utilización depende de la finalidad perseguida, y sobre todo de la disponibilidad de datos para su evaluación. La Eddy covarianza es un método clásico utilizado para medir el intercambio neto de CO_2 de un ecosistema o la producción neta del mismo. Básicamente consiste en determinar el flujo o balance de todo el CO_2 que entra y sale en un ecosistema en un período determinado, normalmente un año. Sin embargo, este método es de escasa utilidad práctica y además requiere equipos e instrumentos específicos, costosos y complejos de manejar.

A la captación de CO_2 a través de la fotosíntesis se le llama productividad primaria bruta (PPB). Alrededor de la mitad de ésta es respirado por el cultivo y devuelto a la atmósfera, mientras que el resto constituye la productividad primaria neta (PPN); que es el total de la producción de biomasa y de materia orgánica muerta en un año. El concepto de PPN se expresa como el incremento de la biomasa, sumando tanto las partes aéreas como subterráneas por unidad de área de terreno y por unidad de tiempo. La PPN menos las pérdidas por respiración heterótrofa (descomposición de la materia orgánica y residuos vegetales en el suelo), equivale al cambio en las existencias netas de C de un ecosistema y, en ausencia de pérdidas por perturbación, se conoce como productividad neta del ecosistema (PNE):

Productividad neta del ecosistema (PNE) = Productividad primaria neta (PPN) – Respiración heterótrofa

La PPN está influenciada por el uso y la gestión de la tierra a través de una gran diversidad de actividades antropogénicas, como la deforestación, forestación, fertilización, riego, cosechas y elección de especies. La predicción de los cambios en las reservas de C (en particular en los suelos) depende por ello de la estimación fiable de la productividad primaria neta (PPN) y de la proporción de ésta retornada al suelo.

La PPN proporciona los inputs de C en los ecosistemas y determina la cantidad de C fijado fotosintéticamente que puede ser potencialmente secuestrado como materia orgánica del suelo. El método para estimar la PPN y los inputs anuales de C en el suelo utiliza coeficientes de asignación de C en la planta para cada cultivo. El C derivado de la raíz en estos coeficientes se estima por la relación parte aérea/raíz. La PPN debajo del suelo (principalmente la raíz) es uno de los parámetros más inciertos y variables; que también incluye el C extrarradicular.

Según Baldock et al. (2012), el máximo potencial de aportación de C al suelo se define para una localización dada por los siguientes factores: (1) cantidad de radiación fotosintéticamente activa (PAR) disponible, la cual es determinada por la posición global y la nubosidad; (2) fracción de la PAR que puede ser absorbida por la planta (en función del área foliar y la arquitectura); (3) eficiencia con la cual el C es capturado por la fotosíntesis por unidad de PAR absorbida; (4) proporción de C capturado que es perdido por la respiración autótrofa; y (5) fracción de C capturado depositado en o dentro del suelo

La suma de los cuatro primeros factores suministra una estimación del potencial de productividad primaria neta (PPN) de un sistema agrícola. Otros factores, tales como la baja disponibilidad de agua y nutrientes, cambios en la temperatura, o bajo pH del suelo pueden constreñir el potencial de PPN a valores más bajos, limitando la eficiencia en la captura de C (factores 2 y 3), o aumentando las pérdidas respiratorias (factor 4). El factor 5 también necesita ser considerado ya que los sistemas agrícolas están diseñados específicamente para maximizar la acumulación de C capturado en los productos recolectados, y que posteriormente serán retirados fuera de la explotación. Como consecuencia, la productividad mejorada, que se define por la estimación del rendimiento agrícola o económico, no necesariamente se traduce en un incremento de aportación de C al suelo, de hecho puede ocurrir que los índices de cosecha (HI, "harvest index") se incrementen a expensas de las aportaciones de C a los suelos.

En muchos sistemas agrícolas, la disponibilidad de agua o nutrientes representa la principal limitación para alcanzar el potencial de PPN. Por ello, los esfuerzos para aumentar las aportaciones de C al suelo deberían enfocarse en primer lugar identificando aquellos suelos donde la captura de C por unidad de recurso disponible (agua y nutrientes) no se maximiza bajo determinados tipos de manejo de los sistemas agrícolas. Posteriormente debería hacerse una valoración para dilucidar si los cambios en las actuales prácticas de manejo pueden mejorar la eficiencia en el uso de los recursos (Baldock et al. 2012).

La PPN en los agrosistemas y la distribución del C en las diferentes partes de la planta es normalmente calculada a partir de los rendimientos agrícolas y otros componentes más frecuentemente medidos. Aunque una gran proporción de la PPN está localizada en las partes aéreas de la planta, la cantidad de la PPN debajo del suelo es uno de los aspectos más pobremente entendidos de los ecosistemas terrestres. La dificultad de cuantificar los inputs de C debajo del suelo constituyen por tanto una prioridad para la investigación (Bolinder et al. 2007).

Según Bolinder et al. (2007), el método para estimar la PPN incluye todas las fracciones de C de la planta, suponiendo que la suma de ellas será una aproximación razonable a la producción primaria neta de un agrosistema. También permite una estimación directa y fácil de los inputs anuales de C aportados al suelo. Existen cuatro fracciones de C en las plantas, que se expresan en unidades de masa de C por unidad de área y por unidad de tiempo (g C/m^2/año):

C_P = C del producto agrícola del cultivo con valor económico, que es recolectado y exportado fuera del ecosistema (por ejemplo, el grano).

C_S = C del cultivo en la paja u otros residuos por encima del suelo.

C_R = C del cultivo en las raíces.

C_E = C del cultivo en el material fuera de las raíces: exudados (rizodeposición)

La PPN de C se expresa, por tanto, como:

$$PPN = C_P + C_S + C_R + C_E$$

La cantidad de C en cada una de estas cuatro fracciones se estima tomando como base los rendimientos, utilizando el índice de cosecha (HI), la relación parte área/raíz y la rizodeposición, teniendo en cuenta la concentración de C en las diferentes partes de la planta. Se asume que en el cultivo de cereales la concentración de C de todas las partes de la planta es 0.45 g/g. En consecuencia:

$C_P = R_P \times 0.45$
$C_S = R_P (1\text{-}HI)/HI \times 0.45$
$C_R = R_P/(S{:}R \times HI) \times 0.45$
$C_E = C_R \times R_E$

donde:

R_P = rendimiento de la producción por encima del suelo (g/m^2/año)
R_E = C extrarradicular (rizodeposición de C)
$S{:}R$ = relación parte aérea/raiz

Para los cultivos perennes, el C de la raíz persiste de año en año y, por tanto, C_R se define como el incremento de C en la raíz desde el año en que fueron establecidos. La cuota o asignación de C de cada parte diferente del cultivo puede expresarse usando coeficientes de asignación relativa de C (% de C que hay en cada parte).

Para estimar el input de C anual aportado al suelo, en el caso más simple, si sólo la cosecha es recolectada, la cantidad anual de C añadida al suelo sería PPN - C_P. Sin embargo, frecuentemente sólo una porción de algunas fracciones es retornada al suelo. Para tener en cuenta esto, se introduce un parámetro adicional, S, que indica la proporción de C en la fracción dada que es retornada al suelo. Normalmente, por defecto, $S_P = 0$; $S_S = 1$; $S_R = 1$ y $S_E = 1$ (donde S_P, S_S, S_R, y S_E son las proporciones de C en la cosecha, residuos por encima del suelo, raíces y C extrarradicular, respectivamente, que son retornados al suelo). Si una porción de una fracción es retirada (por ejemplo, paja de trigo destinada para alimentación animal o cama de ganado), entonces $S_S < 1$; por ello:

$$C_i = [C_P \times S_P] + [C_S \times S_S] + [C_R \times S_R] + [C_E \times S_E]$$

donde C_i es el input anual de C aportado al suelo.

El input relativo de C (R_i) expresa el input de C aportado al suelo como una proporción de PPN, y es calculado como:

$$R_i = C_i / (C_P + C_S + C_R + C_E)$$

Para los cultivos, la productividad neta de C puede ser valorada a largo plazo sobre la base del análisis de cambios en las reservas de C del suelo. También puede ser estimada a corto plazo, por ejemplo anualmente, combinando medidas de productividad neta de C con la estimación de los inputs de C (semillas, fertilizantes orgánicos, etc) y los outputs de C (cosecha). Esta evaluación anual es útil ya que permite valorar los efectos de los cultivos anuales, tanto para un clima concreto como distintos tipos de manejo, sobre la productividad neta de C (Ceschia et al. 2010).

Muchos estudios han valorado la producción y el balance neto de C en los ecosistemas forestales y de pastos, pero son pocos los trabajos realizados con los cultivos agrícolas, en parte debido a las dificultades e incertidumbres asociadas con la estimación de C en las tierras de cultivo. Ceschia et al. (2010) mencionan concretamente la rotación maíz-soja en EEUU, que ha sido objeto de gran atención. También, aunque en menor grado, el arroz, la remolacha azucarera, el trigo de invierno, la colza y el girasol han sido estudiados. Sin embargo, los mencionados autores afirman que estos estudios no suministran una evaluación integral que contabilice y represente las diferencias regionales del impacto de los cultivos, sistemas de cultivo o las prácticas de manejo.

3.2.2 Dinámica del carbono orgánico del suelo

Los suelos contienen grandes cantidades de C, tanto en formas orgánicas como inorgánicas. El C orgánico se encuentra en los suelos en forma de diversos compuestos, denominados globalmente como materia orgánica. La cantidad de C contenida en la materia orgánica del suelo oscila de 40 a 60%. Estrictamente hablando, la materia orgánica del suelo incluye todo el material orgánico vivo o muerto. El componente vivo incluye las plantas, la fauna del suelo y la biomasa microbiana. El componente muerto, que representa la mayor parte de la materia orgánica del suelo, está formado por un amplio espectro de materiales procedentes tanto de residuos frescos como de compuestos monoméricos simples altamente condensados y estructuras poliméricas irregulares (sustancias húmicas), con tiempos de permanencia en el suelo que varían de días a milenios. A nivel mundial, el metro superior del suelo almacena aproximadamente 1500 Pg como C orgánico, con un adicional de 900-1700 Pg como C inorgánico, e intercambia 60 Pg C/año con la atmósfera que contiene ~750 Pg C en forma de CO_2 (Sanderman et al. 2010).

Tradicionalmente, gran parte de los residuos aéreos restantes de los cultivos, es decir, el rastrojo, eran quemados por temor a promover enfermedades transmitidas por estos residuos una vez incorporados al suelo y para facilitar la siembra al siguiente año. Esta práctica actualmente ha caído en desuso debido al reconocimiento de los beneficios que aportan la retención o la incorporación de estos. La retención del rastrojo reduce en gran medida la erosión y además minimiza las pérdidas de agua durante los períodos de barbecho.

Los mecanismos dominantes de incorporación de los residuos aéreos al suelo son la mezcla física y la solubilización, transporte y posterior adsorción más profunda en los horizontes más bajos del suelo. En muchos agrosistemas, gran parte de los residuos de la superficie del suelo son incorporados mediante el laboreo. En los ecosistemas naturales, y en menor grado en los sistemas agrícolas, existe una gran variedad de fauna del suelo, especialmente las lombrices de tierra y artrópodos, que son muy efectivos en la fragmentación y la incorporación de residuos de la superficie en el suelo. La lixiviación de los materiales orgánicos, a partir de los residuos frescos de la superficie del suelo, puede ser responsable de más del 30% de la pérdida de masa inicial. Una fracción de este C orgánico solubilizado se perderá rápidamente por respiración heterótrofa y el resto entrará a formar parte del suelo mineral donde se cree que es un importante precursor del humus.

Como promedio, se estima que el 1-2% de los residuos vegetales llegan a estabilizarse como materia orgánica humificada del suelo, permaneciendo de esta forma por períodos de tiempo significativos. Este material orgánico estable es difícil de caracterizar, y es genéricamente denominado como humus o sustancias húmicas. Es descrito como una serie de compuestos de peso molecular relativamente alto, formados de sustancias de color marrón a negro, producto de reacciones de síntesis secundarias. Tradicionalmente, el humus se ha definido como la fracción de materia orgánica del suelo que no se compone de biomoléculas reconocibles, tales como carbohidratos, materiales proteicos y lípidos. Las sustancias húmicas frecuentemente representan del 60 al 85% del total de la materia orgánica, con valores frecuentemente más altos en los suelos agrícolas.

El concepto tradicional del humus como una estructura macromolecular muy condensada, e incluso la exclusión de biomoléculas simples reconocibles procedentes del reservorio del humus, ha sido cuestionado en los últimos años. Con la ayuda de técnicas moleculares avanzadas ha surgido una nueva visión del humus, el cual se considera que son asociaciones supramoleculares dinámicas de diversos componentes de peso molecular relativamente bajo. Estos componentes incluyen biomoléculas reconocibles, con frecuencia parcialmente oxidadas y estabilizadas por numerosos mecanismos; con interacciones hidrófobicas y enlaces de hidrógeno que son de particular importancia. Una característica importante de esta nueva visión de las sustancias húmicas es que la estabilidad no es transmitida por la inherente recalcitrancia de las moléculas que la componen, sino que es debida al alto grado reactivo e hidrofóbico de sus grupos funcionales, un ambiente donde las enzimas ya no son efectivas en la degradación del sustrato. De particular importancia para el secuestro de C orgánico en el suelo es el reconocimiento de que las biomoléculas simples relativamente frescas pueden contribuir directamente al reservorio estable de materia orgánica, lo cual no significa necesariamente que tengan que ser un proceso largo y de lento envejecimiento para producir humus estable (Sanderman et al. 2010).

La importancia del C orgánico para la calidad del suelo y la productividad agronómica se ha reconocido desde hace largo tiempo. La materia orgánica del suelo es uno de nuestros más importantes recursos; su irresponsable explotación ha sido devastadora, y debe dársele una adecuada importancia en cualquier política de conservación, al ser uno de los principales factores que pueden afectar al nivel de la producción de los cultivos en el futuro. La materia orgánica del suelo debe considerarse como la esencia de toda operación agrícola. Sin el C orgánico, los suelos son sólo un medio estéril que pueden suministrar nutrientes, pero no soportar una flora y fauna diversa, limitando la producción (Kimble et al. 2002).

El C orgánico afecta a la calidad física del suelo a través del cambio en la estructura del mismo, agregación total y macroporosidad, susceptibilidad a la formación de costra y compactación, y al desarrollo del sistema radicular. Durante mucho tiempo se ha reconocido que la estructura del suelo es la clave para la obtención de altos rendimientos y el control de la erosión.

Además, el reservorio de C orgánico del suelo afecta a su fertilidad al tener la capacidad de mantener y liberar lentamente los nutrientes para los cultivos por su descomposición y mineralización. El C orgánico del suelo también juega un papel fundamental en el ciclo de los principales nutrientes, que incluyen N, P, S y Zn. La calidad química del suelo depende de su capacidad para mantener un balance favorable entre macro y micronutrientes y sobre los procesos que rigen el ciclo elemental, moderado por el reservorio de C orgánico del suelo.

La calidad biológica del suelo depende de las poblaciones y diversidad de especies de macro y microfauna, la biomasa de C microbiano, los procesos microbianos que conducen a la transformación de la biomasa y a la desnaturalización y desintoxicación de los fitosanitarios aplicados y otros contaminantes. Por estas razones expuestas, el C del suelo ha sido tradicionalmente un indicador de sostenibilidad de los sistemas agrícolas, y actualmente ha adquirido un papel adicional como indicador de la salud ambiental (Fig. 3.2).

Para la comprensión del ciclo de C del suelo se requiere un conocimiento más preciso de la dinámica de los distintos reservorios. La materia orgánica está compuesta por un espectro de materiales que varían en su tiempo medio de residencia en el suelo, desde menos de unas pocas semanas para residuos de plantas y exudados radiculares, hasta incluso miles de años para sustancias húmicas resistentes. Por tanto, el C orgánico del suelo puede ser clasificado en varios tipos de reservorios con diferentes tiempos medios de residencia. Cada reservorio tiene un papel muy diferente en la dinámica y secuestro del C orgánico por el suelo. Si una combinación de clima, suelo y prácticas agrícolas promueve más el llenado del reservorio de materia orgánica lábil, con un tiempo de residencia corto, la descomposición microbiana será rápida y en consecuencia el C almacenado decrecerá. Por el contrario, si una mayor cantidad de materia orgánica pasa a formar parte de los reservorios recalcitrantes, con un gran tiempo de residencia medio, aumentará el C orgánico estable del suelo y su almacenamiento, teniendo mayor impacto a largo plazo sobre el secuestro de C. Así, el conocimiento de la distribución del C orgánico del suelo en los diferentes reservorios es esencial para comprender la dinámica del C orgánico del suelo bajo unas determinadas condiciones ambientales (Trumbore, 1993).

Según Schlesinger (2002), una molécula de CO_2 permanece un promedio de cinco años en la atmósfera antes de incorporarse a la biosfera terrestre o a los océanos; y un átomo de C perdura una media de diez años en la vegetación y de 35 años en la materia orgánica del suelo, antes de regresar a la atmósfera como CO_2. Con esta escala de tiempo es evidente que la experimentación a largo plazo es la única vía para estudiar la dinámica del C orgánico del suelo, máxime si se evalúa su relación con el tipo de uso y manejo que se realiza del mismo. La magnitud exacta de los flujos de C del suelo a la atmósfera y de la biota terrestre al suelo no es bien conocida. Las emisiones de GEI del suelo fluctúan tanto temporal como espacialmente, debido a las variaciones de los factores ambientales y de las propiedades del suelo. Por esto se requerirían medidas de cuantificación frecuentes de los múltiples procesos involucrados para definir los flujos netos. Aunque la medida del flujo neto de CO_2 es posible, se requiere equipos sofisticados y análisis de multitud datos y no definirían la magnitud de cada uno de los procesos individuales que contribuyen. Una alternativa sería cuantificar los cambios en las reservas biológicas de C, incluyendo vegetación y suelos, y su variabilidad en el espacio y el tiempo (Baldock et al. 2012).

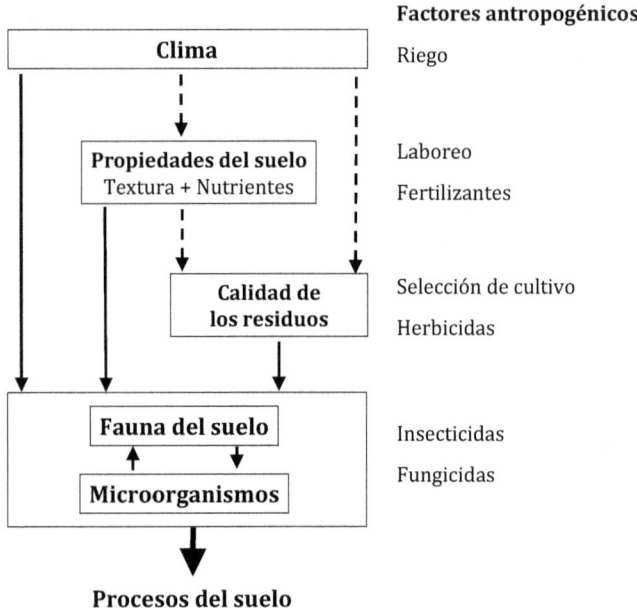

Fig. 3.2 Modelo jerárquico de los factores dominantes que controlan los procesos del suelo (las flechas continuas representan la regulación directa de los procesos biológicos y las fechas discontinuas representan los controles indirectos). A la derecha se muestra una lista abreviada de los factores antropogénicos que pueden modificar significativamente cada uno de los principales factores (adaptado de Sanderman et al. 2010)

La reserva del C orgánico estable del suelo también se agota por el aumento de la tasa de mineralización. Ésta se incrementa con el aumento de la temperatura del suelo y los cambios en el régimen de humedad del mismo. La conversión de los ecosistemas naturales a agrosistemas manejados alteran ambos factores, acentuando la tasa de mineralización. Al ser esta una reacción bioquímica, su tasa es aproximadamente el doble con cada incremento de 10 ^{0}C de temperatura. Existe un régimen de humedad del suelo óptimo para la maximización de los procesos de mineralización/descomposición. El manejo de la capa freática y el drenaje de los suelos excesivamente húmedos incrementan esta tasa, mientras que la excesiva humedad aumenta la metanogénesis y la desnitrificación con el consiguiente incremento de las emisiones de CH_4 y N_2O. Por otro lado, el riego suplementario en los climas áridos y semiáridos puede también acentuar la mineralización y la desnitrificación. En general, las emisiones de

GEI procedentes de los suelos agrícolas pueden ser mayores que las de los ecosistemas naturales (Lal, 2012).

Por las causas expuestas, la mayoría de los suelos de los ecosistemas agrícolas (tierras de cultivo y tierras de pastos) tienen muy mermadas sus reservas de C orgánico. En comparación con los ecosistemas naturales inalterados, la reserva de C orgánico en los suelos agrícolas es tan solo del 20-50%. La magnitud de las pérdidas es mayor en los suelos caracterizados por antecedentes de reservas más elevadas, en los de textura gruesa, en los de clima más cálido y en los suelos degradados/erosionados (Lal, 2012). Además, la erosión acelerada del suelo agrava también las emisiones de C. Un 20% del C translocado/desplazado por la erosión es finalmente liberado en forma de CO_2 a la atmósfera, el 10% es transportado disuelto en el agua y el 70% restante permanece en el suelo, a menudo en horizontes muy profundos al enterrarse en las zonas inferiores del relieve (Olson et al. 2014). Por otra parte, la magnitud de las pérdidas es mayor en los suelos gestionados por una agricultura extractiva tradicional que en los basados en una agricultura intensiva apoyada en la ciencia. Las pérdidas históricas están positivamente correlacionadas con la capacidad potencial de sumidero de C del suelo en su estado actual, una parte de las cuales se puede recuperar a través de la conversión a un uso de la tierra adecuado y la adopción de prácticas de manejo recomendadas (Lal, 2012).

3.3 El secuestro de carbono por los agrosistemas

3.3.1 Definición y conceptos

El secuestro de C terrestre se puede definir como la captura y el almacenamiento seguro del C atmosférico en reservas de C bióticas y de suelo, que de otro modo podrían ser emitidas o permanecer en la atmósfera. La finalidad del almacenamiento de C es contrarrestar las emisiones del mismo causadas por la actividad humana a través de su captura y desvío; asegurándose su acumulación y mejorando su tiempo medio de residencia en el suelo. El secuestro de C orgánico del suelo también se define, según Olson et al. (2014), como un proceso de transferencia de CO_2 desde la atmósfera al suelo por unidad de tierra a través de una unidad de plantas, residuos vegetales y otros sólidos orgánicos, que son almacenados o retenidos por dicha unidad como parte de la materia orgánica estable del suelo (humus). El proceso por el cual el C atmosférico es fijado por los cultivos vía fotosíntesis ocurre constantemente como parte del ciclo de C global y es un factor clave en el mantenimiento de la productividad del suelo de los sistemas agrícolas. El término secuestro de C implica un paso adicional a la captura de CO_2 atmosférico mediante la fotosíntesis y la fijación de C en la vegetación: es un "almacenamiento seguro" del C fijado. Se entiende por tiempo de residencia medio (TRM), el tiempo durante el cual el C orgánico procedente del CO_2 atmosférico permanece en un reservorio específico, en este caso el suelo.

El secuestro de C implica también la transferencia de CO_2 a partir de un reservorio que tiene un tiempo de renovación corto a un reservorio con un tiempo de renovación más largo. En concreto, se trata de eliminar el CO_2 de la atmósfera y almacenarlo en reservorios de larga duración, tales como el suelo, la vegetación, los humedales, los océanos y los estratos geológicos. Hay dos formas principales de secuestro de C: biótica y abiótica. La estrategia biótica implica la conservación de CO_2 en carbohidratos, lignina, celulosa y otras formas de biomasa fijados a través de la fotosíntesis. El secuestro de C en los ecosistemas terrestres se puede lograr mediante la mejora de la reserva de C en la materia viva de las plantas, raíces y el suelo. El secuestro de C por el suelo es una estrategia biótica basada en la acumulación de sustancias húmicas en el suelo. El almacenamiento del suelo implica tanto a los depósitos de C orgánico como inorgánico. La formación de carbonatos secundarios es también uno de los mecanismos del secuestro de C por el suelo (Lal, 2005). Lal (2008) ha resumido estas estrategias en la figura 3.3.

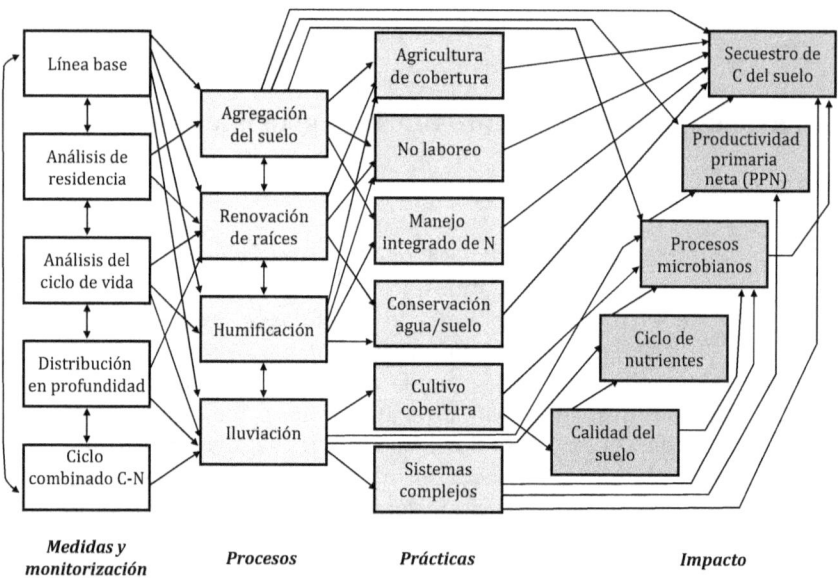

Fig. 3.3 Estrategias para el secuestro de C por el suelo (Adaptado de Lal, 2008)

Algunas partes de las raíces y la paja se resisten a la descomposición, convirtiéndose en formas   estables de materia orgánica del suelo que pueden durar cientos y miles de años antes de ser degradados por los microorganismos. Sin embargo, sólo alrededor del 10% del flujo de CO_2 fijado, incorporado o en la superficie del suelo es transformado en compuestos de C más recalcitrantes.

Además, el secuestro de C en los suelos genera y aumenta numerosos servicios proporcionados por los ecosistemas, entre ellos el suministro de materiales para uso humano (por ejemplo, alimentos) y la estabilidad del medio ambiente (clima), entre otros (Fig. 3.4). Las reservas de C del suelo y del ecosistema son fuertes determinantes de estos servicios de forma directa e indirecta. Por ejemplo, la cantidad y calidad de la reserva de C orgánico del suelo afecta a sus funciones a través de: (1) el aumento de la agregación del suelo y la mejora de la estructura del mismo; (2) el aumento de la retención y disponibilidad de nutrientes; (3) la moderación de la retención del agua e incremento de su disponibilidad; (4) la mejora de la infiltración y la reducción de la escorrentía; (5) la reducción de la erosión del suelo y de la contaminación de fuentes no puntuales o difusas; (6) la proporción de energía y alimentos a la biota del suelo; (7) la mejora del ciclo de nutrientes; (8) el aumento de la eficiencia de los inputs; (9) la mejora de los procesos rizosféricos y del medio ambiente microclimático; y (10) la mejora de la productividad primaria neta (Lal, 2012).

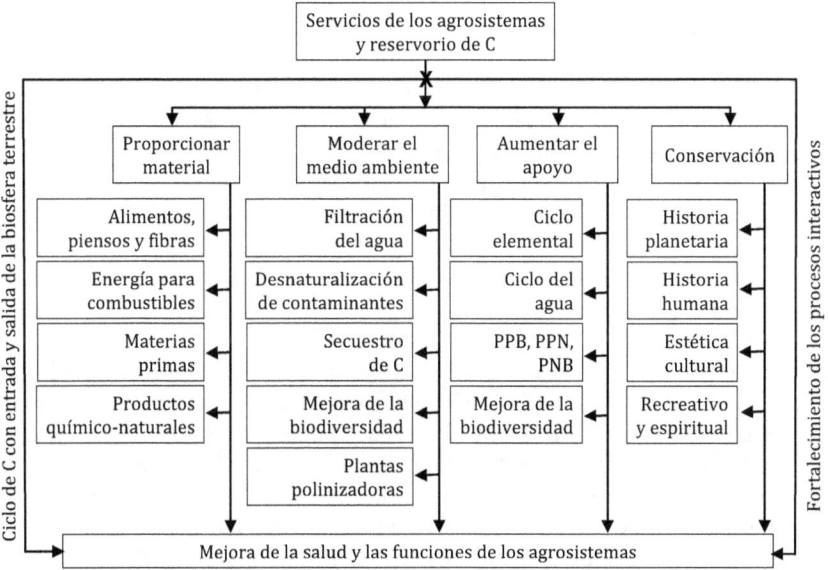

Fig. 3.4 Servicio de los agrosistemas que son mejorados por el secuestro de C del suelo (PPB: Productividad primaria bruta; PPN: Productividad primaria neta; PNB: Productividad neta del bioma)(Adaptado de Lal, 2012).

3.3.2 Fuentes de carbono biótico subterráneo

Como se ha citado con anterioridad, existen dos componentes del C de la biomasa distintos pero relacionados entre sí; son los componentes por encima del suelo y los subterráneos. Sin embargo hay poca información acerca de la tasa y el tiempo de renovación del reservorio de C por debajo del suelo. Según Lal (2008), los datos que se requieren conocer en las distintas especies son los siguientes: (1) la distribución en profundidad del C de la biomasa de las raíces; (2) la naturaleza de los compuestos recalcitrantes presentes en la biomasa de las raíces; (3) la tasa de reposición de raíces finas; (4) la relación entre la biomasa subterránea incluyendo los residuos de paja y el reservorio de C orgánico del suelo; y (5) la dinámica y la relación entre la biomasa por encima y por debajo del suelo para las diferentes especies que se cultivan bajo un amplio rango de prácticas de manejo.

El desarrollo de las raíces está influenciado por una amplia gama de factores bióticos y abióticos; y su profundidad y su distribución por factores genéticos y ambientales. Los residuos subterráneos y la renovación de raíces representan los inputs directos en el sistema suelo, y como tales tienen el potencial de contribuir de forma importante a las reservas de materia orgánica del suelo. La estrecha relación entre la distribución de la raíz y la localización/ profundidad del C orgánico del suelo es a menudo citada como evidencia de la importancia de estos inputs en el mantenimiento de las reservas de C orgánico del suelo (Jobbágy y Jackson, 2000). Además de la localización espacial dentro del suelo, las raíces generalmente se descomponen más lentamente que los residuos por encima del suelo, lo cual ha sido atribuido a factores tanto de composición como ambientales. La cuantificación precisa de la contribución del C bajo el suelo por las plantas es difícil, debido tanto a la falta de acceso a las raíces como a la alta tasa de renovación de las más finas. Por estas razones, como ya se ha mencionado, muchos estudios del ciclo de C se basan en una relación alométrica (relación raíz-parte aérea) para la estimación de los aportes de C por debajo del suelo. La relación raíz-parte aérea suele ser normalmente una medición estática del total de biomasa viva recuperada y de los componentes de la planta (aéreos y subterráneos) en un momento dado en el tiempo; aunque esta relación es útil para calcular la PPN a partir de mediciones de la biomasa por encima del suelo, se puede producir una engañosa visión donde se subestiman el C subterráneo y la PPN total. Una fracción significativa de la masa total de las raíces puede ser de raíces finas de corta vida con tiempos de reposición del orden del días o de semanas. Además, está ampliamente reconocido que del 5 al 20% (en algunos casos más) del C asimilado es transferido directamente al suelo a través de la rizodeposición y la demanda de nutrientes por las micorrizas (Sanderman et al. 2010).

Las raíces finas (con un diámetro < 2 mm) tienen dos funciones de gran importancia: actúan como conductos transportadores bajo tierra de C orgánico fijado en la parte aérea y obtienen los recursos del suelo. Un esfuerzo considerable se ha empleado para cuantificar el potencial de las raíces finas para absorber el C procedente del creciente reservorio de CO_2 en la atmósfera y para secuestrarlo en el suelo mineral. Gran parte del C presente en el suelo se deriva probablemente de raíces finas. El tiempo de residencia del C de las raíces finas en el suelo es uno de los aspectos menos comprendidos del ciclo del C global, y la dinámica de las raíces finas es una de las cuestiones menos entendidas de la función de las plantas. La mayoría de los estudios recientes sobre la dinámica del crecimiento de las raíces han utilizado dos estrategias metodológicas: un enfoque basado en el análisis de isótopos de C para inferir la persistencia de C; el otro basado en observaciones directas de raíces con cámaras o escáner donde se mide la longevidad de las raíces individuales (Strand et al. 2008).

Existe un gran potencial en el uso de diferentes especies de plantas y genotipos, con sus diversos sistemas radiculares y sus exudados químicos, para influir en los procesos de la rizosfera en beneficio de la producción de cultivos, siendo la rizodeposición un factor clave (Wishern et al. 2008). La rizodeposición engloba todas las pérdidas de C a partir de las raíces, que incluyen numerosas sustancias tales como exudados, secreciones, lisatos, mucílagos, etc. Todos estos rizodepósitos suponen un drenaje de C significativo de los cultivos, representando hasta un 40% de PPN bajo condiciones muy estresadas, aunque los valores más usuales varían entre el 7 y 25%, con un promedio alrededor del 17%. Estas cifras, sin embargo, han de ser tenidas en cuenta con cierta cautela debido a la dificultad que supone la realización de estas medidas. Hay muchas razones para este alto flujo de C de las raíces al suelo. Una gran parte de los rizodepósitos son el resultado indirecto del crecimiento de las raíces y su renovación, mientras que una parte menor, pero ecológicamente importante, es la fracción excretada por las células vivas de manera activa. Estos exudados son conocidos por jugar un papel activo entre plantas, en el envío de señales a los microorganismos y en la adquisición de micronutrientes a través de la estimulación de las comunidades microbianas (Sanderman et al. 2010).

La mayoría de las investigaciones sobre la rizodeposición se han centrado en la cuantificación del C derivado de la misma. La rizodeposición de C y su destino en el suelo se estima mediante el marcado de las plantas, ya sea con ^{14}C o ^{13}C, y el seguimiento del isótopo en los diferentes reservorios del suelo. La mayor parte de las investigaciones cuantitativas sobre la rizodeposición se ha hecho en experimentos de laboratorio y de invernadero. Por lo tanto, la futura investigación debe centrarse en la estimación de la rizodeposición neta en condiciones de campo, donde los patrones de enraizamiento y la distribución de la biomasa son diferentes a los experimentos en macetas, dando por tanto una estimación cuantitativa más realista (López-Bellido et al. 2011).

3.4 Secuestro de carbono por los suelos cultivados

El secuestro de C por las tierras agrícolas ha generado gran interés internacional debido a su potencial impacto y beneficios en la mejora de la agricultura y la adaptación al cambio climático y su mitigación. Cuando se aplican técnicas apropiadas de suelo y manejo de residuos, la agricultura puede incrementar su potencial de mitigación para aliviar el problema de los GEI (Olson et al. 2014). Existe un creciente interés en la identificación de opciones tecnológicas de manejo del C orgánico del suelo que puedan reducir las emisiones antropogénicas. Los suelos agrícolas del mundo pueden ser un importante sumidero de CO_2 atmosférico, especialmente aquellas tierras degradadas/desertificadas, con reservorios de C orgánico severamente agotados. La estrategia consistiría en utilizar su capacidad potencial de sumidero de C restaurando el suelo mediante el uso apropiado de la tierra y la adopción de prácticas de manejo sostenibles del suelo, el cultivo, el agua y el ganado (Fig. 3.5).

Si bien el aumento de la entrada de C a través de la biomasa es importante, lo es igualmente reducir sus pérdidas. Las prácticas agronómicas convencionales y los procesos que provocan el agotamiento de las reservas de C orgánico del suelo se resumen en la figura 3.6. La reserva de C orgánico del suelo es fuertemente reducida por la erosión acelerada del mismo. La remoción preferencial/selectiva del C orgánico de suelo por escorrentía y erosión, como indica la relación de enriquecimiento de C en los sedimentos, varía de 5 a 30 dependiendo del tipo de suelo y el clima, y se atribuye a: (1) la baja densidad del C orgánico del suelo; (2) la alta concentración (estratificación) en el horizonte superficial; y (3) la absorción por las arcillas y por lo tanto la remoción junto con sus partículas. La erosión del suelo se ve agravada por el laboreo de vertedera, la eliminación de residuos, el pastoreo incontrolado y excesivo, y las prácticas de manejo que degradan la estructura del suelo y acentúan su vulnerabilidad a las condiciones de erosividad climática (Lal, 2012).

Los suelos agrícolas pueden ser un sumidero de CO_2 atmosférico mediante la conversión a un uso del suelo regenerador (restaurador) y la adopción de aquellas buenas prácticas de manejo que mejoren la estructura del suelo y la calidad general (Fig.3.5). Se trata de crear un balance de C positivo (junto con el N, P y S) y una agregación mejorada. No solo debería ser añadida biomasa de C en los agrosistemas, sino también ser mejorada la disponibilidad de N, P y S, etc., para convertir el C lábil de los residuos de cultivos y animales en humus relativamente estable. Las estrategias para la creación de un balance positivo de C en el suelo incluyen: (1) controlar la erosión; (2) conservar el agua; (3) moderar la temperatura; (4) mejorar la estructura y la formación de agregados estables; (5) mejorar la fertilidad (especialmente la disponibilidad de N, P, S, Ca, Mg, etc); (6) incrementar la distribución en profundidad de la biomasa radicular; (7) mejorar la biodiversidad; y (8) mejorar la PPN (Lal, 2014).

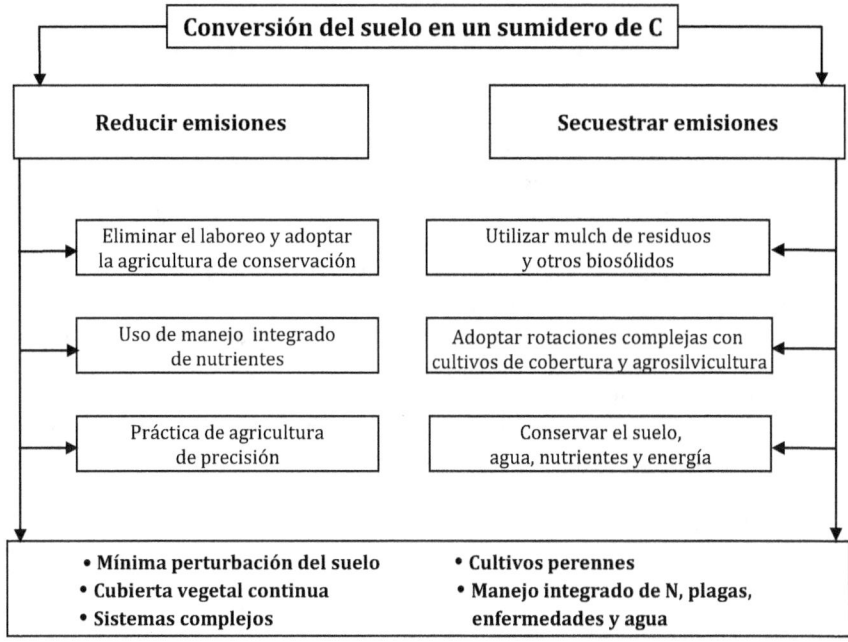

Fig. 3.5 Estrategias para la conversión de los suelos del mundo en un importante sumidero de CO_2 atmosférico (Adaptado de Lal, 2014).

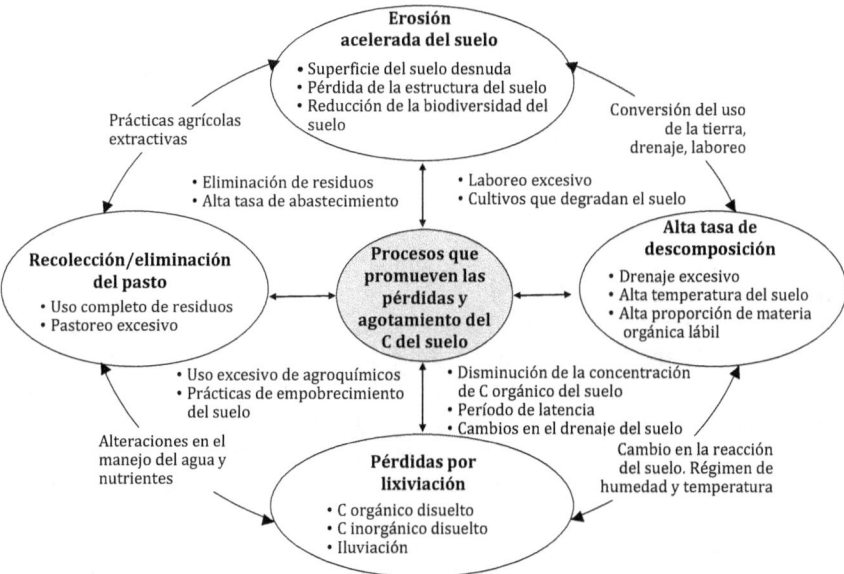

Fig. 3.6 Procesos agronómicos del suelo que agotan el reservorio de C del mismo (Adaptado de Lal, 2012).

En general, la concentración de C orgánico del suelo debe mantenerse por encima del nivel crítico o umbral situado entre 1.2-1.5% en la zona radicular (15-30 cm de profundidad). Muchos suelos de los agrosistemas en zonas áridas y semiáridas han sido manejados continuamente con prácticas agrícolas extractivas, las cuales intensifican el agotamiento del C orgánico del suelo y también las emisiones de GEI. Estas prácticas incluyen la retirada de los residuos de los cultivos para otros usos (alimentación animal, materiales de construcción, combustible, fabricación de papel) y el pastoreo incontrolado. Además, la reducción de la concentración de C orgánico del suelo en estos agrosistemas se incrementa por la rápida descomposición debido a las altas temperaturas imperantes y a la remoción preferencial a través de la erosión acelerada por el agua y el viento (Lal, 2014).

Existe una fuerte relación entre la productividad agronómica y la concentración de C orgánico del suelo; variando la respuesta según los inputs externos a la explotación. El nivel umbral de C orgánico del suelo por debajo del cual la respuesta a los inputs externos es baja puede también diferir entre los diferentes usos del suelo, y es generalmente más alto para los cultivos estacionales (anuales) que para las plantaciones perennes arbóreas o pastos.

3.4.1 Factores que afectan al secuestro de carbono por el suelo

El reservorio de C orgánico del suelo es altamente dinámico, reactivo y sensible al uso del suelo, al cambio climático y al manejo. El principio rector para mejorar la captura de C en los suelos ante un posible escenario de cambio climático será maximizar los inputs de C. La capacidad de un suelo para proteger el C orgánico frente a la descomposición y/o las ineficiencias en el uso de recursos (agua y nutrientes) puede ser mejorada por un cambio de manejo que permita a los cultivos capturar CO_2 atmosférico adicional; a la vez que mejora el potencial para incrementar el C orgánico del suelo y la capacidad de adaptación y productividad del mismo. Este potencial variará de una localización a otra en función del tipo de suelo (contenido de arcilla, profundidad, densidad, etc), condiciones ambientales (cantidad de agua y nutrientes disponibles, temperatura, etc.) y antiguos regímenes de manejo (C perdido debido a anteriores usos y manejo del pasado). Es por tanto necesario adoptar soluciones de manejo específicas que optimicen el C orgánico del suelo para una localización definida (Baldock et al. 2012).

Los factores climáticos, tales como la temperatura y la humedad, afectan en gran medida a la actividad de las comunidades microbianas y a la descomposición de la materia orgánica en los agregados del suelo. Climas fríos o secos reducen la velocidad de los procesos provocando una formación de agregados más lenta a la descomposición. Por el contrario, climas húmedos y/o cálidos tienen muy alta actividad microbiana que conlleva una rápida descomposición de la materia orgánica del suelo. Aunque los climas húmedos tienen mayor actividad microbiana, los climas muy húmedos pueden tener condiciones de suelos anaeróbicas, conduciendo a una reducida descomposición de la materia orgánica. Es por esto que los climas más fríos y más húmedos tienen mayor potencial para secuestrar C. Al contrario, los climas secos y cálidos tienen menos potencial. Esto es debido a la cantidad de inputs de C orgánico así como a las tasas del ciclo de C. Mientras que los climas cálidos tienen un ciclo de C más rápido, los climas secos tienen más bajos inputs de C. También los ciclos húmedos y secos pueden en gran manera incrementar la agregación de los suelos especialmente si ellos tienen altos contenido de arcilla. Claramente, los agregados del suelo y el tamaño de las fracciones del mismo tienen un importante efecto sobre la retención de C en el suelo, y los factores ambientales juegan un papel principal en la formación de agregados. Con el conocimiento de los mecanismos de agregación y los factores ambientales que les afectan, las prácticas de manejo pueden adaptarse para optimizar las condiciones de secuestro de C (Ramachandran Nair et al. 2010).

El cambio climático afectaría a la magnitud de las pérdidas de C orgánico del suelo en los diferentes sistemas agrícolas. Es ampliamente aceptado que las condiciones de sequía reducirán las tasas de descomposición de C orgánico del suelo; sin embargo, el efecto del incremento de la temperatura es más cuestionado. La mayoría de las evidencias disponibles muestran que existe una respuesta positiva de la descomposición del C orgánico del suelo a incrementos de la temperatura (Baldock et al. 2012).

Para entender el secuestro de C orgánico por el suelo es imprescindible clarificar el papel de la actividad microbiana y la forma en que ésta se ve influida por las prácticas de manejo, tales como los sistemas de cultivo y laboreo y los efectos posteriores sobre el secuestro de C orgánico por el suelo. La actividad microbiana del suelo y su diversidad biológica son esenciales en cualquier agroecosistema para que secuestre suficientemente C orgánico. La contribución de los microorganismos del suelo a la materia orgánica de éste está influenciada por el tamaño de la comunidad microbiana, la dinámica y los procesos de formación y descomposición que influyen en su estabilidad. El cambio del C orgánico del suelo está esencialmente determinado por el balance entre los inputs de C orgánico procedentes de las fuentes de los cultivos por encima y por debajo del suelo y las pérdidas de C orgánico como resultado de la descomposición/mineralización, la erosión y la lixiviación, que están a su vez influenciadas por la topografía, el tipo de drenaje, y los sistemas de manejo (laboreo y rotación de cultivos).

Como la actividad microbiana del suelo está influenciada por los sistemas de laboreo y de cultivo, el cambio de C orgánico del suelo se verá afectado eventualmente, como lo demuestra la tasa de respiración de la raíz y la tasa de respiración basal, donde se han observado diferencias significativas entre los distintos sistemas de cultivo y laboreo. Durante los procesos de respiración y descomposición, que se aceleran por la intensidad del sistema de laboreo, el C en los residuos de los cultivos y algunas de las otras reservas de C de los suelos se liberan a la atmósfera en forma de CO_2. Esta velocidad de liberación de CO_2 puede verse acelerada con el tiempo a medida que es más intensivo el laboreo, lo que puede influir en la estabilidad del C orgánico del suelo. El laboreo intensivo aumenta la aireación del suelo provocando un incremento de la descomposición de residuos debido al aumento de la actividad biológica.

A pesar de su gran potencial como sumidero de C, la capacidad del suelo puede variar entre 0.5 – 1 t C/ha/año; existiendo numerosas incertidumbres en el marco de un posible cambio climático: (1) incremento de las emisiones de GEI (CO_2) debido a la descomposición acelerada y aumento de los procesos erosivos; (2) cambio en la tasa de captura de C en los suelos; (3) destino desconocido del C transportado por los procesos erosivos; y (4) decrecimiento en la capacidad de los sumideros terrestres debido a la degradación del suelo. Estas incertidumbres interaccionarían con los mecanismos de estabilización del C orgánico del suelo y los que mejoran su tiempo medio de residencia. Tales mecanismos incluyen: protección física a través de la localización en profundidad y formación de agregados estables, interacción entre el C orgánico del suelo y los minerales de arcilla, orografía y procesos de humificación para la formación de fracciones recalcitrantes (Lal, 2014).

3.4.2 Estabilidad del carbono orgánico del suelo

El secuestro de C se puede definir como un incremento "persistente" del C almacenado en el suelo o en el material vegetal. Algunos autores sostienen que sólo el C muy estable o recalcitrante debería ser considerado como C secuestrado, sin embargo el C del suelo varía en el tiempo de permanencia, o de residencia (Kleber, 2010). El tiempo de retención del C secuestrado en el suelo puede variar del corto plazo (no liberado inmediatamente de nuevo a la atmósfera) al largo plazo (milenios). Según las interacciones con anteriores usos de la tierra, el clima y las propiedades del suelo, los cambios en las prácticas de manejo pueden producir incrementos o reducciones en las existencias de C del suelo. En general, los cambios en el contenido de C inducidos por el manejo se manifiestan una vez transcurrido un período de varios años o de unas pocas décadas, hasta que las existencias de C del suelo alcanzan un nuevo equilibrio.

La evaluación del secuestro potencial de C del suelo requiere un nivel de referencia para poder comparar en el tiempo. Cuando se desea realizar una valoración del impacto de manejo sobre los valores del C orgánico del suelo es importante considerar la duración sobre la cual una estrategia de manejo definida ha sido implementada y que implicaciones antes del manejo puede haber tenido. Según Baldock et al. (2012), para una tasa de cambio de 0.5 t C/ha/año serían precisos 3-4.5 años para detectar un cambio en el contenido de C del suelo, equivalente a 0.1% de la masa del mismo a 0-15 cm de profundidad.

Alrededor de 1/3 de la materia orgánica del suelo se descompone mucho más lentamente, pudiendo aún estar presente en el suelo después de 1 año. Esta materia orgánica representa una reserva significativa de C y puede permanecer en el suelo por períodos más amplios como parte integrante de los agregados del suelo. Esta fracción de la materia orgánica, que es por tanto "protegida" de una descomposición más rápida, es muy importante desde el punto de vista del secuestro de C por el suelo. La materia orgánica del suelo está protegida por tres procesos principales: estabilización bioquímica, estabilización química y protección física. La primera ocurre cuando la materia orgánica del suelo contiene polímeros aromáticos y otras estructuras que son difíciles de descomponer por los microorganismos. Un ejemplo común es la lignina, uno de las principales componentes de las plantas. Sin embargo, recientemente se ha evidenciado que este proceso no actúa sólo, sino en conjunción con otros factores tales como la protección física y la estabilización órgano-mineral para consolidar el C orgánico del suelo. La protección física consiste en el "bloqueo" de la materia orgánica por los agregados del suelo, aislándola de las poblaciones microbianas, impidiendo su degradación. Incluso fracciones que podrían de otra forma ser lábiles, no están expuestas a la actividad microbiana y pueden permanecer en el suelo por períodos de tiempo más prolongados. Sin embargo, el eventual movimiento y rotura de agregados conduce a la exposición y subsiguiente descomposición de esta materia orgánica del suelo antes protegida (Ramachandran Nair et al. 2010).

Como ya ha sido expuesto en el apartado 3.2.2, el C orgánico estabilizado o recalcitrante se compone de materiales orgánicos altamente resistentes a la descomposición microbiana debido a su estructura química y a su asociación con los minerales del suelo. Están formados principalmente de sustancias húmicas, que son sistemas complejos de moléculas orgánicas, compuestos por polímeros fenólicos producidos a partir de los productos de degradación biológica de los residuos de plantas y animales, y de la actividad de los microorganismos. Estas sustancias constituyen el 70-80% del contenido de la materia orgánica de la mayoría de los suelos minerales.

La diversidad de transformaciones biológicas e interacciones con los minerales del suelo que ocurren cuando los residuos de C se incorporan a éste hace que el C orgánico tenga una composición diversa y compleja, con un amplio rango de susceptibilidades para su descomposición; como se ha demostrado con estudios de $\delta^{14}C$. Para un mayor entendimiento de su composición y del ciclo del C orgánico del suelo, se han desarrollado varias metodologías basadas en la variación de sus propiedades químicas y físicas, agrupándolas a una serie de fracciones biológicamente significativas: (1) *C orgánico de partículas* (C orgánico asociado con partículas de tamaño comprendido entre 50-2000 μm); (2) *C orgánico de humus* (C orgánico asociado con partículas < 50 μm); y (3) *C orgánico resistente* (C orgánico presente en el suelo < 2 mm, y que tiene una estructura química poliaromática como la estructura del carbón vegetal) (Baldock et al. 2012).

Aunque la estimación de la composición del C orgánico del suelo no es esencial para permitir la contabilización de éste, un conocimiento de sus diferentes fracciones suministra una valoración de la vulnerabilidad de sus reservas ante futuros cambios en las prácticas de manejo. Según esta clasificación, la vulnerabilidad se incrementa a medida que aumente la proporción del C orgánico asociado con partículas de suelo >50 μm, y disminuirá a medida que sea mayor la proporción de las fracciones de C orgánico del suelo más estables y asociadas a partículas de suelo < 50 μm y de < 2 mm. La exactitud de la predicción del impacto del cambio climático sobre las reservas de C orgánico del suelo requerirá un entendimiento de su composición y la respuesta frente a una serie de factores climáticos que influyen en su estabilidad afectando la magnitud de las pérdidas de C (Baldock et al. 2012).

El C orgánico del suelo, como se ha reiterado, se compone básicamente de dos grandes fracciones: una lábil y otra estable. Esta es una división práctica; aunque en realidad la materia orgánica del suelo incluye un *continuum* de materiales que van desde los altamente degradables a los muy recalcitrantes. La fracción lábil está compuesta de materiales de transición entre los residuos de plantas frescas y la materia orgánica estabilizada. Gran parte está compuesta por restos de tejidos de la planta y microorganismos en varios estados de descomposición. Generalmente se considera que tienen un tiempo de transformación corto (menos de 10 años). Las reservas de materia orgánica que han sido identificadas como parte de la fracción lábil incluyen partículas de materia orgánica de C de biomasa microbiana, C soluble y C potencialmente mineralizable; siendo extraíble con diversos métodos (Haynes, 2005).

Atendiendo concretamente al tiempo medio de residencia en el suelo, la materia orgánica se puede también clasificar en tres tipos de reservorios: (1) *reservorio activo*, que incluye la mayoría de los residuos frescos de la planta, con un tiempo de residencia máximo de unos pocos años; (2) *reservorio lento*, con tiempos de residencia intermedios del orden de 10^1 a 10^2 años; y (3) *reservorio pasivo*, con tiempo de residencia de 10^2 a 10^3 años (Sanderman et al. 2010).

Independientemente de las diferencias entre las distintas clasificaciones existentes, lo más simple es un fraccionamiento que divide el C orgánico del suelo en dos grupos principales o reservorios: un reservorio lábil, caracterizado por un tiempo de residencia medio desde años a unas pocas décadas, viéndose afectado por las variaciones de los factores ambientales en períodos cortos; y un reservorio estable o recalcitrante, con tiempos de residencia medios que van desde cientos a miles de años, el cual es el de mayor relevancia para la función del suelo como sumidero terrestre a largo plazo en el ciclo global del C (Kleber y Jonhson, 2010).

Sin embargo, de los estudios realizados basados en las anteriores clasificaciones del C orgánico del suelo se deduce que el concepto de C estable o recalcitrante es ambiguo respecto al tiempo de vida del mismo; siendo evidente que las prácticas agrícolas afectan tanto a la materia relativamente joven como a las más "recalcitrantes". En realidad, según Kleber (2010), el término recalcitrante, definido como resistente o estable, es una abstracción indeterminada cuya vaguedad semántica entorpece la investigación sobre el ciclo del C terrestre. Este autor ha propuesto que sería más adecuado percibir la "resistencia inherente" a la descomposición de algunas formas de C orgánico no como una propiedad intrínseca, sino como un concepto logístico supeditado a la ecología microbiana, la cinética enzimática, las condiciones ambientales y la matriz de protección. Por ejemplo, una consecuencia de este nuevo punto de vista es la sensibilidad térmica a la descomposición del C orgánico del suelo frecuentemente observada, la cual debe ser el resultado de otros factores más que de las propiedades recalcitrantes intrínsecas.

Según Lal (2012), los principales condicionantes del tiempo medio de residencia comprenden una amplia gama de factores que incluyen los procesos del suelo y las características de los cultivos y de la biomasa producida. Entre estos procesos del suelo estarían la formación de: (1) microagregados estables; (2) complejos órgano-minerales, incluyendo la adsorción en la superficie de las arcillas; y (3) polímeros orgánicos recalcitrantes que involucren la protección física, química y biológica de la materia orgánica del suelo. Otro proceso de protección física es la transferencia de la materia orgánica al subsuelo por iluviación como C orgánico disuelto, de tal forma que se desplace en profundidad lejos de la capa superficial; que es propensa a la erosión acelerada, la intensa mineralización, y otras perturbaciones naturales y antropogénicas. Por último, entre las características más importantes de los cultivos y la naturaleza de sus residuos que aumentarían el tiempo medio de residencia estarían: (1) un sistema radicular profundo, y (2) una alta concentración de compuestos recalcitrantes en su composición.

Sin embargo, el secuestro de C en los suelos no representa una solución "permanente" como si el C secuestrado estuviera "irreversiblemente encerrado". No es suficiente sólo secuestrar C, sino buscar que éste permanezca fuera de la atmósfera el mayor tiempo posible. Se trata, en definitiva, de conocer bajo que condiciones se incrementa más el reservorio de C estable o recalcitrante (mayor tiempo de residencia) frente al C lábil, de menor tiempo de residencia, para que el secuestro sea más duradero. Obviamente, para abordar este nuevo enfoque del secuestro de C es imprescindible realizar estudios a largo plazo.

3.4.3 Influencia de las características del suelo en el secuestro de carbono

Entre las principales propiedades del suelo que influyen al secuestro de C están la profundidad del perfil, el contenido de arcilla y limo y la predominancia de minerales de arcilla de tipo 2:1 expansibles (montmorillonita y vermiculita). Las características del suelo que favorecen la formación de macro y microagregados estables, denominados suelos "fuertemente estructurados" o "estructuralmente activos", tienen mayor capacidad de sumidero de C orgánico en comparación con aquellos suelos "débilmente estructurados" o "estructuralmente inertes". Por otro lado, la orografía también es determinante en la capacidad de sumidero de C del suelo y su tiempo medio de residencia. Por ejemplo, los suelos orientados al sur (en el hemisferio norte) y en la parte baja de la pendiente tienen mayor capacidad de sumidero de C orgánico incrementándose también su tiempo medio de residencia (Lal, 2014).

La textura del suelo es una de las propiedades que ejercen mayor influencia en el C orgánico. Numerosos estudios han encontrado una correlación entre el C orgánico y el contenido de arcilla del suelo. Los suelos arcillosos acumulan C orgánico relativamente rápido, mientras que los suelos arenosos lo hacen en mucha menos medida, incluso después de muchos años de aportación constante de residuos. Un incremento en el contenido de arcilla del suelo del 5% produce una reducción significativa de la tasa de mineralización del C orgánico.

La textura del suelo es la responsable del número y tipo de complejos órgano-minerales primarios que se forman. Son concretamente las arcillas las que forman la mayoría de complejos con el C orgánico primario, mejorando fuertemente en gran medida la agregación y la estabilidad de los agregados. Por otro lado, la importancia de la arcilla sobre el contenido de C orgánico del suelo se incrementa con la profundidad, jugando un papel mayor que las condiciones climáticas en los horizontes más profundos.

Además, los suelos arcillosos tienden a agregarse más debido a los ciclos de humedad-sequía como una función de sus propiedades minerales. Por esta razón, los suelos que tienen un alto contenido de arcilla exhiben una fuerte formación y estabilidad de los agregados y siguen los modelos clásicos de jerarquía de los mismos (Ramachandran Nair et al. 2010).

La arcilla es además un importante agente de protección física para la estabilidad biológica del C orgánico del suelo. Sus mecanismos de actuación comprenden la alteración de la conformación molecular a través de reacciones de adsorción, aislamiento de las moléculas orgánicas del ataque enzimático mediante la creación de una barrera física o encapsulado de porciones de residuos de plantas poco degradados, creando un ambiente menos propenso a la descomposición.

Los mecanismos físicos de protección interactúan con las condiciones ambientales y la duración de la exposición a condiciones óptimas para la descomposición, provocando una fuerte variabilidad espacial a lo largo de las diferentes regiones agrícolas. Cuando tal variabilidad se combina con diferencias espaciales en la productividad de los cultivos y la cantidad de residuos depositados dentro y sobre el suelo, resulta patente que el potencial de los suelos para capturar y retener C también se modificará (Baldock et al. 2012).

La implicación práctica de lo anteriormente expuesto, es que la magnitud del cambio de C orgánico del suelo inducida por las prácticas agrícolas de manejo variará según la región agrícola. Determinadas prácticas pueden ser eficientes en algunas áreas mientras que otras no. Por ejemplo, donde el almacenamiento de C derive de una fuerte dependencia de los mecanismos de protección física, es poco probable que las mismas técnicas de incremento de C orgánico sean igualmente eficaces en un suelo arenoso, franco o con un alto contenido de arcilla (Baldock et al. 2012).

Según Baldock et al. (2012), los agregados protegen físicamente la materia orgánica del suelo a través de: (1) la formación de una barrera física entre microorganismos, enzimas y sus substratos; (2) el control de las interacciones de las redes alimentarias; y (3) la influencia de la producción microbiana. En los sistemas de no laboreo se ha observado que el incremento en agregados es concomitante con el incremento de C orgánico en el suelo. Concretamente, es en los microagregados (<250 µm) donde se encuentra el C recalcitrante más antiguo.

A pesar de su bajo contenido de C, muchos horizontes del subsuelo contribuyen a más de la mitad de las reservas totales de C del suelo, por lo cual necesitan ser considerados en el ciclo global del C. Hasta fechas recientes, las propiedades y dinámica de C en los horizontes profundos han sido en gran parte ignoradas. Generalmente, este C está caracterizado por un alto tiempo de residencia medio, por encima de varios miles de años. Con pocas excepciones, la relación C/N decrece con la profundidad del suelo mientras que las relaciones de isótopos estables de C y N de la materia orgánica se incrementa, indicando que la misma, en los horizontes profundos del suelo, está altamente transformada. Por otro lado, la oclusión dentro de los agregados del suelo ha sido identificada como explicación de la gran proporción de materia orgánica preservada en el subsuelo. También uno de los factores que pueden propiciar la protección de la materia orgánica en el subsuelo es la separación espacial de la misma de los microorganismos y la actividad de las enzimas extracelulares, posiblemente relacionada con la heterogeneidad del input de C. Como resultado de estos diferentes procesos, la materia orgánica estabilizada en el subsuelo está horizontalmente estratificada. Con el fin de alcanzar un mejor entendimiento de la dinámica de la materia orgánica del suelo en profundidad, es necesario a nivel de campo información cuantitativa sobre los flujos de C resultantes procedentes de los inputs de C y los procesos de estabilización y de desestabilización (Rumpel y Kögel-Knabner, 2011).

3.5 Influencia de las prácticas agronómicas en el secuestro de carbono

Los numerosos efectos positivos de la concentración de C orgánico sobre la calidad del suelo en la zona radicular permiten un uso eficiente de los inputs agronómicos, mejorando el crecimiento y rendimiento de los cultivos. Dependiendo del tipo de suelo y de las características de los cultivos, existe un valor umbral mínimo de 15-20 g/kg de concentración de C orgánico del suelo en la zona radicular. El crecimiento y rendimiento del cultivo se reducen fuertemente cuando la concentración de C orgánico del suelo está por debajo de este nivel de umbral (Fig.3.7). La respuesta del rendimiento a la concentración de C orgánico del suelo en la zona de las raíces depende también del manejo. Ésta es generalmente mayor usando prácticas agronómicas basadas en bajos que en altos inputs externos, tales como fertilizantes, estiércol, compost, riego, etc... De hecho, el potencial de rendimiento de las variedades modernas altamente mejoradas no se puede alcanzar a menos que la calidad del suelo y las interacciones agronómicas relacionadas con éste sean óptimas. Por lo tanto, la mejora de la concentración de C orgánico del suelo por encima de este umbral es esencial para mejorar el rendimiento agronómico en suelos agotados y degradados y en regiones con baja productividad de sus cultivos (Lal, 2012). La tabla 3.1 muestra los beneficios ecológicos derivados de un buen manejo del contenido de C orgánico del suelo, respecto al suelo, el agua y el cambio climático.

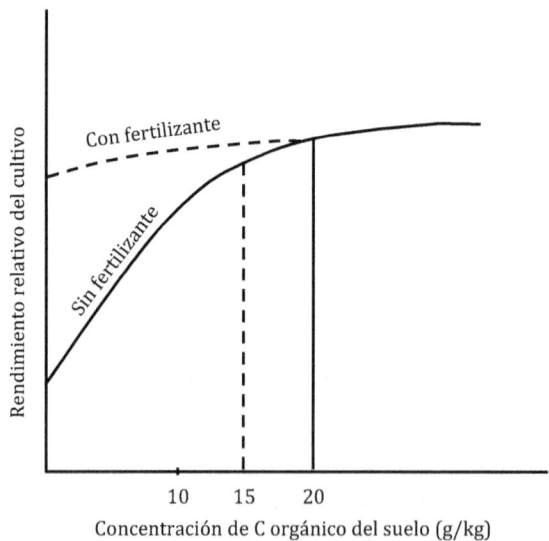

Fig.3.7 Curva de respuesta generalizada del rendimiento agronómico de los cultivos a la concentración de materia orgánica en la zona radicular (Adaptado de Lal, 2012).

Tabla 3.1 Beneficios ecológicos del manejo del contenido de carbono orgánico del suelo y su mantenimiento por encima del nivel umbral en la zona radicular (adaptado de Lal, 2014)

Suelo	Agua	Cambio climático
1. Mejora de la estructura del suelo.	1. Reducción de la escorrentía e incremento de la infiltración.	1. Secuestro de CO_2 atmosférico.
2. Incremento de la retención y disponibilidad de nutrientes.	2. Creación de un balance hidrológico favorable.	2. Oxidación de CH_4.
3. Mejora de la capacidad de agua disponible.	3. Disminución de las fuentes de polución no puntuales.	3. Disminución de las emisiones de N_2O.
4. Reducción de la susceptibilidad del suelo a la erosión.	4. Mejora de la recarga del agua subterránea.	4. Adaptación de los agrosistemas al cambio climático.
5. Disminución de los riesgos de compactación del suelo.	5. Mejora de la calidad del agua natural.	5. Incremento de la amortiguación contra los eventos climáticos extremos (sequía).
6. Mejora de las características supresoras de enfermedades.	6. Desnaturalización y absorción de contaminantes.	6. Creación de una duración favorable de la estación de crecimiento.
7. Incremento de la biodiversidad del suelo.		7. Mejora del microclima próximo a la superficie del suelo.
		8. Compensación de las emisiones antropogénicas.

La ganancia neta o pérdida de C orgánico del suelo depende fundamentalmente de la cantidad de la biomasa aérea y radicular, menos las pérdidas por la retirada de residuos, la respiración microbiana y la erosión.

El aumento del secuestro de C se produce cuando un conjunto de prácticas de manejo incrementan el almacenamiento de C en el suelo. El impacto producido por estas prácticas, tales como el sistema de laboreo, las rotaciones de cultivo o la fertilización y un mejor manejo del agua ha sido bien estudiado y difiere según el tipo de suelo, sistema de cultivo, manejo de los residuos y el clima. Por esta razón, es de gran interés el estudio del secuestro de C según las prácticas de manejo en diferentes tipos de suelo y clima (Tabla 3.2).

Se estima que el 49% del potencial máximo de secuestro de C por la agricultura puede lograrse mediante la adopción del laboreo de conservación y el manejo de residuos, el 25% por el cambio de las prácticas de cultivo, el 13% por los esfuerzos en la restauración de los suelos, el 7% a través del cambio de uso de la tierra y el 6% con una mejor gestión del agua (Lal, 2012).

Los sistemas de cultivos mejorados incluyen la rotación de cultivos, barbechos sembrados, el mulch de residuos y el cultivo de especies de leguminosas. Entre las prácticas agronómicas que generan un balance de C positivo figuran: la agricultura de no laboreo/conservación; el manejo integrado de los nutrientes, incluyendo el uso de fertilizantes químicos de liberación lenta y biofertilizantes; la conservación y manejo del agua del suelo para reducir las pérdidas por escorrentía y evaporación y aumentar su almacenamiento; y el uso de los sistemas de cultivo y agrícolas complejos, que incluyan la agrosilvicultura y los sistemas agrícolas mixtos. Algunas de estas prácticas son la base de la agricultura de conservación, que ha mostrado ser eficaz en el aumento de la productividad y el secuestro de C. Por otra parte, el hecho de que la agricultura de conservación requiera muchos menos inputs externos debería hacerla más atractiva para los agricultores (Lal, 2012). En definitiva, se trata de sustituir las prácticas agrícolas extractivas, que agotan la fertilidad del suelo y las reservas de C orgánico, por una agricultura basada en la ciencia, implicando la adopción generalizada de prácticas de manejo recomendadas (Fig. 3.8). Todas ellas, desafortunadamente, no son igual de eficientes ni de aplicación universal, debido a la extrema diversidad de tipos de suelo, condiciones climáticas y factores humanos relacionados con las consideraciones socioeconómicas y políticas. Por consiguiente, es esencial la validación específica en el lugar y la adaptación a través de la puesta a punto de prácticas de manejo recomendadas (Lal, 2012).

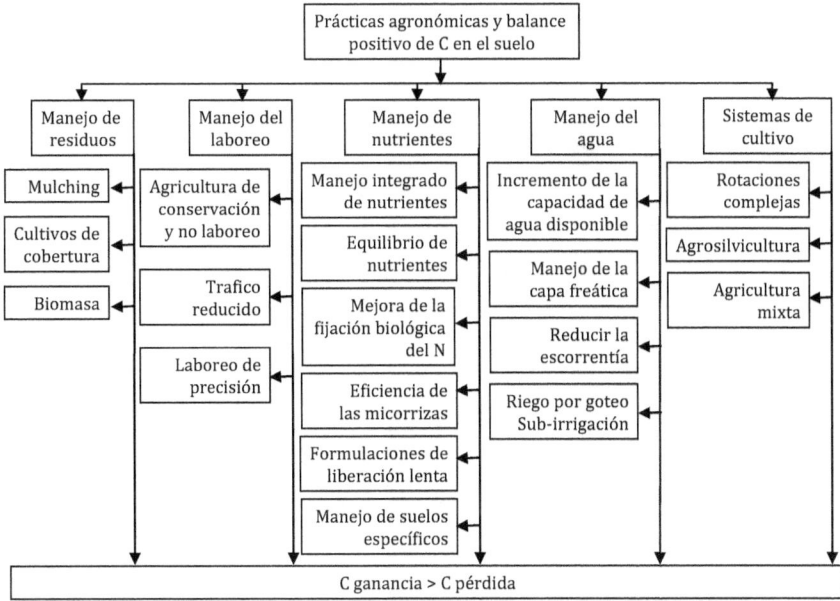

Fig. 3.8 Interacciones agronómicas que producen un balance positivo de carbono (Adaptado de Lal, 2012).

La mayoría de los inputs agronómicos, especialmente en los sistemas de manejo intensivo, se basan en el uso de combustibles fósiles. El mayor consumo se debe a las operaciones de laboreo, recolección, secado, aplicación de fertilizantes y otros productos químicos (plaguicidas) y el riego. Las prácticas agronómicas con el mayor coste de C oculto son los sistemas de laboreo y los productos químicos agrícolas. Por lo tanto, es necesario un análisis del ciclo de vida completo para determinar el balance de C del ecosistema y evaluar las ganancias netas del mismo. Estas se pueden estimar por la ecuación:

$$\text{Ganancia neta de C} = C_{input} - (C_{pérdidas} + \text{coste de C oculto})$$

Las prácticas agronómicas interactúan fuertemente con las tasas de reducción de emisiones y el secuestro de CO_2 en los suelos y la biota. Por lo tanto, la estrategia de manejo agronómico es identificar las prácticas que potencian las reservas de C del ecosistema. En consecuencia, el entendimiento de las interacciones agronómicas con el secuestro de CO_2 por el suelo es de vital importancia (Lal, 2012).

Tabla 3.2 Resumen de las principales opciones de manejo para secuestrar carbono en los suelos agrícolas (adaptado de Sanderman et al. 2010)

Manejo	C orgánico del suelo: beneficio[a]	Justificación
1 Cambios dentro de un sistema de cultivo/mixto existente		
a) Maximizar la eficiencia - Uso del agua - Uso de nutrientes	0/+	El incremento del rendimiento y la eficiencia no necesariamente implican un incremento del retorno de C al suelo.
b) Aumento de la productividad - Riego - Fertilización	0/+	Compensación potencial entre el incremento de retorno de C al suelo y el incremento de las tasas de descomposición.
c) Manejo del rastrojo - Eliminación del fuego y del pastoreo	+	Mayor retorno de C al suelo que debería incrementar las reservas de C orgánico del mismo.
d) Laboreo - Laboreo reducido	0	El laboreo reducido ha mostrado ser poco beneficioso para el de C orgánico del suelo.
- Siembra directa	0/+	La siembra directa reduce la erosión y la destrucción de la estructura del suelo, frenando así las tasas de descomposición; sin embargo la descomposición de los residuos en superficie hacen una menor contribución al reservorio de C orgánico del suelo.
e) Rotación - Eliminar el barbecho con cultivo de cobertura	+	Pérdidas continúas durante el barbecho, sin ningún nuevo input de C; los cultivos de cobertura lo mitigan.
- Incorporar parte de pastos a cultivos	+/++	Los pastos generalmente retornan más C al suelo que los cultivos.
- Cultivo de pastos	++	El cultivo de pastos incrementa el retorno de C al suelo con los beneficios de los pastos, aunque faltan estudios.
f) Materia orgánica y otras aportaciones externas	++/+++	Input directo de C, frecuentemente en una forma más estable en el suelo; estimulación adicional de la productividad de los cultivos.
2 Cambios dentro de un sistema de pastoreo existente		
a) Incremento de la productividad - Riego - Fertilización	0/+	Compensación potencial entre el incremento de retorno de C al suelo y el incremento de las tasas de descomposición.

(Continúa página siguiente)

Tabla 3.2 Resumen de las principales opciones de manejo para secuestrar carbono en los suelos agrícolas (adaptado de Sanderman et al. 2010)(*Continuación*)

Manejo	C orgánico del suelo beneficio [a]	Justificación
b) Pastoreo rotacional	+	Incremento de la productividad, inclusive la renovación de raíces e incorporación de los residuos por el pisoteo, aunque faltan evidencias de campo.
c) Cambio a especies perennes	++	Las especies pueden utilizar el agua a lo largo de todo el año e incrementar su distribución radicular bajo el suelo, aunque existen pocos estudios hasta la fecha.
3 Cambio a sistema diferente:		
a) Sistema convencional a sistema de agricultura orgánica	0/+/++	Probablemente muy variable, dependiendo de los aspectos específicos del sistema orgánico (abonado orgánico, cultivos de cobertura, etc.).
b) Cultivo a sistema de pastos	+/++	Generalmente mayor retorno de C al suelo en los sistemas de pastos; dependerá probablemente en gran medida de las características específicas del cambio.
c) Retirada de tierras y restauración de tierras degradadas	++/+++	La producción anual, menos las pérdidas naturales, es en su totalidad retornada al suelo; el uso de especies nativas da lugar frecuentemente a mayores ganancias de C.

[a] Valoración cualitativa del secuestro potencial de C orgánico del suelo de cada práctica de manejo: 0 = nula; + = baja; ++ = moderada; +++ = alta

Como promedio, según Sanderman et al. (2010), la mejora del manejo de cultivo en diferentes suelos de Australia, bien sea mediante las rotaciones, la adopción de la siembra directa o la retención de rastrojo, se traduce en un incremento de 0.2-0.3 t C/ha/año en comparación con el manejo convencional. Muchas de estas opciones de manejo, que incrementan el C orgánico del suelo tienden a aumentar también la productividad agrícola global, su rentabilidad y la sostenibilidad del agrosistema. La mejora de los pastos en Australia, incluyendo la fertilización, encalado, riego y siembra de variedades de gramíneas más productivas, en general, ha dado lugar a ganancias relativas de 0.1 a 0.3 t C/ha/año. Sin embargo, los incrementos mayores se han obtenido con la conversión de tierra de cultivo en pastos permanentes, con valores que oscilan entre 0.3-0.6 t C/ha/año respecto al uso anterior de la tierra.

En la tabla 3.3 se presenta una comparación del potencial biofísico de mitigación de GEI promedio para aquellas actividades agrícolas que incrementan el C orgánico del suelo en EEUU, siendo su gran variabilidad debida a las diferencias regionales en suelo, clima o cultivos; y/o la derivada de la incertidumbre en las medidas del C del suelo o el flujo de GEI. Esta gran variabilidad obliga a la realización del experimentos de ámbito regional a largo plazo sobre el manejo de la agricultura y los bosques, con el fin de identificar aquellas prácticas de manejo del suelo y el uso de la tierra que mejoren el secuestro de C y los servicios de los ecosistemas (Eagle y Olander, 2012).

En la actualidad, la mayoría de las investigaciones sobre los efectos de las prácticas agronómicas en el C orgánico del suelo se centran más en el cambio del C orgánico total del suelo que en su distribución en los distintos reservorios. Desde un punto de vista agronómico la fracción lábil correspondería a la materia orgánica agrícola "clásica", aquella que afecta a la fertilidad del suelo por su tasa de mineralización anual, mientras que la fracción recalcitrante o estable sería el "nuevo" concepto de C orgánico del suelo, al que debe referirse en su totalidad el secuestro y en el que se busca un beneficio ambiental para reducir los niveles de CO_2 de la atmósfera.

Para la contabilización completa del C se ha puesto de relieve la importancia de incluir todas las principales fuentes, sumideros y flujos de C en la valoración de la capacidad de mitigación del CO_2 de las diferentes prácticas agrícolas. El enfoque tan solo de un aspecto, tal como el secuestro de C del suelo, puede llevar a conclusiones incorrectas. Además del secuestro y emisiones de CO_2 se deberían contabilizar los flujos de otros GEI, tales como el N_2O y CH_4, que podrían verse también afectados por el laboreo, aplicación del N fertilizante y manejo del rastrojo fundamentalmente (Wang y Dalal, 2006).

Tabla 3.3 Mitigación potencial de gases de efecto invernadero por las actividades de manejo de tierras agrícolas en EEUU (adaptado de Eagle y Olander, 2012)

Actividad	C suelo Media (rango) (t CO_2-eq/ha/año)	Emisiones N_2O Media (rango) (t CO_2-eq/ha/año)
Conversión a no laboreo	1.22 (-0.24 – 3.22)	0.12
Conversión a laboreo de conservación	0.44 (-0.54 – 1.38)	0.18
Eliminación del barbecho de verano	0.60 (-0.22 – 1.20)	-0.03
Utilización de cultivos de cobertura en invierno	1.34 (-0.07 – 3.22)	0.12
Diversificación de rotaciones de cultivo anuales	0.00 (-1.69 – 1.66)	0.17
Inclusión de cultivos perennes en las rotaciones	0.52 (-0.01 – 1.20)	0.03
Conversión a cultivos leñosos de rotaciones cortas	2.51 (-7.34 – 13.26)	0.76
Conversión de tierras de cultivo a pastos	2.39 (0.40 – 4.18)	0.46
Retirada de tierras de cultivo o conversión a cultivos herbáceos	1.98 (-0.37 – 5.07)	0.84
Reducción de la dosis de aplicación de N fertilizante en un 15%	Sin datos	0.28 (0.03 – 0.82)
Conversión de cultivos anuales a perennes	0.67 (-0.86 – 2.00)	0.24
Restauración de humedales	6.52 (-0.96 – 9.89)	0.00
Manejo de la composición de especies en tierras de pastos	1.46 (0.18 – 3.12)	-0.86
Cambio de la fuente de N fertilizante de amonio a urea	Sin datos	0.59 (0.03 – 1.47)
Cambio de la fuente de N fertilizante a liberación lenta	Sin datos	0.12 (0.04 – 0.21)
Cambio de la localización de N fertilizante	Sin datos	0.25 (0.00 – 0.69)
Cambio de la época de aplicación de N fertilizante	Sin datos	0.18 (0.00 – 0.53)
Uso de inhibidores de la nitrificación	Sin datos	0.41 (0.02 – 1.04)

3.5.1 Influencia del método de laboreo

Históricamente, el laboreo intensivo de los suelos agrícolas ha dado lugar a importantes pérdidas de C del suelo. El laboreo de conservación es una de las mayores fuentes potenciales de mitigación de GEI dentro del sector agrícola y, junto con las reducciones asociadas en el consumo de combustibles, podría realizar una contribución inmediata y sustancial a la compensación y reducción de las emisiones de GEI.

Existe una amplia evidencia de que se puede incrementar sustancialmente el C orgánico del suelo al cambiar del laboreo convencional a métodos menos intensivos, conocidos como laboreo de conservación. Este hecho está basado en experimentos donde los cambios en el almacenamiento de C se han estimado a través de muestreos del suelo en ensayos con distintos sistemas de laboreo. El laboreo de vertedera, comparado con el no laboreo, reduce el C orgánico del suelo e incrementa la mineralización del N al incorporar los residuos de cosecha, alterando los agregados y aumentando la aireación. La vertedera es la principal causa de la oxidación del C orgánico del suelo y de su emisión como CO_2 a la atmósfera (Olson et al. 2014). En climas templados, la reducción de la intensidad del laboreo disminuye las emisiones por el consumo de combustible y aumenta el secuestro de C. Por otro lado, el C secuestrado también se incrementa con el aumento del rendimiento y el reciclado de la biomasa en zonas de alta precipitación (Zaher et al. 2013).

Las diferencias en las emisiones de CO_2 entre los sistemas de laboreo pueden no ser el único resultado de los efectos a corto plazo del laboreo, sino los efectos combinados del corto y largo plazo. Los efectos a corto plazo del laboreo son el resultado de la alteración física del suelo, que ocurre durante la labor de arado y la incorporación de los residuos de cultivo. Los efectos a largo plazo incluyen el efecto de los cambios en las propiedades físicas, químicas y biológicas del suelo después de varios años de no laboreo (Baker et al. 2007).

Sin embargo existe una fuerte necesidad de ampliar los límites ecológicos de la aplicación del laboreo de conservación a través de la investigación adaptativa y suelos específicos (Lal, 2012). La adopción de la agricultura de no laboreo ha sido lenta debido principalmente a la falta de incentivo agronómico provocado por la reducida mineralización de la materia orgánica bajo este tipo de manejo del suelo. Dado que los nutrientes tienen un valor claramente definido y directo y el C no lo tiene, el C orgánico del suelo es sacrificado para aumentar temporalmente la disponibilidad de nutrientes para los cultivos. No obstante, se trata de sólo un beneficio a corto plazo para el agricultor, siendo un perjuicio a largo plazo para la calidad del suelo, el agua y el aire. Sólo recientemente se han comprendido los beneficios a largo plazo que produce la siembra directa (no laboreo) sobre la calidad del suelo, el agua y la fauna. El no laboreo o el laboreo reducido llegarán a ser ampliamente adoptados debido a las mejoras a largo plazo que reportarán a la calidad del suelo (Kinsella, 2002 y Richards, 2002). Sin embargo, recientes estudios han puesto de manifiesto una gran variación en el potencial de almacenamiento de C orgánico del suelo con el no laboreo (López-Bellido et al. 1997; Halvorson et al. 2002; Campbell et al. 2005; Singh, 2008).

Los principales mecanismos del secuestro de C con el laboreo de conservación son el aumento de la microagregación y la localización en profundidad del C orgánico del suelo en los horizontes del subsuelo (Lal y Kimble, 1997). Aunque tanto el laboreo como los sistemas de mínimo laboreo y no laboreo pueden tener similares tasas de formación de macroagregados, se ha constatado que el nivel de microagregados dentro de los macroagregados es mayor en los sistemas de no laboreo. El no laboreo facilita a los macroagregados persistir más tiempo, reduciendo la tasa de descomposición de la materia orgánica dentro de los microagregados. Por otro lado, estudios recientes muestran que mientras la práctica del no laboreo mejora el contenido de C orgánico en la capa superficial del suelo, el laboreo de vertedera induce a un mayor contenido de C orgánico cerca de la parte inferior del horizonte arado. Por lo tanto, cuando se considera el perfil completo del suelo (0-60 cm), ambos efectos se compensan resultando estadísticamente igual la reserva de C orgánico del suelo para ambas prácticas de laboreo. Una explicación de la alta variabilidad interzonas de la influencia del no laboreo en el almacenamiento de C en el suelo, requerirá entender los impactos de éste sobre el C orgánico para diferentes suelos y condiciones climáticas (Ramachandran Nair et al. 2010).

Al comparar los efectos del manejo sobre el almacenamiento de C orgánico en el suelo, la profundidad del muestreo es determinante. Como ya se ha comentado la distribución en profundidad del C orgánico en el suelo se altera con el no laboreo en comparación con el laboreo convencional. Estos cambios en la distribución en profundidad del C orgánico debidos al uso de diferentes sistemas de laboreo sugieren la necesidad de estandarizar los protocolos de toma de muestras, debiéndose hacer al menos a la profundidad del apero de laboreo más profundo, con el fin de hacer comparaciones veraces (Franzluebbers y Steiner, 2002). Las prácticas de laboreo convencional influyen sólo en la parte superior del perfil del suelo, ocasionando que la estratificación de los residuos dependa de la profundidad del laboreo y del tipo de apero. En los pocos estudios donde el muestreo se ha realizado a profundidades mayores, el laboreo de conservación no ha mostrado ninguna acumulación consistente de C orgánico en el suelo, existiendo diferencias en la distribución del C orgánico con concentraciones más altas cerca de la superficie en el laboreo de conservación y mayores en las capas más profundas bajo el laboreo convencional. Estas diferencias de resultados pueden ser debidas a las condiciones térmicas y físicas del suelo, que afectan al crecimiento y la distribución de las raíces. Aunque las prácticas del laboreo de conservación pueden favorecer a la larga el aumento de C orgánico en el suelo, los datos publicados en este aspecto no son concluyentes. En relación a este aspecto, tal vez sea necesaria más investigación para clarificar esta cuestión, incluyendo tanto medidas de intercambio de CO_2 a largo plazo y muestreos de suelo más profundos (Baker et al. 2007).

La estratificación del C cerca de la superficie del suelo y los cambios en la densidad aparente de éste en los sistemas de laboreo reducido complican las comparaciones e interpretaciones respecto a la captura de C entre los sistemas de laboreo. Muchos estudios han analizado el C del suelo sólo a una profundidad de 30 cm o aún menos, lo que puede haber dado lugar a una cierta sobreestimación de la captura de C del suelo en los sistemas de laboreo reducido en comparación con los sistemas de laboreo convencional (Snyder et al. 2009).

Algunos investigadores aseveran que el laboreo reducido y el no laboreo disminuyen las tasas de nitrificación y desnitrificación, lo que reduce las emisiones de N_2O; mientras que otros afirman que se producen mayores emisiones de N_2O durante los primeros años del no laboreo, seguido de una disminución debida a la agregación del suelo. Por otra parte, las emisiones de CH_4 tienden a aumentar bajo el no laboreo y el laboreo reducido debido a la menor capacidad de oxidación del suelo, en comparación con el laboreo convencional. Sin embargo, otros autores afirman que no hay diferencias significativas en los flujos de CH_4 entre los diversos sistemas de laboreo; aunque las emisiones de GEI no dependen exclusivamente del sistema de laboreo adoptado. Es difícil determinar el resultado de la conversión del laboreo convencional al laboreo reducido o no laboreo sobre la base de mediciones de campo exclusivamente, siendo los modelos de simulación útiles en este sentido (Fig. 3.9). En este aspecto, los modelos de sistemas de cultivo pueden analizar los mecanismos que interactúan dando predicciones de las emisiones de las diferentes operaciones en el suelo (Zaher et al. 2013).

Una cuestión compleja asociada con el secuestro de C por el suelo en los sistemas de no laboreo son los efectos involuntarios en los flujos de N_2O y CH_4 dentro del ecosistema gestionado. Rochette et al. (2008) encontraron diferencias en la respuesta de las emisiones de N_2O entre suelos arcillosos y francos en Canadá cuando se introdujo la práctica de no laboreo. Mientras que las emisiones fueron similares en ambos tratamientos de laboreo en los suelos francos bien aireados, éstas fueron más del doble bajo el no laboreo en el suelo arcilloso. Mientras algunos grupos de investigación han reportado que no existen cambios en la intensidad del flujo de CO_2, N_2O y CH_4 entre sistemas de laboreo, otros han observado diferentes comportamientos según agrosistemas (Reicosky et al. 2012).

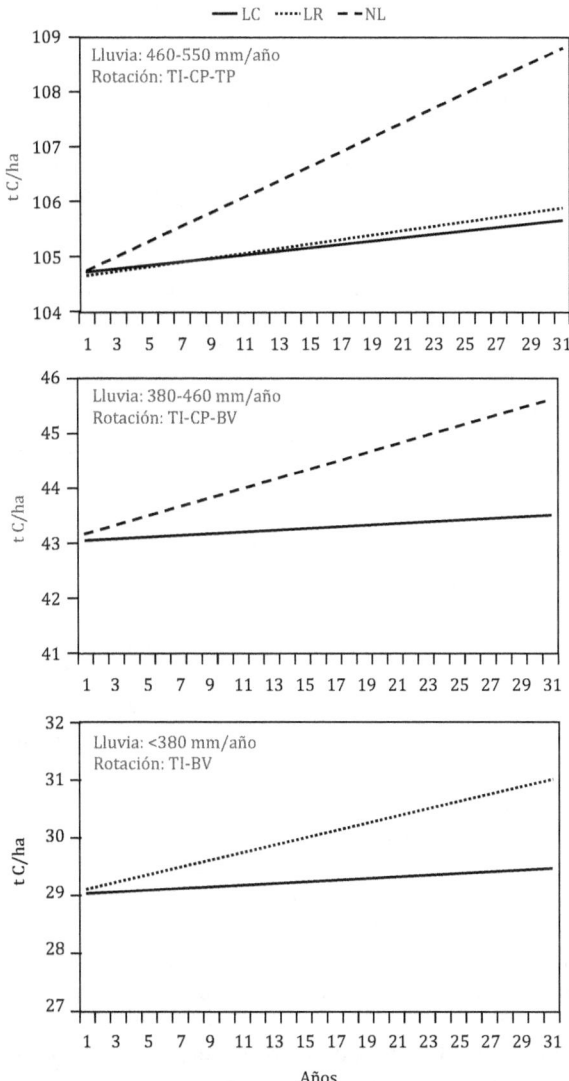

Fig. 3.9 Simulación del secuestro de C en diferentes sistemas de laboreo (LC: laboreo convencional, LR: laboreo reducido, NL: no laboreo), zonas de lluvia y diversas rotaciones de cultivo (TI: trigo de invierno, CP: cebada de primavera, TP: trigo de primavera, BV: barbecho de verano)(Adaptado de Zaher et al. 2013)

Según Zaher et al. (2013), el no laboreo (frente al laboreo convencional) aumentó el secuestro de C en el suelo en un promedio de 0.5, 0.3 y 0.2 t C/ha/año (30 años) en zonas de precipitación alta, media y baja, respectivamente. Las emisiones de N_2O contribuyeron en el 60-70% del total de emisiones equivalentes de CO_2 (CO_2-eq/ha/año) en los escenarios de alta y media precipitación y un 30-40% en el escenario de escasa precipitación. En otro experimento, la comparación de los resultados de 280 ensayos de campo, reportada por Eagle y Olander (2012), en relación con la respuesta del C del suelo al no laboreo en EEUU, registró un promedio de mitigación potencial para el no laboreo de 1.2 t CO_2-eq/ha/año (rango de -0.2 a 3.2), siendo la mitigación potencial neta de GEI debida al no laboreo de 1.5 t CO_2-eq/ha/año. Estos mismos autores, utilizando los datos procedentes de 70 campos comparativos, reportaron un secuestro potencial medio de C por el suelo de otras prácticas de laboreo de conservación de 0.4 t CO_2-eq/ha/año (rango entre -0.5 a 1.4), resultando en una mitigación potencial neta de GEI de 0.7 t CO_2-eq/ha/año. Halvorson et al. (2002) en EEUU (norte de las Great Plains) estimaron una cantidad secuestrada con no laboreo de 233 kg C/ha/año, comparada con los 25 kg C/ha/año con el mínimo laboreo y pérdidas de 141 kg C/ha/año con el laboreo convencional.

3.5.2 *Influencia del nitrógeno fertilizante y de los agroquímicos*

El uso intensivo de fertilizantes nitrogenados en la agricultura moderna está motivado por el valor económico de los altos rendimientos producidos en los cultivos. Por lo general, el N fertilizante es valorado positivamente en el secuestro de C orgánico por el suelo debido al aumento en la producción de residuos de los cultivos por encima del suelo y de la biomasa de la raíz, siendo el input resultante el residuo de C al suelo; lo cual es influenciado por la dosis, tipo, época y método de aplicación del N (López-Bellido, 1997). Sin embargo, para reducir el actual deterioro de los suelos, el enriquecimiento atmosférico por los GEI y la contaminación de las aguas subterráneas y superficiales por los nitratos, la fertilización nitrogenada debe ser gestionada mediante una evaluación específica de su disponibilidad en el suelo de cada agrosistema.

Cuando se utilizan fertilizantes para aumentar el rendimiento de los cultivos se aumenta la eficiencia de otros inputs utilizados en la producción que consumen energía no renovable o fósil. Sin embargo, como el uso de fertilizantes en sí implica el consumo de energía para su síntesis, transporte y aplicación, hay que señalar la importancia de aplicar una dosis óptima (Snyder et al. 2009).

El impacto del secuestro de C por el suelo en el ciclo del N y el uso eficiente del fertilizante por los cultivos ha recibido poca atención en el contexto del incremento de la fertilidad del suelo a largo plazo. Las consecuencias del secuestro de C pueden afectar a la disponibilidad de nutrientes esenciales a través de su inmovilización o de su interacción con los distintos tipos de inputs de C y su cantidad. El aumento de la materia orgánica estable del suelo puede llevar a la inmovilización del N y otros nutrientes tales como P, S y los micronutrientes (Horwath et al. 2002). La interacción entre los fertilizantes nitrogenados y los inputs de C (residuos) se ha demostrado en una gran variedad de condiciones de campo y de laboratorio.

Las prácticas de cultivo que favorecen el uso de nutrientes e incrementan la productividad de los cultivos en conjunto afectan la disponibilidad de N y, por lo tanto, al secuestro de C. La aportación de N procedente especialmente de estiércol del ganado y de los cultivos de cobertura de leguminosas, aumenta los rendimientos de grano y biomasa, y además incorporan sus residuos al suelo aumentando la concentración de C orgánico en el mismo. Las prácticas de laboreo de conservación también mejoran la disponibilidad de N y aumentan la concentración de C orgánico del suelo, como se ha citado en el apartado anterior. El aumento de la intensidad de cultivo y/o la rotación de cultivos producen mayor cantidad y calidad de residuos, aumentando la disponibilidad de N y por lo tanto el aumento del secuestro de C.

El beneficio del secuestro de C derivado de la aplicación de N fertilizante puede ser invalidado por las emisiones de CO_2 y N_2O asociadas con su fabricación y aplicación (Christopher y Lal, 2007). El papel positivo de la fertilización nitrogenada en el secuestro de C puede ser también contrarrestado con emisiones de N_2O si no se realiza un manejo adecuado del conjunto de los cultivos y del sistema de laboreo. Es importante considerar que si los valores de C del suelo se incrementan por la mejora de la productividad del cultivo mediante una aplicación adicional de N fertilizante, las emisiones de CO_2 durante la producción y transporte del fertilizante y el potencial aumento de las emisiones de N_2O deberán ser considerados para definir el beneficio neto asociado con el incremento de C del suelo (Baldock et al. 2012).

Numerosos estudios sugieren que la adopción del no laboreo, el uso adecuado de la fertilización, procedente tanto de fuentes orgánicas como inorgánicas, y el retorno de los residuos del cultivo al suelo aumentaría las reservas de C en las tierras agrícolas en el futuro. Deben llevarse a cabo más investigaciones para cuantificar con más precisión el potencial de secuestro de C a través de diferentes escenarios de manejo del N. Además, es necesario realizar estudios adaptativos específicos para cada zona con el fin de identificar las prácticas de manejo recomendadas que optimicen el uso eficiente del N por el suelo, al tiempo que se mejora el rendimiento del cultivo y el secuestro de C, evaluando a la vez las emisiones GEI debidas a costes ocultos.

La fertilización puede también influir en la formación y estabilidad de los agregados del suelo. En este sentido, los residuos con alta relación de C/N promueven niveles más altos de C orgánico del suelo y una mayor estabilidad de los agregados en los agrosistemas de secano (Ramachandran Nair et al. 2010).

Según estos mismos autores, en conjunto, los efectos de los fertilizantes inorgánicos sobre las plantaciones arbóreas puede ser positivos, negativos o neutros, dependiendo de numerosos factores locales (fertilidad del suelo, especies cultivadas, dosis fertilizante, estado de desarrollo de la plantación, etc.). Para dilucidar esta erraticidad se requerirían estudios a largo plazo para comprobar si la fertilización puede inducir un cambio en la dinámica del C y entender mejor los procesos implicados.

Los herbicidas pueden afectar la formación de agregados del suelo, al tener un impacto directo sobre la cantidad de materia orgánica creada e introducida en el suelo o por su efecto sobre la población microbiana. Diversos estudios sugieren que los herbicidas pueden afectar tanto positiva como negativamente a la cantidad de inputs de residuos incorporados al suelo, variando los inputs de C y la formación de agregados. También es posible que los herbicidas y pesticidas en general puedan afectar a la ecología del suelo, interrumpiendo los procesos que llevan a la formación de macroagregados. La flora y fauna del suelo son esenciales en la formación de los agregados del suelo y otros procesos, y los pesticidas y herbicidas pueden tener un impacto sobre estas comunidades modificando su composición. No obstante, existe muy poca información sobre los posibles efectos de los fitosanitarios en general sobre la agregación del suelo o el secuestro de C (Ramachandran Nair et al. 2010).

3.5.3 Influencia de las rotaciones de cultivo y del manejo de residuos

Una de las estrategias más prometedoras en la reducción y mitigación de las emisiones de GEI por la agricultura es la adopción de sistemas de cultivo diferenciados, donde los cultivos de cereal, oleaginosas y leguminosas estén bien distribuidos en secuencias bien definidas en su rotación. Sin embargo, se conoce poco sobre cómo dichos sistemas de cultivo pueden afectar a la sostenibilidad ambiental en términos de emisiones de GEI (Gan et al. 2011). Investigaciones en diferentes escenarios han puesto de manifiesto que las emisiones de CO_2 son principalmente dependientes de la rotación de cultivos adoptada.

En general, a medida que la intensidad de laboreo disminuye aumenta el secuestro de C por el suelo cuando existe una rotación continua de cultivos, pero no cuando hay una rotación trigo-barbecho. El uso continuado del barbecho (cultivo-barbecho) aún con no laboreo puede resultar en pérdidas de C orgánico del suelo.

Por otro lado, el manejo de los residuos de los cultivos es también una estrategia importante para el secuestro del C orgánico por el suelo, el control de la erosión, y la mejora de los suelos, el agua y la calidad del aire.

Los impactos del manejo de residuos a largo plazo sobre las propiedades estructurales del suelo y su relación con el C orgánico del mismo pueden variar dependiendo de la cantidad de residuos, el tipo y su calidad, las características inherentes del suelo (contenido de arcilla, drenaje, pendiente), el contenido de nitratos, la presencia y la actividad de organismos degradadores de residuos (lombrices de tierra, microorganismos y otros tipos de fauna), sistema de laboreo, y clima. Algunos estudios demuestran que las propiedades estructurales del suelo son más sensibles al sistema de laboreo que al manejo de residuos. Sin embargo, son necesarios experimentos a largo plazo diseñados específicamente para dilucidar las implicaciones del manejo de residuos sobre las propiedades físicas del suelo y su relación con los cambios en el reservorio de C orgánico del suelo derivado de estos (Blanco Canqui y Lal, 2007).

En los climas templados, las altas temperaturas y elevada humedad del suelo producirán mayor materia orgánica debido a la alta tasa de descomposición de los residuos de los cultivos; siempre que no sea limitada por las condiciones anaerobias, en suelos excesivamente húmedos. En este sentido, durante el verano y bajo el laboreo convencional, a menudo los suelos alcanzan temperaturas más altas con variaciones diurnas más grandes que en el no laboreo, propiciando una mayor descomposición de los residuos. Sin embargo, los mayores contenidos de agua se registran en el no laboreo, especialmente en la capa de 0-5 cm. Esto significa que las variables climáticas controlan parcialmente las diferencias en las emisiones de CO_2 entre el laboreo convencional y el no laboreo (Oorts et al. 2007).

3.6 Secuestro de carbono en los agrosistemas de secano

Aunque la mayoría de las investigaciones sobre la dinámica y los procesos de la materia orgánica del suelo se han llevado a cabo en las zonas templadas, varios trabajos han puesto de relieve el potencial que ofrecen las tierras áridas y las tierras degradadas para secuestrar C. La productividad agrícola en las tierras de secano no sólo está limitada por las restricciones naturales, sino también por el uso de pocos inputs como resultado de la escasez de recursos y tecnologías. Sin embargo, el agotamiento del C de este tipo de suelos agrícolas, como consecuencia de un mal uso y manejo de la tierra, se puede restablecer.

Los agrosistemas de secano tienen características particulares que pueden limitar su capacidad de secuestrar C. Estos suelos a menudo experimentan altas temperaturas, precipitaciones escasas e irregulares, mínima cobertura de nubes y bajas cantidades de residuos vegetales que actúan deficientemente como cubierta de la superficie para minimizar el impacto de la radiación. Como resultado de ello, los suelos de los agrosistemas de secano presentan, por lo general, de forma inherente, bajos contenidos de materia orgánica y nutrientes y pierden rápidamente grandes proporciones de esos bajos contenidos de C, en forma de CO_2, cuando son expuestos al laboreo y otras prácticas de cultivo convencionales. Los suelos sin cubierta vegetal y poco estructurados también son muy vulnerables a la erosión, en especial cuando los modelos de lluvia incluyen precipitaciones intensas y tormentas después de prolongados períodos de sequía. Por tanto, la clave es maximizar la captación, infiltración y almacenamiento de agua de lluvia, promoviendo aquellas condiciones que acumulen materia orgánica y aumenten la biodiversidad del suelo. Por estas razones expuestas, los agrosistemas semiáridos son particularmente propensos a la degradación del suelo y a la desertificación, habiendo perdido cantidades considerables de C. El C orgánico de la mayoría de estos suelos es menos del 1%, y en muchos casos están por debajo del 0.5%. Además, la descomposición de C del suelo también depende de su humedad, por lo que dichos suelos son menos propensos a perder C, y en consecuencia su tiempo de residencia es mucho mayor (Kachafkan et al. 2005).

Como se ha citado anteriormente, no existe mucha información sobre el secuestro de C en los agrosistemas de secano mediterráneos. Se han realizado algunos trabajos en Vertisoles, pero en condiciones climáticas diferentes, o en el mismo clima aunque bajo riego, por lo que no se pueden extrapolar los resultados obtenidos. La preocupación global por el secuestro de C y la intervención de las prácticas de manejo debe llevar implícita una evaluación y actuación a escala regional. En el caso de los Vertisoles de secano mediterráneos, se conoce que el cambio de prácticas de manejo para incrementar el secuestro de C implica un aumento de la frecuencia de cultivo, eliminación del barbecho desnudo, inclusión de leguminosas en las rotaciones, adopción del no laboreo y un mejor manejo de los residuos del cultivo. Además, otros dos factores naturales son cruciales para incrementar el C orgánico en estos agrosistemas: largos periodos sin emisiones de CO_2 por el suelo debido a la estación seca de este clima y el aislamiento en profundidad de los residuos como consecuencia de de su desplazamiento a través de las grietas (López-Bellido et al. 2010). Asimismo en los sistemas áridos y semiáridos, la fotodegradación de los residuos en superficie también juega un papel importante en su descomposición microbiana, su mineralización y en las emisiones de CO_2 derivadas de estos procesos (Austín y Vivanco, 2006).

Los resultados obtenidos por López-Bellido et al. (2010) después de 20 años de estudio son realmente esperanzadores para estos agroecosistemas, ya que su potencialidad de secuestro de C es muy alta. El no laboreo es la técnica que más afecta al secuestro de C; con niveles medios de secuestro en 20 años de 22 t/ha frente a 14 t/ha del laboreo convencional (equivalente a una tasa media anual de secuestro de 1.3 y 0.9 t/ha/año, respectivamente). La rotación también afecta al secuestro de C, siendo su efecto mayor cuando se analiza en el laboreo convencional. En el no laboreo se incrementó en el mismo tiempo 25 t/ha en la rotación trigo-habas y 22 t/ha en la rotación trigo-girasol. Estos resultados no sólo conllevan a un mayor secuestro de C en las rotaciones con leguminosas sino que la aplicación de N fertilizante será menor, produciéndose una reducción significativa de emisiones de CO_2 debidas a la fabricación, transporte y aplicación del fertilizante.

El clima, como ya se ha dicho, es un factor clave en el secuestro de C de los suelos. Es revelador comparar estos valores de secuestro de C procedentes de una región donde hay una limitación en la captura de C por la falta de agua, pero al mismo tiempo existe un periodo tan seco que impide cualquier pérdida de C por respiración microbiana, con un bosque tropical; el cual secuestra tan solo 50 t/ha en el suelo en un período similar (20-25 años) según Dumanski y Lal (2004). Este último ecosistema corresponde a un bosque de producción de madera, y por tanto también existe un secuestro aéreo que no se produce en los agroecosistemas basados en cultivos herbáceos. Por consiguiente, no puede decirse que el secuestro de C de los Vertisoles mediterráneos de secano sea despreciable. La cuestión que surge al comparar dos ecosistemas tan diferentes es cómo son los tiempos de residencia medios del C del suelo y cómo responde éste ante una reducción de los inputs de C. Algunos estudios han señalado que en climas secos, como el mediterráneo, la posibilidad de secuestro de C está muy limitada, lo cual está en contradicción con los resultados obtenidos por López-Bellido et al. (2010). También se ha postulado que el tiempo de residencia del C en estos climas debería ser mayor, aunque esta aseveración no se ha podido aún demostrar.

Uno de los hechos más sorprendentes de los Vertisoles de secano mediterráneos es que la dosis de N fertilizante aplicada no afecta al secuestro de C, a pesar del incremento de la producción de biomasa que produce (López-Bellido et al. 2010). Se ha señalado que, dependiendo del clima y el tipo de suelo, el N fertilizante puede o no incrementar el secuestro de C, dada su influencia en promover la descomposición de los residuos.

El C de los suelos agrícolas mediterráneos se ha ido perdiendo desde que la actividad agrícola se inició en los mismos. La adopción de determinadas prácticas podría llevar a un incremento del C orgánico de dichos suelos. Sin embargo, esta cuestión es muy poco conocida en los Vertisoles; se requeriría mucho tiempo para volver a unos niveles pre-agrícolas o a un equilibrio intrínseco del suelo en el que ya no acepte más C; aspecto este último no demostrado en los Vertisoles mediterráneos. En este sentido, los resultados obtenidos por López-Bellido et al. (2010) muestran que después de 20 años el secuestro de C ha sido mayor en profundidad (60–90 cm) que en superficie. A partir de estos resultados se puede pronosticar que en 5–10 años la cantidad de C será la misma en superficie y en profundidad. Este aumento del secuestro de C en profundidad sólo puede ser producido por la capacidad que tienen estos suelos de "enterrar" los residuos a gran profundidad debido a la formación de grietas de gran tamaño, aislándolos de cualquier posibilidad de degradación.

No existen apenas trabajos en los Vertisoles de secano mediterráneos sobre la variación del tiempo de residencia según las prácticas agrícolas, usando técnicas isotópicas de marcado. El único trabajo que aborda parcialmente esta cuestión es el de Dalal et al. (2011), que estudiaron los niveles de ^{13}C pero sin analizar el tiempo de residencia y sin marcar el suelo con este isótopo. Además, estos autores estudiaron el suelo sólo hasta 30 cm de profundidad, lo cual es del todo insuficiente para estudios relacionados con el secuestro de C. Tampoco existe ningún trabajo donde se haya investigado los diferentes tipos de reservorios de C de este tipo de suelos.

Hay que señalar, finalmente, que la evaluación del potencial de los suelos agrícolas para capturar CO_2 atmosférico requiere de ensayos de campo de larga duración, que permitan analizar la evolución de la materia orgánica del suelo. Contar con experimentos de este tipo resulta de especial interés en los ambientes de secano mediterráneo, dado el escaso contenido de materia orgánica de sus suelos y las bajas tasas de incremento de C en los mismos con las actuales técnicas de cultivo (López Bellido et al. 2010).

3.7 Secuestro de carbono en las plantaciones arbóreas

La biomasa de los sistemas arbóreos con un largo tiempo de permanencia media, como los bosques, tiene dos componentes distintos pero relacionados: la biomasa aérea y la biomasa subterránea. La biomasa por encima del suelo puede ser viva o material de residuos. Los fotosintatos transferidos en profundidad al subsuelo a través de un sistema radicular pivotante tienen un largo tiempo de residencia medio. Los sistemas agroforestales, donde se combinan los cultivos y la cría de ganado junto con especies arbóreas, pueden mejorar la reserva de C del ecosistema mediante el aumento del C de la biomasa y los componentes del suelo (Lal, 2012). El secuestro potencial de C en los sistemas agroforestales parece ser especialmente significativo en el suelo, sobre todo por debajo de los 50 cm del mismo. El impacto de los sistemas arbóreos en el secuestro de C del suelo depende en gran medida de la cantidad y calidad de los inputs de biomasa suministrados por los árboles y componentes no arbóreos del sistema y de las propiedades de los suelos, tales como su estructura y sus agregados (Ramachandran Nair et al. 2010).

La cantidad total de C secuestrado, tanto por encima como en el interior del suelo, depende de numerosos factores, incluida la región, el tipo de sistema, la naturaleza de los componentes y la edad de las plantas perennes. Como promedio, el suelo y la parte aérea contienen, aproximadamente, el 60% y 30%, respectivamente, del C total almacenado en los sistema de uso de la tierra basado en árboles (Lal, 2008). Los árboles incorporan un mayor almacenamiento neto de C por encima y por debajo del suelo que los cultivos herbáceos y los pastos, y por tanto tienen en general un mayor potencial de secuestro de C que estos.

Estudios recientes han constatado que los sistemas agrícolas basados en árboles, comparados con los sistemas sin árboles, almacenan más C en las capas más profundas del suelo cerca del árbol que lejos de éste. Contenidos más altos de C orgánico del suelo están asociados con una mayor riqueza de especies y la densidad de árboles. También los árboles contribuyen con más C en los suelos que tienen partículas menores de 53 µm de diámetro (limo + arcilla), produciendo un C más estable.

Los estudios de cronosecuencia realizados para evaluar los cambios de C han sido pocos y no bien estandarizados. Dado que estos cambios en la reserva de C son improbables que sean lineales a lo largo del tiempo, la comprensión de la naturaleza de la curva de almacenamiento de C en el tiempo es vital para conocer los períodos en los que más C se secuestra. Además es difícil conocer si el tiempo de residencia de C que es secuestrado inicialmente en este tipo de sistemas difiere del C que es secuestrado más tarde, o si los ciclos del C inicial y del C más tardío son los mismos. Hay un gran número de cuestiones que necesitan ser respondidas para valorar de forma realista el impacto de los árboles y otras prácticas de manejo en el secuestro de C.

Ramachandran Nair et al. (2010) han sintetizado algunas de las principales conclusiones de los estudios realizados en los sistemas arbóreos: (1) la cantidad de C almacenado en los suelos depende de la calidad de éste, especialmente del contenido de limo + arcilla; (2) los sistemas arbóreos, comparados con los sistemas agrícolas no arbóreos, almacenan más C en los horizontes más profundos del suelo en condiciones comparables; (3) los sistemas arbóreos de larga duración almacenan una cantidad similar o mayor de C orgánico en las capas superiores del suelo en comparación con los bosques naturales; (4) los contenidos más altos de C orgánico del suelo están asociados con una mayor densidad de árboles; (5) el suelo cerca del árbol almacena más C, en comparación con el que está lejos de éste; y (6) los árboles C3 contribuyen con más C en las fracciones de suelo de los tamaños del limo+arcilla (< 53 µm) que las plantas C4 en los perfiles de suelo más profundos.

3.8 Secuestro de carbono en las tierras de pastos

La extensa área global de tierras dedicadas a pastos tienen un alto potencial para secuestrar C orgánico en el suelo, producir proteína animal y suministrar importantes servicios ambientales a través de los recursos de tierra y clima existentes a lo largo del mundo. La tasa de secuestro de C orgánico del suelo de las tierras de pastos a escala mundial varía entre 0.2 – 0.6 t C/ha/año (Follet, 2012). Sin embargo, cada región presenta unas características únicas que afectan de diferente modo a la tasa de secuestro de C orgánico, además de poseer una distinta forma de respuesta potencial al manejo. Según Lal (2004), el potencial de secuestro de C orgánico por el suelo de las tierras de pastos a escala mundial puede alcanzar valores próximos a 8.2 Pg C en un período de 40 años. La cuestión es si este C permanecerá almacenado, por cuanto tiempo y si se puede incrementar su capacidad de secuestro a través de una mejora del manejo.

Las consideraciones claves para el secuestro de C orgánico por el suelo en las tierras de pastos y su posterior retención serían: (1) el C por encima del suelo es un componente menor del total de C almacenado por el ecosistema, y el tiempo medio de residencia de este reservorio de C es tan sólo de unos pocos años; por tanto las variaciones anuales en la biomasa por encima del suelo afectan mínimamente al almacenamiento de C; (2) el C orgánico del suelo es más recalcitrante y mejor protegido de las perturbaciones naturales menores, y dentro de éste el C orgánico resistente y los carbonatos del suelo son menos sensibles mientras que la biomasa microbiana y partículas o fracciones ligeras de C orgánico son más susceptibles a la degradación debido al manejo o cambio de uso de la tierra; (3) las principales rutas de inputs de C orgánico del suelo son a través de la descomposición de la biomasa radicular, deposición en superficie de las heces de animales y residuos procedentes de la vegetación por encima del suelo; y (4) la protección de las tierras de pastos requieren evitar grandes perturbaciones en el reservorio de C orgánico del suelo, tales como desnudar la superficie con el sobrepastoreo, la erosión por el viento, el agua y el laboreo. Estos últimos efectos ocurren naturalmente bajo condiciones de clima extremo, o a través de decisiones de manejo, causando un bajo vigor en la comunidad de plantas.

Según Follett (2012), los factores de manejo más importantes que controlan el destino de C orgánico del suelo en las tierras de pastos son: (1) cambios a largo plazo en la producción y calidad de la biomasa aérea y subterránea, la cual puede alterar la cantidad de N disponible y las relaciones C/N de la materia orgánica del suelo; y (2) efectos inducidos del pastoreo sobre la composición de la vegetación, impactando directamente en su intensidad.

3.9 Métodos para determinar el carbono orgánico y el secuestro de carbono del suelo

La metodología para la adecuada medición directa de los cambios de C orgánico del suelo debe incluir muchos puntos críticos, tales como la selección de la zona de muestreo, la profundidad de éste, la medición de la densidad aparente del suelo y el tratamiento y análisis de la muestra.

El contenido de C orgánico en los suelos se determinan a partir de dos variables: la concentración de C orgánico del suelo y la densidad aparente del mismo. Una medición precisa de las tasas de secuestro de C por el suelo en el tiempo, basada en diseños estándar de medidas repetidas, hace necesaria la estimación de ambas variables cada vez. Por otro lado, si se utiliza una profundidad especifica de medición será necesario ajustar los cálculos de masas equivalentes si la densidad aparente varía a través del tiempo (Don et al. 2007 y Mckenzie et al. 2008).

La concentración de C orgánico en una muestra de suelo se puede determinar por diferentes métodos, siendo por lo general la combustión seca el más utilizado. Más recientemente se está utilizando el analizador elemental de C orgánico total (TOC) por combustión catalítica. Otros métodos analíticos avanzados también suelen usarse, como es el caso de la espectroscopía de infrarrojo cercano (NIRS). Se está intentando igualmente medir el C orgánico del suelo *in situ* con las técnicas de Laser Induced Breakdown Spectroscopy (LIBS) e Inelastic Neutron Scattering (INS).

En muchos suelos, la determinación exacta y precisa de la densidad aparente es extremadamente difícil y consume mucho tiempo debido a la naturaleza heterogénea de la textura, estructura, compactación y la pedregosidad. El método de medición más común consiste en la introducción con pequeños anillos de acero de volumen conocido en el área de suelo a muestrear. En los suelos pedregosos, este método llega a ser un procedimiento impracticable y los investigadores suelen utilizar o bien el método de reemplazamiento de agua o, si el suelo está bien agregado, retirar y analizar terrones intactos. Recientemente se ha comenzado a ensayar el posible uso de sondas de atenuación de rayos gamma, comúnmente utilizadas en aplicaciones geotécnicas por su eficiencia en una amplia gama de suelos naturales.

Si bien la definición de la materia orgánica del suelo, en sentido estricto, incluye el material vegetal vivo, en la práctica una fracción significativa de las raíces vivas y muertas generalmente se excluyen de las muestras antes de la determinación del C, debido a que los análisis se realizan normalmente con la fracción < 2 mm. Sin embargo, la cantidad de esfuerzo de laboratorio para incluir o excluir a las raíces varía significativamente entre estudios, introduciendo otra fuente de incertidumbre en la comparación de las estimaciones de C. Desafortunadamente, muy pocos estudios son claros respecto a cual es exactamente la fracción de la materia orgánica de los suelos que se está incluyendo en su definición metodológica específica de "materia orgánica del suelo".

Otro aspecto de gran importancia a tener en cuenta a la hora de estimar el secuestro de C del suelo es la falta de uniformidad y estandarización en la profundidad de la toma de muestras. Como se ha expuesto anteriormente, muchos estudios se limitan a la superficie arable del suelo (20 ó 30 cm de profundidad). La importancia de los muestreos de suelo a mayor profundidad es muy relevante para determinados suelos cultivados con especies herbáceas y vital en estudios de sistemas arbóreos; no sólo debido a que las raíces de los árboles se extienden a horizontes de suelo más profundos, sino también debido al gran papel del subsuelo en la estabilización a largo plazo del C (Ramachandran Nair e tal. 2010).

Además de la materia orgánica, la biomasa del suelo es un gran reservorio de C, aunque éste es difícil de medir. La relación raíz/parte aérea es por esta razón comúnmente utilizada para estimar la biomasa subterránea. Sin embargo, los ratios difieren considerablemente entre especies arbóreas y en las diferentes regiones ecológicas y de cultivo. Estas dificultades plantean un serio problema a la hora de conocer el secuestro de C bajo la superficie del suelo en la biomasa viva.

Olson et al. (2014) han señalado la importancia de comparar las muestras actuales e iniciales del suelo para evaluar el secuestro de C orgánico y la evolución en las existencias de éste en el suelo a lo largo de todo el perfil, y no limitarlas a la profundidad del horizonte superficial.

Otro factor problemático derivado de los resultados de la investigación sobre el secuestro de C se refiere a la naturaleza general de la definición de secuestro de C orgánico por el suelo; la cual no tiene en cuenta la carga de C orgánico del suelo por transporte de sedimentos ricos en C (por ejemplo, la erosión y traslado de elementos desde fuera de la unidad de tierra) y los aportes de materiales orgánicos (por ejemplo, estiércol o residuos externos), considerados erróneamente como secuestro de C. La aportación de enmiendas ricas en C orgánico procedentes de una fuente externa a una unidad de tierra crea una serie de problemas. Existe la percepción por parte de algunos investigadores que la aplicación de estiércol o de otra fuente de C del exterior, o de fuera de las fuentes de la unidad de tierra, puede ser considerada como captura de C. Este supuesto no es correcto, ya que viola la propia definición de secuestro de C orgánico por el suelo. Este mismo argumento es aplicable al uso del biochar y otras enmiendas ricas en C. El CO_2 no atmosférico se convierte y se almacena como resultado de la transferencia de la enmienda, pero no ayuda a reducir el calentamiento global que es la esencia de la captura o secuestro de C. Estos casos ilustran la necesidad de especificar los límites de la unidad de la tierra e identificar el origen de las fuentes de C orgánico del suelo para poder medir con precisión el cambio en su contenido derivado del CO_2 atmosférico en dicha unidad. La introducción de límites en las unidades de tierra, en la definición de secuestro de C orgánico por el suelo, evita la sobreestimación o la subestimación del C orgánico secuestrado en el suelo delimitado. Aunque se ha de tener en cuenta que el uso de abonos orgánicos, como el estiércol animal y el biochar son una fuente valiosa para la mejora de la materia orgánica del suelo y la reserva de nutrientes esenciales para el mantenimiento de la productividad y la salud de éste (Olson et al. 2014).

Asimismo, se requiere información fidedigna sobre los flujos y reservas de C orgánico del suelo a diferentes escalas temporales y espaciales, para que puedan ser usados como base de la elección de los mejores prácticas de manejo. Las estimaciones de las reservas y los flujos de C orgánico del suelo pueden variar significativamente en el espacio geográfico y en el tiempo. Por esta razón, son necesarias para su cuantificación altas resoluciones espaciales y temporales, en respuesta al uso y manejo de la tierra, como una herramienta de apoyo a las decisiones relacionadas con el cumplimento de los acuerdos relativos a las medidas a adoptar sobre el cambio climático y los créditos de comercio de C. Sin embargo, no existen métodos estandarizados para la aplicación de los datos procedentes de una fuente puntual a nivel regional, nacional o global; y tampoco hay procedimientos estandarizados para cuantificar las incertidumbres asociadas a estas estimaciones. Por lo tanto, las estimaciones regionales para las reservas y los flujos de C orgánico del suelo pueden variar en función del procedimiento de escala y la variable específica que se utilice. Algunos de los impedimentos para el desarrollo de un enfoque estandarizado del secuestro del C orgánico del suelo a escala global es la falta de un diseño experimental uniforme o de un enfoque que incluya parámetros esenciales, tales como: la determinación de la concentración de C orgánico del suelo usando el mismo método de análisis, profundidad del suelo estandarizada (que debe extenderse por debajo de los 30 cm superiores), medidas reales de la densidad aparente para cada profundidad y para los diferentes sistemas de laboreo, la línea base de pretratamiento y los sistemas de cultivo similares (Olson et al. 2014).

Los métodos y procedimientos experimentales de campo deben ser seleccionados cuidadosamente para medir, monitorizar y evaluar los inputs internos y externos de C. La cantidad de C orgánico perdido procedente de las reservas del suelo deben tenerse en cuenta antes y durante el tiempo de aplicación de los tratamientos en un experimento, con el objetivo de determinar el cambio en el almacenamiento neto de C orgánico en un sistema altamente dinámico y variable (Olson et al., 2014).

Los componentes del C orgánico del suelo, como ya se ha citado, puede ser divididos en diferentes fracciones o reservorios. Algunos de los componentes de C presentes en el suelo, tales como los hidratos de carbono, son considerados lábiles, al ser fácilmente degradables por los microorganismos cuando no están protegidos por procesos físicos o químicos. Los compuestos químicamente más recalcitrantes se acumulan en el suelo como materia orgánica descompuesta y estable. La cantidad relativa de materiales recalcitrantes y lábiles, y el grado en que estos compuestos orgánicos están protegidos de los procesos de descomposición y mineralización determinan la degradabilidad de la materia orgánica del suelo y las emisiones de CO_2 (Rovira y Vallejo, 2000).

En la actualidad se están usando una variedad de métodos para caracterizar la degradabilidad del C orgánico del suelo, que incluyen técnicas químicas, biológicas y físicas. La separación del C orgánico del suelo en diferentes reservorios puede ser útil en la identificación y el entendimiento de las diferencias en su estructura, función y biodisponibilidad. Este tipo de análisis permite la cuantificación de la fracción lábil, la cual responde más rápidamente a los cambios ambientales y es un indicador de la calidad del C orgánico del suelo.

Con independencia de las diferencias entre los métodos, lo más simple, es un fraccionamiento que divida el C orgánico del suelo en los dos principales grupos o reservorios citados: un reservorio lábil, fuertemente influenciado por las variaciones de los factores ambientales en períodos cortos; y un reservorio estable o recalcitrante, el cual es particularmente relevante para la función del suelo como sumidero terrestre a largo plazo en el ciclo global del C (Kleber y Jonhson, 2010).

Entre los métodos químicos utilizados para caracterizar los reservorios de C en los suelos está la hidrólisis ácida, que permite distinguir entre las fracciones de C resistentes y activas. El procedimiento más ampliamente adoptado es el de reflujo del suelo en HCL 6M. Esta técnica permite cuantificar el tamaño del reservorio de C orgánico recalcitrante del suelo. La fracción hidrolizable está compuesta en gran parte por proteínas, ácidos nucleicos y polisacáridos, y algún grupo carboxilo; mientras que los residuos no hidrolizables contienen principalmente lignina y otros compuestos relacionados, junto con grasas, ceras, resinas y suberinas. Alrededor del 90% del peso de los hidratos de carbono pueden potencialmente ser eliminados después del tratamiento con CLH 6M, sin cambios significativos en los grupos alifáticos, aromáticos y restantes grupos carboxilo. Usando la técnica de datación con radiocarbono se ha demostrado que la fracción resistente a la hidrólisis es más antigua que la fracción hidrolizable (Rovira y Vallejo, 2000 y 2002).

El C tiene tres isótopos naturales (^{12}C, ^{13}C, y ^{14}C). El ^{12}C y ^{13}C son isótopos estables, mientras que el ^{14}C es radiactivo. La abundancia natural de los mismos en el cómputo total de C de la tierra (aire, suelo, planta, etc.) son 98.89% de ^{12}C, 1.11% de ^{13}C y $<1-10^{-10}$% del ^{14}C (Boutton, 1991 y Goh, 1991). La proporción entre los dos isótopos estables del C, ^{13}C y ^{12}C, en materiales biológicos y otros tipos de materiales puede expresarse en partes por mil o delta ^{13}C ($\delta^{13}C$), el cual se calcula en base a un estándar internacional PDB (Internacional Vienna Pee Dee Belemnite). La fórmula para su cálculo es la siguiente:

$$\delta^{13}C(‰)=\left(\frac{R_{muestra}}{R_{estandar}}-1\right)\times10^{3},$$

donde, R es la proporción $^{13}C/^{12}C$ de la muestra orgánica o el estándar PDB, cuyo valor es 0.0112372. El $\delta^{13}C$ varía considerablemente entre cultivos dependiendo si poseen la ruta fotosintética C3 o C4, y en menor grado por otros factores como los ambientales y/o de manejo. Las plantas C3 incorporan el C del CO_2 atmosférico en compuestos de tres carbonos y tienen un $\delta^{13}C$ que varía de –22 a –38‰ (media de –27‰); mientras que las plantas C4 incorporan el C en compuestos de cuatro C y tienen un $\delta^{13}C$ de –9 a –21‰ (media de –13‰); las plantas CAM muestran valores de $\delta^{13}C$ intermedios (media de –17‰). Estas diferencias son debidas a que las plantas C3 discriminan fuertemente el $^{13}CO_2$ durante la fotosíntesis, haciendo que el cociente $^{13}C/^{12}C$ de su biomasa sea menor en relación a las plantas C4, que no lo discriminan tanto. Las diferencias isotópicas de los tejidos de las plantas C3 y C4 se reflejan posteriormente en el suelo en el que son cultivadas con unos valores medios de $\delta^{13}C$ de –25 y –15‰, respectivamente (Werth y Kuzyakov, 2010).

Los valores de $\delta^{13}C$ de la materia orgánica del suelo (que se determinan mediante espectrometría de masas) reflejan la historia y la naturaleza de los materiales orgánicos que han sido introducidos en el sistema suelo, con sólo pequeños cambios. La composición isotópica del C orgánico del suelo refleja el tipo de vegetación de la que deriva. Si en un suelo se han desarrollado plantas C3 y posteriormente se introduce una C4, la proporción $^{13}C/^{12}C$ del C orgánico aumentará por la contribución de la planta C4. Por consiguiente, la introducción de un cultivo con una ruta fotosintética diferente a la habitual suministra una etiqueta isotópica del nuevo input de C. Las técnicas isotópicas del C estable (basadas en $^{13}C/^{12}C$) proporcionan un método de gran precisión para seguir el rastro del C en los distintos reservorios, habiendo sido utilizadas con éxito en muchos estudios sobre la dinámica del C en el suelo (Werth y Kuzyakov, 2010).

Para estudiar el tiempo de residencia del C a largo plazo se requiere, por tanto, realizar un marcado natural de ^{13}C con una especie C4 y separar las proporciones del C del suelo en las fracciones recalcitrante y lábil (hidrólisis ácida). El cálculo del tiempo medio de residencia requiere la aplicación de diferentes ecuaciones, que tienen en cuenta el nuevo C incorporado mediante el marcado natural de ^{13}C con la planta C4 y su contribución al C orgánico total y a las dos fracciones obtenidas por hidrólisis ácida. Su desarrollo matemático puede consultarse en Balesdent y Mariotti (1996), Agren y Bosatta (1998), Dignac et al. (2005), Heim y Schmidt (2006), Cheng et al. (2007) y Derrien y Amelung (2011).

El marcado natural es muy útil cuando se trata de trabajos a largo plazo en campo y en donde se pretende estudiar la dinámica de reservorios más o menos recalcitrantes, frente a los estudios de marcado artificial del material vegetal que se centran en el estudio de reservorios muy lábiles como la comunidad microbiana y el C soluble en agua.

La combinación de las técnicas de fraccionamiento de la materia orgánica del suelo con las de abundancia natural de ^{13}C ofrece un convincente enfoque para estudiar los pequeños cambios en el contenido de C que podrían ser significativos a más largo plazo, pero que no pueden ser detectados por los métodos convencionales.

También la datación con carbono 14 (^{14}C) puede ser usada para determinar la edad de la materia orgánica del suelo. Cuando una planta incorpora C procedente de CO_2 de la atmósfera, lo toma en una cantidad proporcional a la cantidad de ^{14}C existente en la atmósfera. Sin embargo, una vez que el organismo muere, la cantidad de ^{14}C decrecerá lentamente a una tasa fija (período de semidesintegración) debido a la desintegración radioactiva de este isótopo.

3.10 Uso de modelos para la estimación de la dinámica y el secuestro de carbono en los suelos de los agrosistemas

Los suelos, el clima y las prácticas de cultivo varían en el espacio y en el tiempo, creando una combinación casi infinita de factores que interactúan e influyen en la dinámica y secuestro de C por los suelos. Por lo tanto, la cuantificación del secuestro de C por el suelo bajo condiciones variables y cambiantes es muy complicada (Jones et al. 2005).

Los "modelos de materia orgánica del suelo" o "modelos del agroecosistema", suponen un intento de comprensión conceptual y cuantitativa de los mecanismos que regulan las transformaciones de C en el suelo. Cuando han sido bien planteados y calibrados, los modelos de simulación han sido capaces de describir las tendencias históricas en la dinámica de la materia orgánica del suelo observada en experimentos a largo plazo en todo el mundo. Los modelos de simulación desempeñan un papel clave en la comprensión y la predicción del secuestro de C por el suelo a escala regional. En la actualidad, existen numerosos modelos de suelo y de agroecosistemas capaces de describir la dinámica del C orgánico del suelo en respuesta a la variación del clima, del suelo y de las condiciones de manejo (Izaurralde, 2005).

Una vez que los modelos han sido adaptados para una región, pueden ser utilizados de forma eficaz para predecir los cambios en el secuestro de C en las condiciones climáticas y para las prácticas de manejo comúnmente usadas a un coste más bajo que la investigación empírica. Sin embargo, las predicciones de los modelos son inciertas incluso si los inputs son correctos. La variabilidad espacial y temporal de los inputs se suma a las incertidumbres descritas anteriormente, obteniéndose una acumulación y propagación de los errores de predicción en el espacio y el tiempo. Las mediciones directas de C también son inciertas, además de costosas, y los errores pueden ser de mayor magnitud que los cambios anuales en el C orgánico del suelo. Por lo tanto, se pueden obtener estimaciones más precisas del C orgánico del suelo mediante la combinación de mediciones con las predicciones de los modelos.

Una serie de modelos basados en procesos se han desarrollado en las dos últimas décadas y se encuentran disponibles. Modelos ya experimentados, tales como RothC, CANDY, DNDC, CENTURY, DAISY y NCSOIL, pueden ser particularmente útiles no sólo para la comprensión de las interacciones entre las variables biofísicas y de manejo, sino también para la proyección del secuestro de C del suelo en grandes áreas. La FAO ha desarrollado un modelo en colaboración con la Universidad de Trent (Canadá), como un marco metodológico para la evaluación de las reservas de C y la predicción de distintos escenarios de secuestro de C, que une modelos de simulación de C orgánico del suelo (particularmente CENTURY y RothC–26.3) con los sistemas de información geográfica y procedimientos de medición de campo (FAO, 2004).

El modelo DSSAT – CENTURY permite simular los cambios en el C orgánico del suelo, y se puede combinar con mediciones *in situ* para mejorar las estimaciones del secuestro de C. Este modelo se ha testado con una gran variedad de ensayos de campo de larga duración y también se ha utilizado en una amplia diversidad de zonas climáticas, incluyendo regiones de clima árido. Sin embargo, son pocos los estudios que poseen información suficientemente precisa y completa; en particular en las regiones de secano, necesaria para una adecuada modelización, donde este tipo de estudios son escasos.

El National Carbon Accounting System (Australia) es una versión modificada del modelo RothC con el fin de simular la dinámica de las diferentes fracciones: C orgánico asociado con partículas >50μm; C orgánico (humus) asociado con partículas <50μm; y C orgánico resistente, encontrado en los suelos (<2mm). Este modelo permite el uso de datos medidos de las cantidades de C orgánico del suelo y sus fracciones en vez de valores estimados como se utilizan en otros modelos de C orgánico del suelo basados en los reservorios conceptuales de C (Baldock et al. 2012). Los modelos conceptuales de dinámica de C en el suelo distinguen entre 2 y 5 reservorios. Parton et al. (1987) desarrollaron un modelo para separar los reservorios de C en función del tiempo de residencia, en: metabólico (0.1–1 año), estructural de la planta (1–5 años), activo (1–5 años), lento (20–40 años) y pasivo (200–1500 años).

Aunque los modelos nos ayudan a comprender sistemas complejos, el problema que presentan en muchos casos es su incapacidad de representar la situación real del suelo por la falta de información analítica de las propiedades físicas y químicas del C orgánico del mismo.

En un futuro, cuando la agricultura de los diferentes países o regiones participen en los sistemas de comercio de C, no serán suficientemente fiables las simples medidas directas o predicciones del cambio de las reservas de C o de las emisiones netas de GEI. La incertidumbre asociada a estos valores requerirá que la aplicación de las medidas tecnológicas y de comercio de C se asocien a modelos de predicción, y la variabilidad espacial se relacione con las principales variables para obtener los datos necesarios, tales como el contenido de C del suelo y la densidad aparente del mismo, en el caso de los reservorios de C del suelo (Baldock et al. 2012).

Existe un permanente debate sobre si el enfoque adecuado debería ser "midiendo" o "modelizando". Sin embargo, ambos procedimientos serán necesarios, y con una coordinación apropiada, las dos aproximaciones pueden ser utilizadas para informar y mejorar el valor de la otra.

3.11 Economía del secuestro de carbono

Los objetivos inicialmente establecidos para la reducción de los GEI fueron consensuados como se ha citado en el capítulo 1, en el Protocolo de Kioto, en el marco de la Convención sobre el Cambio Climático de las Naciones Unidas. Dicho Protocolo permite el comercio de "créditos de C"; siendo estos las reducciones de emisiones de GEI verificables y/o eliminadas de la atmósfera. En este sentido, el C almacenado en los suelos al reducir los niveles atmosféricos de CO_2 (mitigación) podría ser comercializado o vendido como un "crédito de C" en un sistema de mercado.

El comercio de emisiones puede ser más eficiente y menos costoso en reducir las emisiones netas de GEI que sin la existencia de este tipo de sistema. Adicionalmente, con la introducción del comercio de compensaciones por la reducción de emisiones de GEI, los productores agrícolas podrían tener una nueva fuente de ingresos e incentivos para secuestrar C en el suelo.

Las empresas más innovadoras están ya estableciendo sus estrategias para reducir las emisiones de GEI, pensando en sentido económico y moviéndose en la dirección correcta hacia un ambiente global de reconocimiento del cambio climático. Sin embargo, las empresas multinacionales son también conscientes de que muchas de sus instalaciones encontrarán limitaciones en los países que han ratificado el Protocolo de Kioto o que puedan establecerse nuevas normas y tratados. La falta de claridad y transparencia en los mercados voluntarios de créditos de C, la incoherencia en la normativa y la falta de normas legislativas han contribuido a la lenta aceptación de este nuevo tipo de comercio de C.

Definir un marco político adecuado que incentive la mitigación de GEI y el secuestro de C es una tarea compleja. Un estudio realizado en EEUU, utilizando un modelo de simulación entre los años 2010 y 2050, ha mostrado que el sector de la agricultura y los bosques podrían reducir las emisiones de GEI en 550 Mt CO_2-eq/año (con valores mayores a 1200 Mt CO_2-eq en algunos años), dependiendo del criterio elegible y la estructura del pago de compensaciones. Incluso en un escenario de un modesto pago estático de C de 5 dólares por t de CO_2-eq, con el tiempo los propietarios agrícolas y forestales podrían incrementar sus ingresos y reducir las emisiones en los EEUU en un promedio de 100 millones de t de CO_2-eq/año en los próximos 40 años, equivalente a la emisión anual de GEI de 17 millones de coches convencionales de gasolina de tamaño medio (Johansson et al. 2012).

La Bolsa del Clima de Chicago (Chicago Climate Exchange CCX) fue la primera bolsa voluntaria de EEUU, basada en normas de registro de emisiones de CO_2, reducción y sistema de comercio. En este contexto, la base de las normas pretende que las empresas registradas acepten asumir objetivos y alcanzarlos, ya sea por la adopción de medidas internas para reducir las emisiones o comprar compensaciones en el programa de comercio. Aunque el CCX es un sistema voluntario, las compensaciones son respaldadas por un contrato jurídicamente vinculante. El CCX ha definido unas directrices estandarizadas para varios tipos de proyectos, que incluyen agricultura seleccionada, silvicultura, energía renovable y prácticas de cambio de combustible. Ejemplos específicos de tipos de proyectos que incluyen compensaciones son: reducción de las emisiones de C de bosques, de suelos agrícolas, de CH_4 agrícola, de CH_4 de vertederos y de energía renovable. Todos estos proyectos son verificados por una agencia auditora aprobada por el CCX (Reicosky et al. 2012).

Cada vez existen más iniciativas específicas relativas al comercio de emisiones de C en el sector agrario. Una de ellas es la "Australian Government's Carbon Farming Iniciative (CFI)", a través de la cual los agricultores pueden generar créditos por la reducción de emisiones y/o secuestrar C. En EEUU se creó hace unos años el "Carbon Credit Program" a través de la Unión de Agricultores a escala nacional ("National Farmers Union Carbon Credit Program"), con la finalidad de obtener ingresos por la acumulación de C en sus suelos mediante prácticas de cultivo, tales como el laboreo de conservación continuo, plantaciones arbóreas, etc. Dicha Unión obtuvo la aprobación del CCX para la obtención de créditos de C. Su forma de operar consiste en la inscripción, a través de la Unión de Agricultores de las hectáreas de los productores interesados en desarrollar los proyectos de C dentro de bloques de créditos que son objeto de comercio en la Bolsa de Chicago; de forma similar a como son comercializadas otras materias primas de la agricultura. Las empresas de medio ambiente y otras entidades emiten créditos de compra diaria en la Bolsa para ayudar a sus planes de reducción de emisiones. Una vez que los créditos son vendidos, los productores obtienen ingresos basados en la superficie en hectáreas que ellos tienen inscritas. El Programa es totalmente voluntario, pero una vez firmado obliga a ambas partes.

Sin embargo, han surgido ciertas complicaciones en relación al secuestro de C por el suelo, debido al uso de los procesos computacionales y a los métodos de predicción, problemas de verificación y la naturaleza temporal del crédito de C. En muchas ocasiones se han utilizado mediciones sencillas para estimar los créditos de C que posteriormente eran verificados por simple constatación del tipo de práctica de laboreo usada en la explotación. En otras, se han utilizado modelos basados en aproximaciones, seguidos por la verificación de la entrada de datos en el modelo de créditos de C. Cualquiera de estas aproximaciones puede provocar una elevada sobreestimación o subestimación del C real secuestrado. Estas observaciones sugieren la necesidad de una mayor investigación que permita establecer una relación fiable entre la medida directa de C del suelo y el modelo aceptado y validado de cálculo de créditos de C (Reicosky et al. 2012).

En definitiva, los sistemas de contabilización/comercio de GEI deben ser transparentes, consistentes, comparables, precisos y verificables. Además, dichos sistemas deberían ser económica y ambientalmente sostenibles, cumpliendo las expectativas sociales.

El término "agricultura de C" implica el aumento del reservorio de C en los suelos y árboles de los ecosistemas agrícolas. Como se ha recalcado anteriormente, este secuestro puede ser objeto de comercio en el mercado como si fuera una producción agrícola más. Por tanto, los cambios en la reserva de C de los ecosistemas deben ser monitorizados por procedimientos normalizados, de forma que los datos sean fiables, reproducibles y verificables por otros métodos. Para poner en práctica el comercio de C es esencial la creación de protocolos para su medición, monitorización y verificación (Lal, 2012).

Existen dos potenciales beneficios para los agricultores que realicen contratos de secuestro de C. En primer lugar, podrían vender el C secuestrado por sus agrosistemas en los mercados de créditos de C, sobre la base de la cantidad secuestrada y el precio del C en el mercado. En segundo lugar, los agricultores podrían beneficiarse de las ganancias de productividad asociadas a la adopción de prácticas que secuestran C. En la actualidad, el comercio de C se está expandiendo rápidamente, debido a que el Banco Mundial y otras instituciones han establecido fondos para facilitar el desarrollo de proyectos MDL (Mecanismos de Desarrollo Limpio).

Por otra parte, las grandes empresas (y también los minoristas), que compran azúcar, aceites, leche, cereales, carne, café, cacao, etc., también podrían comprar el C secuestrado por el agricultor o evitar su liberación durante el proceso de producción. Dicho C tendría que ser verificado por terceros e incorporado a una industria o empresa comercial. Con ello la producción de alimentos sería más sostenible y las empresas podrían publicitar la huella de C como etiqueta de calidad ambiental.

La financiación del secuestro de C debería, asimismo, ser aprovechada para estimular la agricultura sostenible, pudiéndose beneficiar de un mercado de miles de millones de euros a través de proyectos agrícolas que reduzcan las emisiones en dicho modelo de agricultura frente al tradicional. El papel de la agricultura de conservación será clave en este sentido.

3.12 Perspectivas

El secuestro de C por el suelo es una opción estratégica viable y rentable para la mitigación de los GEI, teniendo sin embargo papel finito para actuar en los próximos 25 a 50 años, pues "compra tiempo" durante el cual se pueden desarrollar alternativas relacionadas con las energías renovables con el fin de abandonar los combustibles fósiles. El secuestro de C por el suelo es un importante objetivo político y económico, y necesita una seria consideración por parte de los científicos, políticos y los gestores de tierras (Lal, 2008).

El concepto de "agricultura de carbono" se debe "grabar" en las mentes de los gestores de tierras, responsables políticos y la comunidad agrícola. El C terrestre es un bien comercializable y debe ser "cultivado" en las explotaciones y agrosistemas de forma similar a otros productos agrícolas. La aplicación práctica de la agricultura de C implica forzosamente el comercio (compra y venta) de créditos de C. Existen numerosas etapas en esta mercantilización del C, entre ellas: (1) la medición de la tasa de secuestro de C en el suelo y la biomasa a escala corporativa o regional, con referencia a una línea base específica; (2) la evaluación de la permanencia o del tiempo de residencia del C secuestrado, en relación con el uso recomendado de la tierra y del manejo del sistema suelo/planta y los actuales y futuros riesgos de degradación del suelo; (3) la determinación del precio del C terrestre en el mercado (demanda) y del valor social de la reserva de C terrestre debido a los servicios que reporta a los ecosistemas; y (4) el establecimiento de un mercado transparente y variable, ya sea a través del Protocolo de Kyoto, el Banco Mundial o las instituciones privadas (Lal, 2007 y 2014).

Entre las prácticas agronómicas más importantes para crear un balance positivo de C, como se ha citado reiteradamente, están la agricultura de conservación y el no laboreo, los cultivos de cobertura, el manejo integrado de nutrientes, la captación y reciclaje de agua, los sistemas complejos de agricultura y los cultivos perennes. La restauración de los suelos y de los ecosistemas erosionados y degradados es también de vital importancia para el secuestro de C en el suelo. Asimismo, los inputs basados en la energía fósil (fertilizantes, pesticidas y laboreo) tienen un elevado coste oculto de C. La estrategia implica también reducir al mínimo las pérdidas de estos inputs debidos a la erosión, mal manejo, lixiviación, volatilización, etc; sin olvidar que el aumento de la reserva de C orgánico del suelo por encima de un nivel umbral puede mejorar los rendimientos de los cultivos con un menor uso de dichos inputs (Lal, 2012).

Por estos motivos, en las últimas décadas, el secuestro de C por el suelo y la biomasa se ha convertido en un importante y emergente campo de la ciencia. Existe una gran necesidad de desarrollar amplios programas de investigación para comprender en profundidad los procesos que afectan a la dinámica del C, las características de los ecosistemas que influyen en la tasa de secuestro de C y la capacidad de sus sumideros, y aquellas prácticas de manejo que, tras su adopción, incrementen de forma eficaz su capacidad de secuestro de C.

Investigaciones previas en las ciencias del suelo han permitido construir una base fundamental para evaluar la capacidad del suelo de almacenar y retener C orgánico. Sin embargo, existen inconsistencias en la comprensión y aplicación de los conceptos de secuestro de C orgánico por el suelo y en los diseños y métodos experimentales más adecuados para determinarlo. Más compleja aún es la verificación con fiabilidad del C extraído de la atmósfera y secuestrado por unidad de suelo. En este aspecto, es importante determinar las tasas de secuestro de C orgánico por el suelo para las diversas prácticas agrícolas y establecer protocolos que valide estas tasas de secuestro de C. También son necesarias inversiones adicionales en investigación para entender mejor aquellas prácticas de manejo agrícola que tienen más probabilidades de secuestrar C orgánico por el suelo o al menos mantener aquellas existencias netas de C del mismo (Olson et al. 2014).

Otras prioridades en investigación incluyen el entendimiento del comportamiento y la variabilidad de los principales reservorios de C orgánico del suelo y su tiempo medio de residencia; valorando el impacto del C en respuesta al clima y la relación del ciclo de C con otros elementos (N, P, S) y el agua. Como se ha citado, el secuestro de C por el suelo tiene una capacidad de sumidero finita, pero, tiene otros beneficios (por ejemplo la seguridad alimentaria), y además es una solución rentable que tiende un puente hacia el futuro en espera a que se desarrollen fuentes de energía de bajo C o renovables (Lal, 2014).

En la tabla 3.4 se presenta una exhaustiva relación de las áreas de investigación prioritarias sobre el C del suelo según Hartemink et al. (2014).

Tabla 3.4 Investigaciones prioritarias sobre el carbono del suelo (adaptado de Hartemick et al. 2014)

Línea de investigación	Tema
C del suelo en el espacio y el tiempo	- Monitorización y valoración de las reservas y flujos de C. - Normalización del muestreo y de los métodos analíticos. - Mayor desarrollo de los sensores próximos al suelo para el análisis de C. - Valoración del C orgánico del suelo a profundidades debajo del horizonte superficial. - Contribución del C inorgánico del suelo al secuestro potencial de C. - Aumento de la escala desde el nivel de parcela y medidas de campo a dimensiones regionales, nacionales y continentales. - Incremento de la detección de las incertidumbres en la medida, monitorización y modelización del C orgánico del suelo. - Establecimiento de una relación a nivel mundial de áreas prioritarias que requieren investigación: áreas de rápido cambio en el uso de la tierra; áreas con grandes reservas de C y un rápido cambio del clima; áreas en las cuales existen escasos datos o altas incertidumbres; y regiones ecológicamente sensibles y zonas vulnerables globales.
Propiedades y procesos del C del suelo	- Desarrollo de aparatos precisos para la medida del C orgánico del suelo, tales como la espectroscopia de dispersión inelástica de neutrones y de la espectroscopía de descomposición inducida por láser. - Mayor entendimiento sobre la interacción del C con el Al y el Fe y el impacto de las reacciones redox. - Interacción entre el C orgánico del suelo y las superficies minerales, y la formación de microagregados estables que conducen a la encapsulación del C orgánico del suelo. - Tiempo de residencia medio del C orgánico del suelo en relación con las fracciones lábil y recalcitrante. Agregación en profundidad. - Contribución del negro de humo a las fracciones recalcitrantes. - Hidrofobicidad y C orgánico del suelo.

(Continúa página siguiente)

Tabla 3.4 Investigaciones prioritarias sobre el carbono del suelo (adaptado de Hartemick et al. 2014) (*Continuación*)

Líneas de investigación	Tema
	- Aportaciones de arcilla a los suelos arenosos y C orgánico del suelo.
	- Naturaleza de la materia orgánica del suelo no extractable en las superficies reactivas.
	- Papel de los macroagregados frente a los microagregados en la estabilización del C.
	- Contribución cuantitativa de la micro, meso y macrofauna en la transformación del C orgánico del suelo; y el papel de la biomasa microbiana en el C total del suelo.
	- Función de la estructura del suelo en el secuestro y modelización del C orgánico del suelo.
	- Papel de los hongos en el secuestro de C
Utilización y manejo del C del suelo	- Destino del C transportado por la erosión.
	- Efectos del fuego sobre el C orgánico del suelo en relación con la hidrofobicidad y el negro del humo.
	- Identificación de zonas específicas de uso de la tierra y de prácticas de manejo que produzcan un balance positivo de C en el suelo.
	- Nivel umbral de C orgánico del suelo en la zona radicular en relación con los procesos rizosféricos; funciones del suelo y servicios de los ecosistemas.
	- Relación entre la acumulación de C orgánico del suelo en la zona radicular y el rendimiento agronómico.
	- Adaptación al clima de los suelos de los agrosistemas y del reservorio de C orgánico del suelo con relación a la sequía.
	- Características de retención y transmisión de agua en relación al contenido de C orgánico del suelo.
	- Tiempo medio de residencia en el contexto del uso y manejo del suelo.
	- *Modus operandi* de la agricultura del C y el comercio de los créditos de C del suelo.

Referencias

Agren GI, Bosatta E. 1998. Theoretical ecosystem ecology: understanding elements cycles. Cambridge University Press, Cambridge, UK. 252 pp.

ASA, CSSA, SSSA. 2011. Position Statement on climate change. Working Group. American Society of Agronomy, Crop Science Society of America, Soil Science Society of America. Madison, W. USA.

Austin AJ, Vivanco L. 2006. Plant litter decomposition in a semi-arid ecosystem controlled by photodegradation. Nature, 442: 555-558

Baker JM, Ochsner TE, Venterea RT, Griffis TJ. 2007. Tillage and soil carbon sequestration. What do we really know? Agriculture, Ecosystems and Environmental, 118: 1-5.

Baldock JA, Wheeler I, McKenzie N, McBrateny A. 2012. Soil and climate change: potential impacts on carbon stocks and greenhouse gas emissions, and future research for Australia agriculture. Crop & Pasture Science, 63: 269-283.

Balesdent J, Mariotti A.1996. Measurement of soil organic matter turnover using delta ^{13}C natural abundance. En "Mass Spectrometry of Soils" (TW Boutton, SI Yamasaki, eds). Marcel Dekker, New York, pp. 83–111.

Blanco-Canqui H, Lal R. 2007. Soil structure and organic carbon relationships following 10 years wheat straw management in no-till. Soil & Tillage Research, 95: 240-254.

Bolinder MA, Jansen HH, Gregorich EG, Angers DA, Vanden-Bygaart AJ. 2007. An approach for estimating net primary productivity and annual carbon inputs to soil for common agricultural crops in Canada. Agriculture, Ecosystems and Environment, 118: 49-42.

Boutton TW. 1991. Stable carbon isotope ratios of natural materials: I. Sample preparation and mass spectrometric analysis. En "Carbon Isotope Techniques" (D Coleman, BC Fry, eds). Academic Press, San Diego, pp. 73–175.

Campbell CA, Janzen HH, Paustian K, Gregorich EG, Sherrod L, Liang BC, Zentner RP. 2005. Carbon storage in soils of the North American Great Plains. Agronomy Journal, 97:349–363.

Castro J, Fernández-Ondoño E, Rodríguez C, Lallena AM, Sierra M, Aguilar J. 2008. Effects of different olive-grove management systems on the organic carbon and nitrogen content of the soil in Jaén (Spain). Soil & Tillage Research, 98: 56-67.

Ceschia EP, Béziat JF, Dejoux M, Aubinet C, Bernhofer B, Bodson N, Buchmann A, Carrara P, Cellier P, Di Tommasi JA, Elbers W, Eugster T, Grünwald CMJ, Jacobs WWP, Jans M, Jones W, Kutsch G, Lanigan E, Magliulo E, Marloie1 O, Moors EJ, Moureaux C, Olioso A, Osborne B, Sanz MJ, Saunders M, Smith P, Soegaard H and Wattenbach M. 2010. Management effects on net ecosystem carbon and GHG budgets at European crop sites. Agriculture, Ecosystems and Environment, 139: 363-383.

Cheng L, Leavitt SW, Kimball BA, Pinter PJ, Ottmane MJ, Matthias A, Wall GW, Brooks T, Williams DG, Thompson TL. 2007. Dynamics of labile and recalcitrant soil carbon pools in a sorghum free-air CO_2 enrichment (FACE) agroecosystem. Soil Biology & Biochemistry, 39:2250–2263.

Christopher SF, Lal R. 2007. Nitrogen management affects carbon sequestration in North American cropland soils. Critical Reviews in Plant Science, 26: 45–64.

Dalal RC, Allen DE, Wang WJ, Reeves S, Gibson I. 2011. Organic carbon and total nitrogen stocks in a Vertisol following 40 years of no-tillage, crop residue retention and nitrogen fertilization. Soil & Tillage Reseach, 112:133–139.

Delgado JA, Nearing MA, Rice ChW. 2013. Conservation practices for climate change adaptation. Advances in Agronomy, 212: 47-115.

Derrien D, Amelung W. 2011. Computing the mean residence time of soil carbon fractions using stable isotopes: impacts of the model framework. European Journal of Soil Science, 62: 237-252.

Dignac MF, Bahri H, Rumpel C, Rasse DP, Bardoux G, Balesdent J. 2005. Carbon-13 natural abundance as a tool to study the dynamics of lignin monomers in soil: an appraisal at the Closeaux experimental field (France). Geoderma 128:3–17.

Don A, Schumacher J, Scherer-Lorenzen M, Scholten T, Schulze ED. 2007. Spatial and vertical variation of soil carbon at two grassland sites-Implications for measuring stocks. Geoderma, 141: 272-282.

Dumanski J, Lal R. 2004. Soil Conservation and the Kyoto Protocol facts and figures. Agriculture and the Environment, Environment Bureau, Agriculture and Agri-Food Canada, Ottawa, Ontario. http://www.agr.gc.ca/policy.

Eagle A, Olander LP. 2012. Greenhouse gas mitigation with agricultural land management activities in the United States – A side – by – side comparison of biophysical potential. Advances in Agronomy, 115: 79-179.

FAO. 2002. Captura de carbono en los suelos para un mejor manejo de la tierra. Organización de las Naciones Unidas para la Agricultura y la Alimentación. Roma. 83 pp.

FAO. 2004. Assessing carbon stocks and modelling win-win scenarios of carbon sequestration through land-use changes. Food and Agriculture Organization of the United Nations. Roma. 166 pp.

Follett RF. 2012. Beyond mitigation: adaptation of agricultural strategies to overcome projected climate change. En "Managing Agricultural Greenhouse Gases" (MA Liebig, AJ Franzluebbers, RF Follet, eds.). Academic Press, Elsevier, Amsterdam. pp. 505-523.

Franzluebbers AJ, Steiner JL. 2002. Climate influences on soil organic carbon storage with no tillage. En "Agriculture practices and policies for carbon sequestration in soil" (JM Kimble, R Lal, RF Follet, eds.). Lewis Publishers, Boca Raton FL. pp. 71-86.

Gan Y, Liang Ch, Wang X, McConkey B. 2011. Lowering carbon footprint of durum wheat by diversifying cropping systems. Field Crops Research, 122: 199-206.

Goh KM. 1991. Carbon dating. En "Carbon Isotope Techniques" (DC Coleman, B Fry, eds). Academic Press, Inc., San Diego. pp. 125–145.

Halvorson AD, Wienhold BJ, Black AL 2002. Tillage, nitrogen, and cropping system effects on soil carbon sequestration. Soil Science Society of American Journal, 66:906-912

Hartemink AE, Gerzabek MH, Lal R, McSweeney K. 2014. Soil carbon research priorities. En "Soil Carbon" (AE Hartemink, K McSweeney, eds.). Springer. pp. 483-490.

Haynes RJ. 2005. Labil organic matter fractions as central components of the quality of agricultural soils: an overwiew. Advances in Agronomy, 85: 221-268.

Heim A, Schmidt MWI. 2007. Lignin turnover in arable soil and grassland analysed with two different labelling approaches. European Journal of Soil Science, 58: 599-608.

Horwath WR, Devevre OC, Doane TA, Kramer AW, van Kessen C. 2002. Soil carbon sequestration management effects on nitrogen cicling and availability. En

"Agricultural practices and policies for carbon sequestration in soil" (JM Kimbe, R Lal, RF Follet, eds.). Lewis Publishers, Boca Ratón FL. pp. 155-164.

Izaurralde RC. 2005. Measuring and monitoring soil carbon sequestration at the project level. En "Climate change and global food security" (R Lal, BA Stowart, N Vohott, DO Hausen, eds.). Taylor and Francis, New York. pp. 467-500.

Izaurralde RC, Solbery ED, Nybord M, Malhi SS. 1998. Inmediate effects of topsoil removal on crop productivity loss and its restoration with commercial fertilizers. Soil & Tillage Research, 46: 251-259.

Johansson R, Latta G, White E, Lewandroski J, Alig R. 2012. Eligibility criteria affecting landowner participation in greenhouse gas programs. En "Managing Agricultural Greenhouse Gases" (MA Liebig, AJ Franzluebbers, RF Follet, eds.). Academic Press, Elservier, Amsterdam. pp. 439-454.

Jones JW, Walen V, Doumbia M, Gijsman AJ. 2005. Soil carbon sequestration: understanding and predicting response to soil, climate and management. En "Climate change and global security" (R Lal, BA Steward, N Upholf, DO Hausen, eds.). Taylor and Francis, New York. pp. 407-439.

Jobbágy EG, Jackson RB. 2000. The vertical distribution of soil organic carbon and its relation to climate and vegetation. Ecology Applications, 10: 423.426.

Koohafkan P, Rey A, Antoine J. 2005 Soil carbon sequestration in dryland farming systems. En "Climate change and global security" (R Lal, BA Steward, N Upholf, DO Hansen, eds.). Taylor and Francis, New York. pp. 515-537.

Kimble JM, Lal R, Follet RF. 2002. Agricultural practices and policy options for carbon sequestration: what we know and where we need to go. En "Agricultural practices and policies for carbon sequestration in soil" (JM Kimble, R Lal, RF Follet, eds.). Lewis Publishers, New York. pp.495-501.

Kinsella J. 2002. Sequestering carbon: agriculture's potential new role. En "Agricultural practices and policies for carbon sequestration in soil" (JM Kimble, R Lal, RF Follet, eds.). Lewis Publishers, New York. pp. 357-359.

Kleber, M. 2010. What is recalcitrant soil organic matter? Environmental Chemistry, 7: 320–332.

Kleber M, Johnson MG. 2010. Advances in understanding the molecular structure of soil organic matter: Implications for interactions in the environment. Advances in Agronomy, 106:77–142.

Lal R. 2002. Wy carbon sequestration in agricultural soils? En "Agricultural practices and policies for carbon sequestration in soil" (JM Kimbe, R Lal, RF Follet, eds.). Lewis Publishers, Boca Ratón FL. pp. 21-30.

Lal R. 2004. Soil carbon sequestration to mitigate climate change. Geoderma 123:1–22.

Lal R. 2005. Climate change, soil carbon dynamics and global food security. En "Climate change and global food security" (R Lal, B Stewart, N Upholf, DO Hansen, eds.). Taylor and Francis, New York. pp. 113-143.

Lal R. 2007. Researchable priorities in terrestrial carbon sequestration in Central Asia. En "Climate change and terrestrial carbon sequestration in Central Asia" (R Lal, M. Suleimenor, BA Steward, DO Hansen, P Doroiswami, eds.). Taylor and Francis, New York. pp. 475-487.

Lal R. 2008. Soil carbon stocks under present and future climate with specific reference to European ecoregions. Nutrient Cycling in Agroecosystems, 81:113–127.

Lal R. 2012 Agronomic interactions with CO_2 sequestration. En "Encyclopedia of sustainability science and technology" (R Meyers, P Christou, R Savin, eds.). Springer, New York. pp. 161-167.

Lal R. 2014. Soil carbon management and climate change. En "Soil carbon" (AE Hartemink, KMc Sweeney, eds.). Springer Publishing. pp 339-361.

Lal R, Kimble JM.1997. Conservation tillage for carbon sequestration. Nutrient Cycling in Agroecosystems, 49: 243-253.

López-Bellido L. 1992. Mediterranean cropping Systems. En "Ecosystems of the World 18. Field Crop Ecosystems" (C Pearson, ed.). Elsevier. pp. 311-356.

López-Bellido L. 1998. Agricultura y medio ambiente. En "Agricultura sostenible" (RM Jiménez Díaz, J Lamo de Espinosa, eds.). Mundi-Prensa, Madrid. pp. 15-38.

López-Bellido RJ, Fontán JM, López-Bellido FJ, López-Bellido L. 2010. Carbon sequestration by tillage, rotation, and nitrogen fertilization in a Mediterranean Vertisol. Agronomy Journal, 102: 310–318.

López-Bellido L, Benitez-Vega J, Fernández García P, Redondo R, López-Bellido RJ. 2011. Tillage system effect on nitrogen rhizodeposited by faba bean and chickpea. Field Crops Research, 120: 189-195.

López-Bellido L, López-Garrido FJ, Fuentes M, Castillo JE, Fernández EJ. 1997. Influence of tillage, crop rotation and nitrogen fertilization on soil organic matter and nitrogen under rain-fed Mediterranean conditions. Soil & Tillage Research 43:277–293.

Lorenz K. 2013. Ecosystem carbon sequestration. En "Ecosystem services and carbon sequestration in the biosphere" (R Lal, K Lorenz, RF Hüttl, BW Schneider, J von Braun, eds.). Springer. pp. 39-62.

McKenzie DC, Rasic J, Hulme PC. 2008 Intensive survey fo agricultural management. En "Guidelines for surveying soil and land resources" (NJ McKenzie, MJ Grundy, R Webster, AJ Ringrose-Vaese, eds.) CSIRO Publishing. pp. 469-490.

Muñoz-Romero V, Benítez-Vega J, López-Bellido RJ, Fontán JM, López-Bellido L. 2010. Effect of tillage system on the root growth of spring wheat. Plant Soil, 326: 97-107.

Oke D, Olatiilu A. 2011. Carbon storage in agroecosystems: a case study of the cocoa based agroforestry in Ogbese forest reserve, Ekiti State, Nigeria. Journal of Environmental Protection, 2: 1069-1075.

Olson KR, Al-Kaisi MM, Lal R, Lowery b. 2014. Experimental consideration, treatments, and methods in determining soil organic carbon sequestration rates. Soil Science Society of America Journal, 78: 348-360.

Oorts K, Merckx R, Gréhan E, Labreuche J, Nicolardot B. 2007. Determinants of annual fluxes of CO_2 and N_2O in long-term no-tillage and conventional tillage in Northern France. Soil & Tillage Research, 95: 133-148.

Parton WJ, Schimel DS, Cole CV, Ojima DS. 1987. Analysis of factor controlling soil organic matter levels in Great Plains grasslands. Soil Science Society America Journal, 51: 1173-1179.

Ramachandran Nair PK, Nair VD, Mohan Kumar B, Showalter JH. 2010. Carbon sequestration in agroforestry systems. Advances in Agronomy, 108: 237-307.

Rees RM, Bingham IJ, Baddeley JA, Watson CA. 2005. The role of plants and land managemente in sequestering soil carbon in temperate arable and grassland ecosystems. Geoderma, 128: 130-154.

Reiscosky DC, Goddard TW, Enerson D, Chan AlSK, Liebig MA. 2012. Agricultural greenhouse gas trading markets in North America. En "Managing Agricultural Greenhouse Gases" (MA Liebig, AJ Franzluebbers, RF Follet, eds.). Academic Press, Elservier, Amsterdam. pp. 423-437.

Richards W. 2002. The politics of conservation. En "Agricultural practices and policies for carbon sequestration in soil" (JM Kimbe, R Lal, RF Follet, eds.). Lewis Publishers, Boca Ratón FL. pp. 367-372.

Rochette P, Angers DA, Chantigny MH, Bertrand N. 2008. Nitrous oxide emissions respond differently to no-till in a loam and a heavy clay soil. Soil Science Society fo America Journal, 72: 1363-1369.

Rovira P, Vallejo VR. 2000. Evaluating thermal and acid hydrolysis methods as indicators of soil organic matter quality. Communications in Soil Science and Plant Analysis, 31: 81-100.

Rovira P, Vallejo VR. 2002. Labile and recalcitrant pools of carbon and nitrogen in organic matter decomposing at different depths in soil: an acid hydrolysis approach. Geoderma, 107: 109-141.

Rumpel C, Kögel-Knabner I. 2011. Deep soil organic matter: A key but poorly understood component of terrestrial C cycle. Plant soil, 338: 143-158.

Sanderman J, Farquharson R, Baldock J. 2010. Soil carbon sequestration potential: a review for Australian agriculture. Department of Climate Change and Energy Efficiency. National Research Flagships Sustainable Agriculture. CSIRO. Australia. 80 pp.

Schlesinger WH. 2005. Inorganic carbon and the global carbon cycle. En "Encyclopedia of soil sience" (R Lal, ed.), Harcel Dekker Inc. New York. pp. 706-708.

Singh BR. 2008. Carbon secuestration in soils of cool temperate regions. Nutrient Cycling in Agroecosystems, 81: 107-112.

Snyder CS, Bruulsema TW, Jensen TL, Fixen PE. 2009. Review of greenhouse gas emissions from crop production systems and fertilizer management effects. Agriculture, Ecosystems & Environment, 133: 247–266.

Strand AE, Pritchard SG, McCormack ML, Davis MA, Oren R. 2008. Irreconcilable differences: fine-root life spans and soil carbon persistence. Science, 319: 456-458.

Trumbore SE. 1993. Comparison of carbon dynamics in tropical and temperate soils using radiocarbon measurements. Global Biogeochemical Cycles, 7:275–290.

Victoria F, Costa I, Castro T, García R, Romojaro MC, Mesa del Castillo ML 2010. Balance de carbono en cultivos de agricultura intensiva. En "La iniciativa agrícola murciana como sumidero de CO_2". Consejería de Agricultura y Agua. Murcia. pp. 225-276.

Wang WJ, Dalal RC. 2006. Carbon inventory for a cereal cropping system under contrasting tillage, nitrogen fertilisation and stubble management practices. Soil & Tillage Reseach, 91:68–74.

Werth M, Kuzyakov, Y. 2010. ^{13}C fractionation at the root–microorganisms–soil interface: A review and outlook for partitioning studies. Soil Biological Biochemistry, 42:1372–1384.

Wichern F, Eberhardt E, Mayer J, Joergensen RG, Müller T. 2008. Nitrogen rhizodeposition in agricultural crop: methods, estimates and future prospects. Soil Biology and Biochemistry, 40: 30-48.

Wreford A, Moran D, Adger N. 2010. Climate change and agriculture. Impact, adaptation and mitigation. Organisation for Economic Co-operation and Development (OECD). Paris, 135 pp.

Zaher U, Stöckle C, Painter K, Higgins S. 2013. Life cycle assessment of the potential carbon credit from no-and reduced-tillage winter wheat-based cropping Systems in Eastern Washington State. Agricultural Systems, 122: 73-78.

Capítulo 4

La huella de carbono en la agricultura

4.1 Análisis del ciclo de vida (ACV)

Las complejas cadenas globales de suministro a nivel general, las tecnologías de la producción y los patrones de consumo de la economía moderna causan numerosos impactos ambientales. Es determinante identificar las estrategias de mejora más eficaces y evitar la acumulación progresiva de los impactos que se producen a lo largo de toda la cadena de valor (suministro, uso y eliminación). El objetivo del análisis del ciclo de vida (ACV), más conocido por su denominación inglesa "Life Cycle Assessment" (LCA), es la evaluación cuantitativa de los impactos ambientales de los productos y procesos durante su ciclo de vida. Los modelos de ACV expresan las relaciones de causa-efecto en el medio ambiente, y por lo tanto ayudan a entender las consecuencias ambientales de las actividades humanas (Hellweg y Mila i Canals, 2014).

El ACV es una metodología que permite sistematizar la recopilación y generación de información para establecer criterios objetivos sobre los procesos y la posterior toma de decisiones para un desarrollo sostenible del sistema de producción. Esta herramienta detecta eficientemente las oportunidades de mejora de un sistema en su conjunto. La consideración de los impactos ambientales de un producto, proceso o servicio a lo largo de su ciclo de vida, se viene realizando desde mediados del siglo XX y se ha expandido en los últimos años.

Originalmente el ACV fue desarrollado por la industria de procesos; y recientemente está siendo usado para evaluar el impacto ambiental de las actividades agrícolas, tanto para la producción de cultivos como de animales; y como las prácticas de manejo afectan a las emisiones de GEI (Payraudeau y Van der Wert, 2005; Brock et al. 2012).

Ya han sido desarrollados métodos estandarizados para el ACV por la Internacional Organization for Standardization (ISO). La metodología de la

ACV, según la ISO 14040, es utilizada fundamentalmente para: (1) identificar oportunidades que mejoren la actuación ambiental de los productos en diferentes puntos de su ciclo de vida; (2) ayudar a la toma de decisiones en la industrias, gobiernos u organizaciones no gubernamentales; (3) selección de los indicadores para las actuaciones ambientales, incluyendo medidas técnicas; y (4) desarrollar un mercado sostenible (implementar un sistema de etiquetado ecológico, realizar una reclamación ambiental o producir una declaración ambiental de producto)

El grado de profundidad y precisión de un estudio ACV puede variar considerablemente en función de su objetivo específico. Sin embargo, la práctica estándar actual de la ACV incluye cuatro fases: (1) *definición de los objetivos y ámbito del estudio*: incluye el sistema que debería ser analizado, la unidad funcional, los sistemas límite y los supuestos como los elementos principales. La unidad funcional es la medida de la función del sistema bajo estudio, a la cual son referenciados todos los inputs y outputs; (2) *análisis de inventario* (o inventario del ciclo de vida): implica la etapa de recopilación de datos requeridos por el método. El objetivo es cuantificar los inputs y outputs relevantes del sistema del producto (energía y requerimientos de materias primas, emisiones atmosféricas, emisiones transmitidas por el agua, residuos sólidos, y otras liberaciones involucradas en el ciclo de vida del sistema); (3) *valoración del impacto*: está dirigido a evaluar el alcance del potencial ambiental utilizando los resultados del inventario del ciclo de vida. Esta valoración ordena los datos del inventario a categorías de impactos ambientales específicos (cambio climático, agotamiento de ozono); y (4) *Interpretación de la significación de impactos*: es la fase de ACV en la cual los resultados procedentes del análisis del inventario y la valoración de los impactos son considerados conjuntamente (Sanyé-Mengual et al. 2014).

El enfoque del ciclo de vida es esencial para su efectividad y utilidad, debido a la importancia de otros impactos ambientales que pueden ocurrir "aguas arriba" ("upstream") o "aguas abajo" ("downstream"), y que por lo tanto no pueden ser tan claramente evidentes. Este enfoque es también esencial para hacer transparente cualquier potencial compensatorio entre diferentes tipos de impactos ambientales asociados con decisiones específicas de manejo. El ACV es por esta razón una vital y poderosa herramienta de apoyo que complementa otros métodos, los cuales son igualmente necesarios para ayudar efectiva y eficientemente a hacer el consumo y la producción más sostenible (European Commission, 2010).

En definitiva, el ACV es un sistema contable de medidas biofísicas estandarizadas, utilizadas para caracterizar los flujos de material/energía que generan las actividades específicas y evaluar su contribución al agotamiento de los recursos y las emisiones relacionadas con aspectos ambientales. Se consideran dos categorías de impacto en la utilización de los recursos (uso de energía y huella ecológica) y dos categorías de emisiones relacionadas (emisiones de gases invernadero y emisiones eutrofizantes). La huella ecológica cuantifica el área de un ecosistema productivo global requerida para el suministro de recursos de material y energía y el secuestro de las emisiones de GEI asociadas con un producto o servicio (en unidad de superficie del ecosistema productivo) (Pelletier et al. 2010).

El límite del sistema elegido para el ACV dependerá del objetivo del estudio y necesita ser claramente definido, de modo que puedan hacerse comparaciones fiables entre estudios. Un ACV desde la "cuna a la tumba" ("cradle-to-grave") incluye todas las fases del ciclo de vida, desde la extracción del recurso natural hasta la eliminación final del producto y el retorno de los elementos al ambiente. En comparación, un ACV desde la "cuna a la puerta" ("cradle-to-gate") incluye todas las fases en la producción del producto, pero excluye el uso y las fases de eliminación. Un estudio de "la cuna a la puerta" podría ser llevado a cabo por una empresa que quiere conocer que parte de su sistema de producción es la que más contribuye a la huella de C de su producto en posición final a la puerta de la fábrica. Un ACV "de la cuna a la puerta de la finca" ("cradle-to-farm gate") obtiene la huella de C de los productos agrícolas hasta la puerta de la finca, lo que permite al productor primario analizar donde se originan la mayoría de las emisiones de GEI en su agrosistema (Brock et al. 2012).

4.2 Concepto de huella de carbono

Una forma de cuantificar el total de la presión humana sobre el medio natural es calcular la "huella ambiental" de la humanidad, que siendo este un término general que engloba a los diferentes conceptos de "huella" que se han desarrollado durante las últimas dos décadas. Es común a todas las huellas ambientales la cuantificación de la apropiación humana del capital natural como una fuente o un sumidero. Cada huella específica se centra en un problema ambiental particular, por ejemplo la limitación de tierra, de agua dulce, etc; y las medidas tanto de apropiación de recursos como de generación de residuos, o ambos. La huella ecológica mide tanto la apropiación de la tierra como un recurso y la tierra necesaria para la captación de residuos (secuestro de CO_2). La huella hídrica mide tanto el consumo de agua dulce como recurso y el uso de agua dulce para eliminar los residuos. La huella de C o huella climática mide las emisiones de GEI a la atmósfera; la huella de N mide la pérdida de N reactivo al medio ambiente. La huella de la biodiversidad mide la amenaza de la actividad humana a la biodiversidad.

Las huellas constituyen la base para la comprensión de los cambios ambientales que se derivan de la presión humana sobre el medio ambiente (tales como los cambios de uso del suelo, la degradación del suelo, los flujos fluviales reducidos, la contaminación del agua y el cambio climático) y los impactos resultantes (como la perdida de biodiversidad o los efectos sobre la salud humana o la economía) (Hockstra y Wiedmann, 2014).

El término huella de C (en inglés "carbon footprint") es relativamente nuevo, aunque las herramientas y métodos que lo soportan están bien establecidos, habiendo sido previamente desarrollados para una gran variedad de cuestiones ambientales. La huella de C es difícil de definir, pues requiere un claro establecimiento de los supuestos asumidos y el adecuado enfoque metodológico. Conceptualmente, la huella de C debería considerar todas las emisiones de un producto, tanto hacia atrás en el tiempo, desde el punto de consumo a las fuentes de emisión, como hacia adelante en el tiempo para incluir su uso y la fase de residuos generados (Peters, 2010).

La huella de C es considerada como un subconjunto de la "huella ecológica", que es referida a la tierra biológicamente productiva, requerida para sostener una población humana, expresada como hectáreas globales. De acuerdo con el concepto de "huella ecológica", la huella de C debería ser la superficie terrestre necesaria para asimilar el CO_2 producido durante el tiempo de vida de una persona o una población. Independientemente que el cálculo de la huella de C como parte de la huella ecológica es muy tedioso y complejo, el calentamiento global ha ganado progresivamente preponderancia en su enfoque, transformándose en un tipo de huella con entidad propia. La presente forma de la huella de C puede ser considerada como un híbrido cuyo nombre deriva de la "huella ecológica", aunque conceptualmente es un indicador del potencial de calentamiento global (Pandey y Agrawal, 2014). También se han propuesto otros términos, tales como "huella climática", con el fin de incluir todos los GEI en vez de limitarlo sólo al CO_2. A pesar de que existen diferencias entre los cálculos, la masa de CO_2 equivalente (CO_2-eq) basada en 100 años de potencial de calentamiento global de los GEI es utilizada como la unidad de información de la huella de C.

No existe una aceptación amplia y una definición concreta de la huella de C, aunque si hay una noción clara de lo que es y de su realidad. Según Peters (2010), una posible definición abierta y de amplia aceptación para todas las posibles aplicaciones podría ser la siguiente: "la huella de carbono de una unidad funcional es el impacto climático bajo una medida especificada, que considera todas las fuentes relevantes de emisiones, sumideros y almacenamiento de C y otros GEI; tanto en el consumo como en la producción, dentro de un sistema limitado espacial y temporalmente".

Para otros autores, la huella de C es un término coloquial aplicado al ACV que examina el impacto sobre el calentamiento global de un producto, organización o evento. Ésta es calculada como la cantidad de GEI emitidos menos los secuestrados, expresada en unidades de CO_2-eq. Una huella de C para un producto debe considerar las emisiones de GEI durante la producción, uso y disposición del producto; comenzando desde la materia prima extraída de la naturaleza hasta los residuos creados al final de su vida, cuyo flujo retorna al ambiente. La huella de C puede ser analizada para muy diferentes unidades funcionales, a diferentes escalas y usando diferentes métodos (Peters, 2010).

La huella de C es uno de los indicadores que han alcanzado mayor difusión para identificar, sintetizar y comunicar de forma comprensible los posibles impactos ambientales de un proceso o actividad. El concepto de huella de C ha suscitado gran interés por parte de las empresas, consumidores y políticos. Los inversores ven en la huella de C un indicador de los riesgos posibles de inversión; los gerentes de compras están interesados en la huella de C que provocan las cadenas de suministros; y los consumidores están cada vez más sensibilizados ambientalmente por la oferta de productos que estén etiquetados con la huella de C.

La huella de C, estrechamente relacionada con el cambio climático, se está convirtiendo en un elemento fundamental de la responsabilidad social corporativa de las empresas. Numerosos países como Francia, EEUU, Canadá, Reino Unido, Suiza, Japón, Australia, Alemania, etc., ha legislado y establecido normas sobre la huella de C de los productos y servicios. Concretamente, cada vez son más las cadenas de alimentación que incluyen en sus productos la huella de C.

Idealmente, los principales gestores de los métodos usados para el cálculo de la huella de C deberían ser la legislación, el comercio de C, la responsabilidad corporativa y los análisis científicos; con el fin de crear políticas efectivas para combatir el calentamiento global. El alcance de la huella de C es amplio e incluye virtualmente a todos los tipos de productos, servicios, actividades y procesos. La huella de C de productos y servicios ha demostrado su gran utilidad no sólo reduciendo las emisiones más efectivamente a través de la cadena de suministros, sino también como una herramienta de negocio (Pandey y Agrawal, 2014).

Además, la huella de C ayuda en la evaluación de las medidas de mitigación. A través de los análisis de huella de C pueden ser identificadas importantes fuentes de emisiones y priorizar aquellas estrategias de reducción más eficaces. Para el cálculo de la huella de C se realizan las estimaciones de GEI emitidos/incorporados en cada etapa definida en el ciclo de vida del producto o actividad, conociéndose técnicamente este proceso como contabilización de GEI.

Existen en la actualidad disponibles normas y orientaciones para la contabilización de GEI, entre ellas cabe destacar: (1) protocolo de GEI del "World Resource Institute" /"World Business Council on Sustainable Development". Casi todas las directrices o reglamentaciones de contabilización de GEI, incluidas la ISO 14064 y la PAS 2050 de la "British Standard Institution" (BSI), están basadas en este protocolo; (2) directrices del IPCC para los inventarios nacionales de GEI, que incluyen todas las fuentes antropogénicas de emisiones de GEI en cuatro sectores: energía, procesos industriales y uso de producto, agricultura y silvicultura, y otros usos de la tierra y residuos. Todas estas directrices y normas proporcionan el cálculo de la huella de C de una actividad a través del ACV o análisis de la "cuna a la tumba" (Pandey y Agrawal, 2014).

La definición del límite es crucial ya que determina las actividades que serán incluidas en el estudio. El limite del sistema hace referencia a una línea imaginaria dibujada alrededor de las actividades que serán utilizadas para el cálculo de la huella de C. Esto depende de la finalidad de la huella de C y las necesidades de la entidad, organismo u objetivos para los cuales la huella es determinada. Para facilitar la adecuada contabilización se han sugerido los siguientes niveles de emisiones: (1) Nivel 1: directo (emisiones *in situ*); (2) Nivel 2: emisiones incluidas en la energía adquirida; (3) Nivel 3: todas las emisiones indirectas no cubiertas en el nivel 2, tales como aquellas asociadas con el transporte de mercancías compradas y vendidas, viajes de negocios, eliminación de residuos, etc. También la huella de C puede ser dividida en dos fracciones: básica/primaria y completa. La huella de C primaria es exclusivamente calculada con los niveles 1 y 2; mientras que la huella de C completa cubre las emisiones hasta el nivel 3 (Pandey y Agrawal, 2014).

Al igual que al ACV, el enfoque del método de cálculo de la huella de C puede ser de "la cuna a la tumba" o de la "cuna a la puerta", dependiendo de los límites del sistema de análisis seleccionado. La huella de C pretende medir el conjunto de emisiones de GEI de un producto, considerando tanto las emisiones a la atmósfera como las remociones procedentes de la atmósfera (fundamentalmente a través de la fotosíntesis), mediante la evaluación tanto de las fuentes de C y el C biogénico. La huella de C debe incluir el uso de energía, los procesos de combustión, reacciones químicas, pérdidas a la atmósfera de refrigerantes y otros GEI, operaciones de procesos, provisión de servicios y distribución, uso de la tierra y cambio de su uso, producción de ganado y otros procesos agrícolas y de manejo de residuos.

Esta compensación de C proporciona el mecanismo por el cual las emisiones de GEI producidas en un lugar son contrarrestadas por la reducción de emisiones en otro. Esta reducción de emisiones son alcanzadas mediante la atenuación de emisiones que podrían por otra parte haber sido liberadas en un escenario habitual (por ejemplo a través de la implementación de tecnologías eficientes en el uso de energía), o ser absorbidas de la atmósfera a través de la plantación de nuevos bosques. El término "neutralidad de C" indica que la actividad o producto a la cual se refiere no ha contribuido a emisiones netas de GEI a la atmósfera; esto es, su impacto sobre el cambio climático es cero.

4.3 La huella de carbono en los agrosistemas

Para la aplicación del concepto de huella de C en la agricultura se debe tener en cuenta que este sector, junto al forestal, son los únicos que tienen capacidad de absorber o remover CO_2 de la atmósfera, lo cual lleva a considerar más bien el término "balance de C" en vez de "huella de C",

Muchos de los cultivos agrícolas, dependiendo de las técnicas de producción, producen un balance positivo entre remociones y emisiones de CO_2, comportándose como sumideros netos de CO_2. En este sentido, algunos autores también utilizan el término "huella parcial de C" e incluso "huella de C negativa".

Los agrosistemas se caracterizan porque pueden remover CO_2 de la atmósfera, almacenándolo temporalmente en las especies leñosas (troncos, raíces, ramas, hojas y frutos) y de forma muy duradera también en el suelo. Sin embargo, se requiere un proceso previo de investigación para conocer la capacidad de captura de CO_2 de un cultivo o sistema agrícola concreto y la de secuestro de C por el suelo. Muchos estudios han evaluado la producción y el secuestro neto de C de los ecosistemas forestales, pero son pocos los trabajos realizados en los sistemas agrícolas, en parte debido a las dificultades e incertidumbres asociadas con la estimación del cómputo de C de las tierras de cultivo. Dentro de la actividad agrícola los cultivos arbóreos tienen un reconocido papel en el secuestro de C, que puede llegar a superar a las plantaciones forestales, aunque también ha sido poco estudiado. En este caso el C que es almacenado en troncos, ramas y raíces tiene un marcado carácter estable.

Desde el punto de vista social, existe de forma bastante generalizada, especialmente en organizaciones e instituciones públicas y ecologistas e importantes sectores de la sociedad, una preocupación casi obsesiva por las emisiones de GEI provocadas por la acción del hombre. Lo cuál, aún estando justificado, contrasta con el gran desconocimiento que existe sobre el papel que puede tener la agricultura y los suelos agrícolas en la captura y secuestro de C, y su gran potencial para neutralizar las emisiones de GEI de otros sectores. Además, muchos consideran a la agricultura como una actividad altamente contaminante y señalan a los agricultores como responsables, ignorando el papel estratégico de este sector en la alimentación, y que existen cada día más agricultores que hacen correctamente su trabajo y practican una agricultura sostenible respetuosa con el medio ambiente. La práctica del laboreo de conservación, la lucha integrada contra las plagas y enfermedades, el uso eficiente de los fertilizantes y la agricultura de precisión, cada día más generalizadas, son un ejemplo de ello.

En los últimos años se han realizado, sobre todo en EEUU, Canadá y Australia, investigaciones sobre el balance entre emisiones y secuestro de C en diferentes cultivos, estudiándose su influencia en la huella de C de las materias primas finales producidas. También en España se han realizado algunos trabajos en este sentido: en cultivos herbáceos de secano, hortícolas, olivar, frutales y cítricos.

En general, casi todos los estudios de huella de C en los agrosistemas y el uso de la tierra están enfocados principalmente a las emisiones de GEI, siendo omitida o marginada la cantidad de estos removida y secuestrada. La singularidad de la agricultura, como ya se ha mencionado, debido a su capacidad de capturar y secuestrar el CO_2 atmosférico, hace que sea inadecuada la aplicación de los métodos generalistas del cálculo de la huella de C a este sector, que debería beneficiarse de su capacidad de sumidero potencial de CO_2.

En este sentido, numerosos estudios han mostrado que la huella de C de los productos agrícolas puede ser reducida significativamente mediante la adaptación a sistemas de cultivo diversificados, disminuyendo la fertilización y utilizando prácticas de manejo mejoradas (Gan et al., 2011). Por otro lado, en la producción agrícola se debe también considerar la variación interanual tanto en las diferencias de rendimientos como en el uso de inputs y sus precios en el mercado. Todo esto debe ser tenido en cuenta y evaluar al menos con datos promedio de varios años. El tipo ACV de la "cuna a la puerta de la finca" es la comúnmente utilizada para la huella de C de los productos agrícolas, permitiendo al productor primario valorar donde se originan las mayoría de las emisiones.

No existe una base científica ni un consenso que obligue a excluir del cálculo del balance de C, como hacen algunos protocolos, los procesos de captura y almacenamiento de C que se producen en la materia vegetal de los cultivos agrícolas, por muy corto que sea el tiempo de secuestro. El beneficio ambiental que un reservorio como el agrícola realiza por la mitigación del cambio climático, al mantener fuera de la atmósfera una determinada cantidad de CO_2 durante un período definido, es muy importante. Como han señalado Victoria et al. (2010a), estamos comprando tiempo hasta que se puedan alcanzar soluciones definitivas. El C secuestrado durante el tiempo que está retenido en la biomasa de los cultivos o los suelos, no estará contribuyendo al efecto invernadero. El almacenamiento temporal de C o las emisiones retrasadas de GEI, aunque no son tenidas en cuenta en el cálculo de la "huella climática" de un producto para las categorías actualmente estandarizadas, si pueden ser consideradas como "una información ambiental adicional", si está previsto y justificado en el objetivo y el ámbito del estudio de la huella de C.

Un caso representativo de lo anteriormente expuesto es el Protocolo Internacional para el cálculo de emisiones de C en el sector vitivinícola diseñado en el año 2008 por el Instituto Internacional del Vino de California, la Asociación de Viticultores de Nueva Zelanda, el Programa de Producción Integrada del Vino de Sudáfrica y la Federación de Vinicultores de Australia. Dicho Protocolo establece que se tenga en cuenta en la fase agronómica la captura de CO_2 realizada por las estructuras permanentes de la vid, es decir, las raíces y el tronco, excluyendo las hojas, el fruto y las ramas que se podan (FIVS, 2008). Esta es la clave para la verdadera estimación de la huella de C de los productos agroalimentarios, cuyas materias primas proceden de los cultivos agrícolas.

La concienciación de la sociedad sobre el cambio climático y el auge de la huella de C, como se ha mencionado en el apartado anterior, ha llevado a numerosas empresas a hacer pública toda la información sobre las emisiones relacionadas con sus productos. Muchas cadenas de supermercados han decidido solicitar a los productores de los alimentos, expuestos en sus estanterías, que suministren también información a los consumidores sobre la huella de C de cada uno de ellos. Con la información de la huella de C de un producto se pretende que los propios consumidores decidan que alimentos comprar en función de las emisiones generadas como resultado de los procesos de producción. Tal decisión debe suponer un estímulo para que los productores lleven a cabo una agricultura más ecoeficiente. En este sentido, también se han empezado a tomar algunas iniciativas legales al respecto. Por ejemplo, el Gobierno francés estableció en el año 2009 una Ley (Ley "Grenelle") que regulaba, a partir del 1 de enero de 2011, que los consumidores serían informados por medio del marcado, etiquetado, presentación o cualquier otro medio adecuado, de las emisiones de C equivalente generados por productos y sus envases, así como del consumo de recursos naturales o el impacto sobre el medio ambiente que pudieran ser atribuibles a los mismos durante su ciclo de vida.

Sin embargo, globalmente, las emisiones de GEI así como la capacidad de sumidero de sector de la agricultura son todavía muy inciertas, y las estimaciones disponibles deben ser contrastadas a través de una extensa red de monitorización que abarque las diferentes regiones geográficas, condiciones ambientales y prácticas de manejo. También los límites de los sistemas agrícolas deben ser ampliados, para incluir todas las emisiones y/o remociones de GEI más relevantes. Por tanto, la huella de C puede ser utilizada en los sistemas de cultivo para elaborar un mapa detallado de diferentes fuentes y sumideros de GEI (Fig. 4.1). Esto identificaría los puntos donde las eficiencias ambientales pueden ser mejoradas y facilitaría una comparación de diferentes opciones de manejo y el análisis coste-beneficio ambiental. Aunque la literatura científica es todavía escasa en los estudios de huella de C enfocados a las prácticas de cultivo, éstas son esenciales para actualizar los balances de GEI y mejorar la eficiencia ambiental del sector agrícola (Pandey y Agrawal, 2014).

Con el objeto de poder comparar los diferentes estudios y evitar grandes diferencias debido a errores de planteamiento, se requeriría una metodología estándar para que analice el secuestro y las emisiones asociadas con el suelo, las emisiones asociadas con los equipos agrícolas y otras prácticas relevantes. Debido a las grandes diferencias en las actividades agrícolas a escala mundial, es esencial tener tales directrices en la selección de límites. También existe una necesidad perentoria de uniformizar las técnicas de estimación de los GEI. La falta de factores de emisión específicos, para los diferentes sectores y regiones, de los inputs agrícolas importantes, requiere investigaciones locales con el fin de que dichos factores sean los apropiados. Además, el método estándar debe abordar como tratar con escenarios alternativos y cambios en el uso de la tierra.

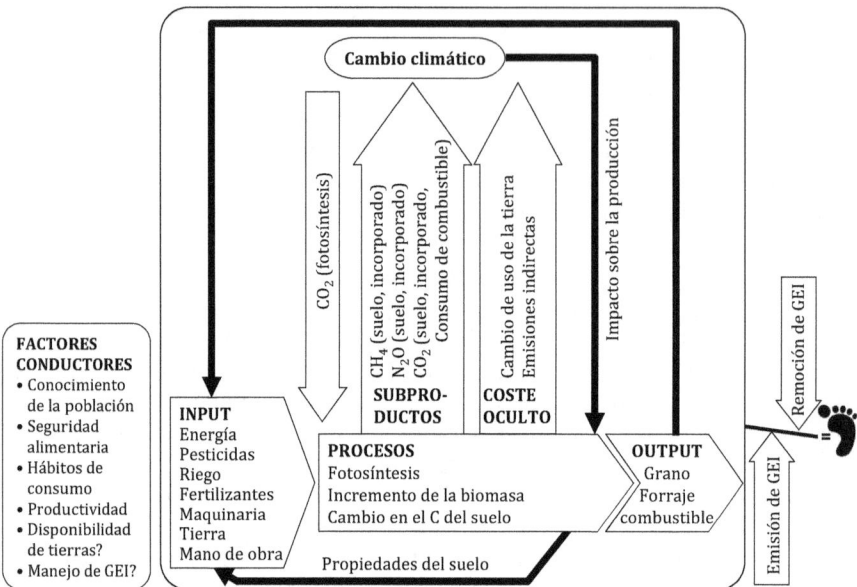

Fig.4.1 Ilustración generalizada de las actividades e inputs asociados con un cultivo agrícola a considerar en el cálculo de la huella de C (limite: desde siembra a la puerta de la explotación)(adaptado de Pandey y Agrawal, 2014).

La agricultura mediterránea en su conjunto, al tener un clima que permite un reducido gasto energético, tiene la característica de ser un potente sumidero de CO_2; generando, además de alimentos, empleo y desarrollo rural, un importante beneficio ambiental. Sin embargo, se han llevado a cabo pocas investigaciones encaminadas a establecer el análisis del ciclo de vida y la huella de C de los principales cultivos bajo estas condiciones ambientales.

4.4 Las emisiones de gases de efecto invernadero por la agricultura

La producción, formulación, almacenamiento, y distribución de los inputs externos a la explotación agrícola y su aplicación mecanizada dan lugar al consumo de combustibles fósiles y el uso de energía de otras fuentes alternativas, que emiten CO_2 y otros GEI a la atmósfera. Es por lo que el conocimiento de las emisiones de GEI de las diferentes operaciones de laboreo, utilización de fertilizantes y pesticidas, prácticas del riego, recolección y manejo de residuos, es esencial para mejorar el uso eficiente de tales inputs e identificar alternativas de eficiencia de C.

Las emisiones de C o de GEI de las prácticas agrícolas pueden ser agrupadas en fuentes primarias, secundarias y terciarias. Las fuentes primarias de emisiones de C son debidas a las operaciones móviles, tales como el laboreo, siembra, recolección y transporte, o bien a las operaciones estacionarias como el bombeo de agua y el secado del grano. Las fuentes secundarias de emisiones de GEI comprenden la fabricación, envasado, almacenamiento y transporte de los fertilizantes y pesticidas (externas a la explotación). Las fuentes terciarias de emisiones de C incluyen la adquisición de materias primas y la fabricación de equipos y edificios agrícolas (Lal, 2004).

Existen varias prácticas agrícolas que se consideran inputs intensivos de C debido a la gran cantidad de energía y combustibles fósiles implicados en su uso. Entre ellas están, como más importantes, el laboreo, los fertilizantes, los pesticidas y el riego. Se requiere una cuidadosa valoración de su manejo para reducir su utilización y mejorar el uso eficiente de estas prácticas. La conversión del laboreo convencional con arado de vertedera al no laboreo, la utilización de prácticas de manejo integrado de nutrientes y de plagas, y la mejora del uso eficiente del agua (adoptando las prácticas de riego por goteo y subirrigación), pueden reducir las emisiones de C y al mismo tiempo incrementar el reservorio de C del suelo (Lal, 2004).

Para poder comparar los costes de C de las diferentes operaciones agrícolas lo más útil es convertir las diversas unidades de energía en kg de C equivalente (CE), permitiendo de esta forma valorar el coste real de C de los sistemas de producción y desarrollar e identificar las tecnologías más eficientes en C. Una ventaja significativa de utilizar kg de CE, en vez de otras unidades de energía relacionadas, es su aplicación directa a la tasa de enriquecimiento de CO_2 atmosférico (Tabla 4.1).

Debido a que las operaciones agrícolas dependen significativamente de cada región (prácticas tradicionales, condiciones económicas de los agricultores y particularidades del cultivo), los factores de emisión y los modelos desarrollados para calcular las emisiones de GEI necesitan ser validados y depurados antes de su aplicación en un sistema agrícola particular (Pandey y Agrawal, 2014). Una consecuencia de la falta de regulación por parte de los organismos e instituciones competentes, es la escasa fiabilidad de algunos factores de emisión. En concreto, los factores de emisión no contrastados, que se atribuyen a otras emisiones indirectas externas a las explotaciones, presentan un alto grado de incertidumbre al depender entre otros factores de la tecnología y fuentes de energía utilizadas en el proceso de fabricación en otras regiones y países. Este es el caso de la fabricación y suministro de fertilizantes minerales (especialmente nitrogenados), pesticidas y otras materias primas. Por esta razón, son necesarios factores de emisión específicos para cada región con el fin de reducir la incertidumbre en los cálculos.

Tabla 4.1 Coeficientes de emisiones de carbono para diferentes fuentes de combustible y las unidades de conversión de energía (adaptado de Lal, 2004)

Fuente de combustible/Unidades de energía	Emisión de C equivalente (kg CE)
a) Un kg de combustible	
Diesel	0.94
Carbón	0.59
Gasolina	0.85
Aceite	1.01
GLP[a]	0.63
Gas natural	0.85
b) Unidades	
Millón de calorías (Mcal.)	93.5×10^{-3}
Gigajulios (GJ)	20.15
Kilovatios hora (kw h)	7.25×10^{-2}
Caballo de fuerza (CV)	5.41×10^{-2}

[a] Gas líquido de petróleo

4.4.1 Emisiones de las operaciones agrícolas

Lal (2004), ADEME (2010) y Ceschia et al. (2010), entre otros, han elaborado una relación exhaustiva del uso energético de las operaciones agrícolas y su conversión a C equivalente (CE). Estos autores enumeran de manera exhaustiva los kg CE/ha consumidos en el uso de las operaciones de laboreo, siembra, aplicación de fertilizantes, tratamientos, recolección, instalaciones y sistemas de riego, fabricación y transporte de fertilizantes y de una larga relación de pesticidas (herbicidas, insecticidas y fungicidas); además de otras operaciones no incluidas en los grupos anteriores.

A cada operación, producto o equipo se le asigna un factor de emisión (FE), utilizándose unidades de CE mediante el coeficiente 0.2727 de transformación de CO_2 a C. La suma de todas las emisiones de las operaciones de campo (primarias, secundarias y terciarias) constituye el factor para determinar el flujo neto de C del agrosistema o sistema de cultivo.

El laboreo y el riego son considerados como las más importantes fuentes primarias de emisiones de CO_2. En el laboreo se incluyen todas las operaciones que implican una alteración mecánica del suelo para preparar el lecho de siembra, afectando a las emisiones directa e indirectamente. Las emisiones directas son debidas al uso del combustible para el laboreo, las cuales dependen de numerosos factores, entre los que estarían las propiedades del suelo, tamaño del tractor, apero utilizado y profundidad del laboreo (Tabla 4.2)(Lal, 2004).

Tabla 4.2 Emisiones de las diferentes operaciones de laboreo expresadas como carbono equivalente (CE) (adaptado de Lal, 2004 y Ceschia et al. 2010)

Operación	Kg CE/ha	
	Lal (2004)	Ceschia et al. (2010)
Arado de vertedera	15.2	27.4
Subsolador	11.3	-
Arado chisel	7.9	-
Grada de discos pesada	8.3	-
Grada de discos estándar	5.8	5.6
Cultivador	4.0	2.0
Rotocultor	2.0	5.5
Arador aporcador	-	2.9
Rulo	-	6.0

La mejora de la eficiencia en el uso del agua también es importante para disminuir las emisiones. Las estrategias para mejorarla incluyen la eliminación del riego por inundación y por surcos a favor del riego por aspersión y el riego por goteo y subirrigación, reduciéndose además las pérdidas por evaporación (Tabla 4.3).

Tabla 4.3 Emisiones de la instalación de los diferentes sistemas de riego expresadas como carbono equivalente (CE)(adaptado de Lal, 2004)

Sistema de riego	Energía instalación (kg CE/ha/año)
De superficie (sin retorno del agua de escorrentía)	9.4
De superficie (con retorno del agua de escorrentía)	24.6
Aspersión portátil	121.3
Aspersión fija	35.5
Pívot	21.6
Goteo	84.9

Los factores de emisión asociados a otras operaciones de cultivo, tales como la siembra, aplicación de pesticidas y recolección, según Lal (2004), se muestran en la tabla 4.4. Este autor también ha revisado extensivamente la literatura sobre emisiones derivadas de la producción, transporte, almacenamiento y traslado de fertilizantes de N y P a las parcelas de la explotación, reportando factores de emisión medios que figuran en la tabla 4.5.

Tabla 4.4 Emisiones de otras operaciones de cultivo expresadas como carbono equivalente (CE) (adaptado de Lal, 2004 y Ceschia et al. 2010)

Operación	Kg CE/ha	
	Lal (2004)	Ceschia et al. (2010)
Siembra	3.2	2.9
Siembra no laboreo	3.8	-
Aplicación amoniaco anhidro	10.1	-
Aplicación herbicidas y fungicidas	1.4	1.2
Incorporación de productos químicos	5.7	-
Pulverización de fertilizantes	0.9	-
Aplicación de fertilizantes minerales	7.6	1.5
Aplicación de fertilizantes orgánicos	-	3.2
Hileradora	4.8	-
Rastrillado	1.7	-
Henificación	-	5.7
Empacadora (pacas rectangulares)	3.3	-
Empacadora (pacas redondas)	5.8	-
Ensilaje de maíz	19.6	-
Desbrozadora	4.4	-
Cosechadora de grano	8.7	14.9
Cosechadora de forraje	13.6	-

La mejora del uso de los fertilizantes es una importante alternativa para reducir las emisiones de GEI. Al ser estos uno de los inputs de C más intensivos, es recomendable mejorar su eficiencia, sobre todo en el N (minimizando las pérdidas causadas por la erosión, lixiviación y volatilización), y también identificar fuentes alternativas a través de las estrategias de manejo integrado de nutrientes (MIN), incluyendo la fijación biológica del N, el estiércol animal y otros biosólidos, y el reciclado de nutrientes contenidos en los residuos de cultivo.

Los inputs energéticos son mucho menores para los nutrientes procedentes del estiércol animal (respecto a los fertilizantes químicos). El CE del estiércol fresco se estima en 7-8 g/kg de estiércol. La energía requerida en MJ/kg de N es: amoniaco anhidro 78, amoniaco líquido 80, nitrato amónico 90, urea 110, fosfato diamónico 116. Para el P y el K la energía requerida varia de 17.8 a 18.7 MJ/kg de P_2O_5 y 7.9 a 8.2 MJ/kg de K_2O.

Tabla 4.5 Emisiones derivadas de la producción transporte y almacenamiento de los fertilizantes, expresadas como carbono equivalente (CE) (adaptado de Lal, 2004; Ceschia et al. 2010 y ADEME, 2010)

Materia activa	Kg CE/kg		
	Lal (2004)	Ceschia et al. (2010)	ADEME (2010)
Nitrógeno (N)	1.30		1.46
Nitrato amónico		1.11	1.69
Urea		1.29	1.00
Amoniaco anhidro			0.80
Solución nitrogenada			1.41
Fósforo (P)	0.20	0.42	0.07
Superfosfato triple	-	-	0.07
Potasio (K)	0.15	0.15	0.10
Cloruro potásico	-	-	0.10
Calcio (Ca)	-	1.35	-
Magnesio (Mg)	-	0.15	-
Azufre (S)	-	0.15	-
Boro (B)	-	1.11	-
Estiércol	-	0.88[1]	-
Purin	-	0.90[2]	-

[1] Kg CE/t; [2] kg CE/m^3

Los pesticidas también son extremadamente intensivos en inputs de C. Su utilización inapropiada o abuso puede provocar un importante riesgo ambiental y ser fuente de polución. La energía requerida para la producción, formulación, embalaje y transporte de los pesticidas (Mcal/kg de materia activa) varía entre 63 a 100 para los fungicidas, 61 a 87 para los insecticidas y 28 a 65 para los herbicidas. En general, el promedio de energía requerida para la producción de pesticidas sería 67 Mcal/kg de ingrediente activo. En el caso concreto de materias activas herbicidas comúnmente usadas, su energía sería (expresada en MJ/kg de ingrediente activo): 203 para 2,4 D; 238 para atrazina; 374 para trifluralina; 398 para alacloro y 414 para paraquat (Lal, 2004).

Según Lal (2004), las emisiones de las distintas clases de pesticidas, tienen similar consumo de energía durante los procesos de producción, transporte, almacenamiento y aplicación en el campo. De acuerdo con dicho autor y otras fuentes (Ceschia et al., 2010 y ADEME, 2010), las tablas 4.6, 4.7 y 4.8 indican los factores de emisión promedio de los herbicidas, fungicidas e insecticidas, respectivamente; así como de las principales materias activas de los mismos.

Tabla 4.6 Emisiones derivadas de la producción, transporte y almacenamiento de los herbicidas expresadas como carbono equivalente (CE) (adaptado de Lal, 2004; Ceschia et al. 2010 y ADEME, 2010)

Materia activa	Kg CE/kg de materia activa		
	Lal (2004)	Ceschia et al. (2010)	ADEME (2010)
Valor medio	6.3	3.92	2.46
2,4-D	1.7	-	-
2, 4, 5-T	2.7	-	-
Alacloro	5.6	-	-
Amidosulfuron	-	2.91	2.92
Asulam	-	2.45	2.46
Atrazina	3.8	1.55	1.56
Bentazon	8.7	-	-
Bifenox	-	0.79	0.79
Butilato	2.8	-	-
Carbetamida	-	2.45	2.46
Cloramben	3.4	-	-
Clorsulfuron	7.3	-	-
Clortoluron	-	2.91	-
Cianazina	4.0	-	-
Dicamba	5.9	-	-
Dinoseb	1.6	0.67	0.68
Diquat	8.0	-	-
Diuron	5.4	-	-
EPTC	3.2	-	-
Etofumesato	-	2.60	2.62
Fenmedifam	-	2.45	2.46
Fluazifop-butil	10.4	-	-
Fluometuron	7.1	-	-
Fluroxipir	-	5.95	5.97
Glifosato	9.1	4.77	4.79
Ioxinil	-	2.60	2.62
Isoproturon	-	2.91	2.92
Linuron	5.8	-	-
MCPA	2.6	1.27	1.27
Mecoprop	-	2.35	2.36
Metamitrona	-	2.46	2.48
Metolacloro	5.5	2.71	-
Paraquat	9.2	-	-
Pendimetalina	-	1.10	1.11
Propacloro	5.8	-	-
Piridato	-	2.60	2.62
Rimsulfuron	-	2.91	2.92
Terbutilazina	-	2.46	2.48
Trifluralina	3.0	-	-

Tabla 4.7 Emisiones derivadas de la producción, transporte y almacenamiento de los fungicidas y otros agroquímicos, expresadas como carbono equivalente (CE) (adaptado de Lal, 2004; Ceschia et al. 2010 y ADEME, 2010)

Materia activa	Kg CE/kg de materia activa		
	Lal (2004)	Ceschia et al. (2010)	ADEME (2010)
Fungicidas			
Valor medio	3.9	2.25	1.65
Benomilo	8.0	-	-
Captan	2.3	-	-
Carbendazima	-	4.17	4.19
Clortalonil	-	0.99	1.00
Fenpropimorf	-	1.68	1.69
Flusilazole	-	1.68	1.69
Mancozeb	-	0.77	0.78
Maneb	2.0	0.81	0.81
Procloraz	-	1.68	1.69
Tebuconazol	-	1.68	1.69
Molusquicidas			
Metiocarb	-	2.46	2.46
Reguladores de crecimiento			
Valor medio	-	2.37	2.32
Clormequat	-	2.37	-
Etefon	-	2.37	-
Trinexapac-etil	-	2.37	-

Tabla 4.8 Emisiones derivadas de la producción, transporte y almacenamiento de insecticidas expresadas como carbono equivalente (CE) (adaptado de Lal, 2004; Ceschia et al. 2010 y ADEME, 2010).

Materia activa	Kg CE/kg de materia activa		
	Lal (2004)	Ceschia et al. (2010)	ADEME (2010)
Valor medio	5.1	4.73	6.88
Carbaril	3.1	-	-
Carbofuran	9.1	-	-
Cipermetrina	11.7	7.02	-
Forato	4.2	-	-
Lambda-cihalotrin	-	7.02	-
Malation	4.6	-	-
Metoxicloro	2.8	-	-
Toxafeno	1.2	-	-

De forma similar a los fertilizantes, es importante crear estrategias de manejo integrado de malas hierbas, plagas y enfermedades para reducir las emisiones de C procedentes del uso de pesticidas. Por ejemplo, el uso de herbicidas puede ser reducido aplicándolos en bandas en vez de en toda la superficie, sólo durante los períodos críticos de crecimiento de las malas hierbas o sembrando cultivos GM (genéticamente modificados). La introducción de variedades transgénicas tolerantes a los herbicidas y/o resistentes a insectos reducen drásticamente el uso de productos fitosanitarios y su efecto concomitante sobre las emisiones de C. Sin embargo, desde la perspectiva del manejo, hay un mayor potencial de reducción de las emisiones en el manejo de la fertilidad (utilizando una gestión integrada de nutrientes y mejorando su eficiencia) que en el control de malas hierbas, plagas y enfermedades.

La tabla 4.9 muestra, a título de ejemplo, las emisiones totales de GEI de diversos cultivos en Francia, expresadas en C equivalente por ha y por tonelada de rendimiento producido, donde las emisiones de N_2O juegan en este caso un papel importante (ADEME, 2010). La captura y secuestro de C por el suelo procedente de los residuos de los cultivos no es tenida en cuenta.

Tabla 4.9 Emisiones de gases de efecto invernadero expresadas como carbono equivalente (CE) de los principales cultivos en Francia (adaptado de ADEME, 2010)

Cultivo	Rendimiento (kg/ha)	CE/ha (kg)	CE/t (kg)	Emisiones N_2O (kgCE/ha)
Trigo	9000	765	85	311 (40.6%)[1]
Colza	3340	783	234	288 (36.8%)
Girasol	2440	314	129	66 (21.0%)
Patatas	40000	792	20	271(34.2%)

[1] Proporción de N_2O respecto a CE total

4.4.2 Variación del carbono orgánico del suelo

Respecto a los cambios en el C del suelo (que también constituyen emisiones y/o remociones directas, de CO_2, CH_4 y N_2O), es necesaria la valoración de las diferencias de sus reservas en un largo período de tiempo. Esto es debido a que los cambios en el C del suelo son demasiado lentos para ser medidos fiablemente con una escala de tiempo de pocos años. Otro aspecto relacionado con la medida de secuestro de C por el suelo, como ya ha sido referido en el capítulo 3, es la cuestión de su permanencia; es decir, cuanto tiempo el C acumulado en el suelo permanecerá fuera de la atmósfera. Por estos motivos es por lo que el C es excluido en la contabilización de los GEI, aunque algunos estudios han mostrado que el secuestro de C en los suelos puede compensar significativamente una parte de la huella de C de los sistemas de cultivo.

La metodología establecida por la normativa considera que para determinar la huella de C se deben calcular las emisiones directas de GEI y las indirectas por consumo de energía; y que, opcionalmente, también se pueden cuantificar las remociones de GEI. Sin duda, esta opción es la más real y adecuada para valorar los beneficios ambientales que produce la agricultura por la captura del CO_2 y el secuestro neto de C por el suelo. Por consiguiente, a medida que mejore el manejo de las prácticas agrícolas y la investigación profundice en el conocimiento y cuantificación del secuestro de C en los diferentes sistemas de cultivo, será necesario modificar o adaptar la normativa de la huella de C para las materias primas agrícolas, con el fin de que adquieran el protagonismo que realmente tienen como factores mitigadores en el sector agrario.

4.4.3 Emisiones de óxido nitroso (N₂O)

La cantidad de emisiones de N_2O directas e indirectas está principalmente relacionada con la cantidad de N aplicada al cultivo e influenciada por las condiciones ambientales. El modelo de Rochette et al. (2008) (aplicado por Gan et al., 2011), que contabiliza los flujos de N_2O de las tierras agrícolas, asume que el factor de emisión de N_2O está fundamentalmente relacionado con la precipitación durante la estación de crecimiento (P) y la evapotranspiración potencial (EP) acumulada durante el cultivo.

$$FE = \frac{0.022P}{EP} - 0.0048$$

siendo:

FE = factor de emisión, expresado en kg N_2O-N/kg de N
P/EP = relación entre la precipitación y evapotranspiración durante la estación de crecimiento

Rochette et al. (2008) utilizaron un gran número de mediciones de flujos de N_2O en suelos agrícolas de Canadá, desarrollando un método sencillo para determinar los factores de emisión de N_2O, basándose en los déficit de humedad de la estación de crecimiento. Las emisiones directas procedentes de la descomposición de los residuos de cultivo y la aplicación del N de síntesis resultaron una función de la relación precipitación/evapotranspiración potencial.

Las emisiones directas de N_2O (N_2O direct.), derivadas de la aplicación del N fertilizante de síntesis (N_{FS}) y de los residuos de cultivo (N_{RC}), fueron estimadas por la siguiente fórmula:

$$N_2O \text{ direct.} = (N_{FS} + N_{RC}) \times FE \times \frac{44}{28} \times 310$$

Donde 44/28 es el coeficiente de conversión de N_2O-N en N_2O, y 310 es el potencial de calentamiento global del N_2O, respecto al CO_2.

La fracción de N sometida a lavado ($FRAC_{lav.}$) también es proporcional a P/EP, estimándose:

$$FRAC_{lav} = \frac{0.3247P}{EP} - 0.0247$$

Las emisiones indirectas de N_2O del suelo ($N_2O_{indirect}$), derivadas del lavado de nitratos y la volatilización de NH_3 y NO_x son calculadas de la siguiente forma:

$$N_2O_{indirect} = \left[(N_{FS} + N_{RC}) \times FRAC_{lav} \times FE_{lav} + (N_{FS} \times FRAC_{gasm} \times FE_{VD}) \right] \times \frac{44}{28} \times 310$$

Donde $FRAC_{gasm}$ es la fracción de N_{FS} que se volatiliza como NH_3 y NO_x-N; FE_{VD} es el factor de emisión asociado con la volatilidad de NH_3 y NO_x; y FE_{lav} es el factor de emisión para el lavado. Todos los factores de emisión pueden ser consultados de la publicación 2006 IPCC Guidelines (IPCC, 2006).

4.5 El cálculo de la huella de carbono en la agricultura

Existen numerosas metodologías normalizadas a escala internacional para el cálculo de la huella de C. Estas se aplican a productos y servicios y tienen en cuenta únicamente las emisiones de GEI de los procesos. Como ya se ha indicado, cuando tales métodos se aplican a la industria agroalimentaria, la huella de C se calcula teniendo en cuenta sólo las emisiones de GEI de la materia prima recepcionada (sea trigo, aceituna, naranjas, etc...), a las que se suman las emisiones generadas en el proceso de fabricación correspondiente (pan o pastelería, aceite, zumo, etc...). Se prescinde, por tanto, del posible secuestro de C que tales cultivos han podido generar al producir la materia prima. Es decir, el sector agroalimentario recibe el mismo tratamiento en el cálculo de la huella de C que una fábrica de cemento, una compañía aérea o una fábrica de automóviles, donde evidentemente no hay secuestro de C alguno en las materias primas y procesos que se emplean.

Las metodologías normalizadas de cálculo de la huella de C no han sido especialmente diseñadas para ser aplicadas a la agricultura y a la industria agroalimentaria que de ella se deriva. Se ignora completamente el papel de la fotosíntesis en la captura y secuestro de C que este sistema genera en el suelo y en la biomasa; esta última especialmente en las plantaciones arbóreas. Su cálculo es muy complejo y variable, según zonas, métodos de cultivo, etc. Por esta razón, las normas oficialmente establecidas para determinar la huella de C han preferido no considerar este aspecto, a pesar de que se están aplicando a la industria agroalimentaria. Sólo, como ya se ha citado, tienen en cuenta las emisiones de GEI generadas por las operaciones y técnicas del cultivo y el proceso de transformación y/o acondicionamiento del producto final, lo cual es sin duda más cómodo. De esta manera, en la práctica, se puede, a partir de información muy estandarizada, determinar la huella de C de un producto agroalimentario elaborado. Considerar el secuestro de C es más difícil y exige investigaciones previas y estudios detallados para cada producto y agrosistema donde se produce.

En definitiva, se están aplicando a los cultivos agrícolas metodologías inadecuadas y con ello causando un grave perjuicio al sector agroalimentario, cuyas materias primas pueden aportar un factor de compensación que reduce, neutraliza, e incluso hace negativa la huella de C provocada por las emisiones de GEI del proceso completo. No se cumple tampoco la tan conocida frase "de la cuna a la tumba", a pesar que se recurran a subterfugios para establecer limitaciones metodológicas que se acomoden a las normativas oficialmente establecidas.

El método elaborado por el World Resources Institute (WRI) y el World Business Council for Sustainable Development (WBCSD), conocido como GHG Protocol, reconoce que tener una visión precisa y completa de las emisiones a lo largo de toda la cadena de valor sólo es posible si se consideran también los efectos del C atmosférico secuestrado. Aun así, reconoce que no se han desarrollado métodos consensuados para contabilizar el C atmosférico secuestrado por las actividades basadas la producción de biomasa, por lo cual éstas deberán justificar los procesos implicados, pudiendo aparecer esta información como opcional (Victoria et al. 2010b). En este sentido, la norma PAS 2050 (BSI, 2011) es claramente perjudicial a la hora de utilizarla como metodología para productos agrícolas, si lo que se pretende es reflejar el papel beneficioso que puede desarrollar la agricultura como promotora de almacenamiento neto de CO_2. Esta norma calcula la huella de C basándose en la metodología de medida del ciclo de vida de los GEI procedentes de bienes y servicios; es decir, contempla sólo el impacto de las emisiones de GEI.

Para el cálculo de la huella de C de los cultivos agrícolas, todas las actividades asociadas con los mismos deben ser identificadas. En la Fig. 4.2 se presenta un esquema general de las diferentes actividades implicadas en las prácticas de cultivo que son relevantes para la huella de C. La selección del límite del sistema dependerá del nivel hasta el cual la huella de C ha de ser calculada.

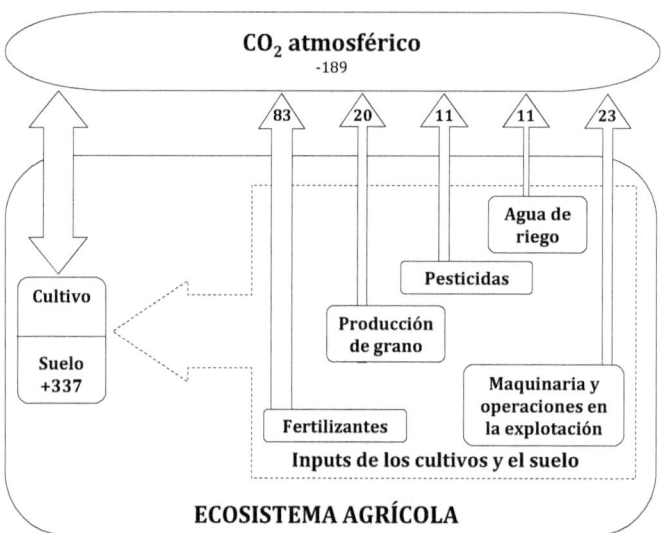

Fig. 4.2 Flujo anual de C en ecosistemas agrícolas durante los primeros años después de un cambio del laboreo convencional al no laboreo, basado en inputs promedio de los cultivos en EEUU. Los valores dentro de las flechas miden las tasas de flujo. Los otros valores miden los cambios en las reservas. Las tasas de flujo entre la atmósfera y la biosfera (reservorio cultivo/suelo) son inherentes a la variación de existencias de C del suelo. Unidades en kg C/ha/año (adaptado de West y Marland, 2002).

Existen muchas fuentes de incertidumbre en el cálculo de la huella de C, como ya se ha mencionado. En relación con las prácticas agrícolas, la frecuente falta de disponibilidad de datos sobre los factores de emisión de cada actividad específica es una importante fuente de error. Además, los cambios asociados al uso de la tierra y los escenarios alternativos bajo diferentes prácticas agrícolas no son fáciles de predecir con fiabilidad (Pandey y Agrawal, 2014).

Debido a que la agricultura está altamente condicionada por el clima, se requiere una monitorización y evaluación a largo plazo para generar estimaciones fidedignas de la huella de C, y como responde ésta a los cambios en cada uno de los diferentes componentes. Aunque el secuestro de C por el suelo es considerado como una buena estrategia de mitigación de CO_2, existe cierta controversia sobre cual es la cuantificación y valoración más adecuada y fiable para contabilizar su capacidad de sumidero. Uno de los argumentos de su exclusión como sumidero es que el secuestro debe ser capaz de guardar el C fuera de la atmosfera por un relevante período de tiempo; asumiéndose convencionalmente que éste es de al menos 100 años.

Los conocimientos sobre el carácter lábil o recalcitrante del C orgánico del suelo y el tiempo medio de residencia del mismo son cada vez más amplios y diversificados a diferentes tipos de suelo y sistemas de cultivo; como reflejan las numerosas publicaciones científicas, donde cada vez se utilizan metodologías de campo y de laboratorio de mayor precisión y mejor contrastadas. Por otro lado, cada día son más los científicos que consideran que el período de tiempo de al menos 100 años establecido como permanencia mínima del C orgánico del suelo es un convencionalismo no suficientemente verificado a nivel experimental; y que es un concepto que no tiene sentido considerarlo en los estudios de huella de C en la agricultura. Al contrario, puede ser considerado como un "cómodo argumento" para eliminar la "molesta" pero real influencia compleja y aún no suficientemente conocida de los suelos agrícolas en el secuestro y la huella de C.

En esta misma línea argumental, West y Marland (2002) han propuesto un método de análisis del ciclo de C en la agricultura de EEUU para analizar la influencia en el mismo de las prácticas agrícolas, con el objetivo de reducir el CO_2 atmosférico y mitigar las emisiones de C debidas al consumo de energía fósil. El método trata de contabilizar o estimar las emisiones netas de C a la atmósfera y alcanzar un valor del flujo neto de C, que representa el verdadero impacto sobre el reservorio de CO_2 atmosférico. Para ello se considera tanto el C secuestrado en el agrosistema como las emisiones de C de los inputs agrícolas. Ambos factores pueden ser utilizados para obtener: (1) el intercambio neto de C con la atmósfera; (2) la ruta temporal de cambios de C, esto es, seguir los cambios en el flujo neto de C con el tiempo; y (3) la comparación del flujo relativo de C: clarificación de las diferencias entre dos o más prácticas de manejo. La contabilización de todas las emisiones de C asociadas con las operaciones agrícolas, junto a los cambios en el C del suelo, tienen como resultado un valor de flujo neto de C absoluto:

Flujo neto de C = emisiones de C – secuestro de C

El flujo neto de C indica, por tanto, si un sistema es un sumidero neto (valores negativos) o una fuente neta (valores positivos) de CO_2 para el reservorio atmosférico.

Más recientemente, Pandey y Agrawal (2014) han calculado la huella de C agrícola considerando el potencial de calentamiento global (PCG) de todos los niveles de emisiones directas e indirectas (primarias, secundarias y terciarias) a partir del cómputo individual de las mismas; utilizando los factores de conversión correspondientes a un horizonte de 100 años de tiempo. La fórmula de cálculo de dicho potencial es dada por:

$$PCG = \text{emisión/remoción de } CH_4 \times 25 + \text{emisión/remoción de } N_2O \times$$
$$298 + \text{emisión/remoción de } CO_2$$

Donde PCG es expresado en kg CO_2-eq/ha, y las emisiones son tomadas como positivas, mientras que las remociones como negativas.

La huella de C (HC) se calcularía sumando los PCG de cada uno de los niveles de emisiones. El resultado final de la huella de C de los sistemas agrícolas puede ser expresado como huella espacial (HC_s) o usando la escala de rendimiento (HC_r), según las siguientes fórmulas:

$$HC_s = \sum_{i:1}^{3} \left[PCG(nivel_i) \right]$$

$$HC_r = \frac{HC_s}{rendimiento\, de\, grano}$$

Las unidades de HC_s se expresan en kg CO_2-eq/ha, mientras que las de HC_r en kg CO_2-eq/kg de rendimiento.

En la figura 4.3 se muestra un ejemplo de simulación de cálculo del balance de C, expresado como potencial de calentamiento global, según diferentes rotaciones de cultivo, sistemas de laboreo y zonas con diferente pluviometría, elaborado por Zaher et al. (2013) en EEUU (Este de Washington).

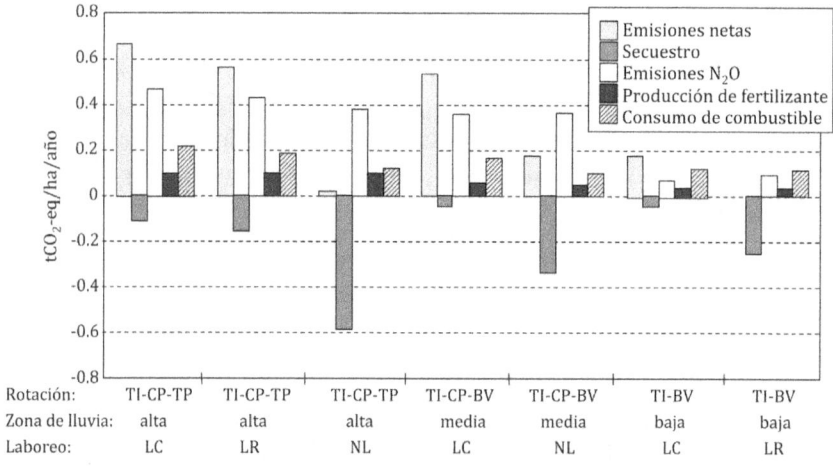

Fig. 4.3 Potencial de calentamiento global por ha y año para diferentes rotaciones de cultivo, sistemas de laboreo y zonas de lluvia. Cultivos: trigo de invierno (TI); trigo de primavera (TP); cebada de primavera (CP); barbecho de verano (BV). Laboreo: laboreo convencional (LC); laboreo reducido (LR); no laboreo (NL)(adaptado de Zaher et al. 2013).

En el siguiente capítulo ("Casos de estudio") se incluye el análisis del secuestro, balance y huella de C de diferentes sistemas de cultivo localizados en distintas áreas y según diversos autores.

Referencias

ADEME. 2010. Bilan Carbone: Guía de los factores de emisión. Versión 6.1. French Agence de l'environnement et de la Maîtrise de l'Energie. Paris.

Brock P, Madden P, Schwenke G, Herridge D. 2012. Greenhouse gas emissions profile for 1 tonne of wheat produced in Central Zone (East) New South Wales: a life cycle assessement approach. Crop & Pasture Science, 63: 319-329.

BSI. 2011. PAS 2050. British Standards Institution. Londres. Reino Unido.

Ceschia E, Béziat P, Dejoux JF, Aubinet M, Bernhofer C, Bodson B, Buchmann N, Carrara A, Cellier P, Di Tommasi P, Elbers JA, Eugster W, Grünwald T, Jacobs CMJ, Jans WWP, Jones M, Kutsch W, Lanigan G, Magliulo E, Marloie1 O, Moors EJ, Moureaux C, Olioso A, Osborne B, Sanz MJ, Saunders M, Smith P, Soegaard H and Wattenbach M. 2010. Management effects on net ecosystem carbon and GHG budgets at European crop sites. Agriculture, Ecosystems and Environment, 139: 363-383.

European Commission. 2010. General guide for life Cycle Assessment. Publications Office of the European Union. Luxembourg. 417 pp.

FIVS. 2008. International Wine Carbon Calculator Protocol (IWCCP) Versión 1.2. Federation Internationale des Vins et Spiritueux. Paris.

Gan Y, Liang Ch, Hamel Ch, Herb C, Wang H. 2011. Strategies for reducing the carbon footprint of field crops for semiarid areas. A review. Agronomy for Sustainable Development, 31: 643-656.

Hellweg y Milan i Canals, 2014. Emerging approaches, challenges and opportunities in life cycle assessment. Science, 244: 1109-1113.

Hoekstra AY, Wiedmann TO, 2014. Humanity's unsustainable environmental footprint. Science, 344: 1114-1117.

IPCC. 2006. Guidelines 2006 emission factors. Intergovernmental Panel on Climate Change. World Meteorological Organization. Ginebra.

Lal R. 2004. Carbon emissions from farm operations. Environment Internacional, 30, 981-990.

Pandey D, Agrawal M. 2014. Carbon footprint estimation in the agriculture sector. En "Assessment of carbon footprint in different industrial sectors Vol I". (Subramanian Senthikannan Muthu ed.). Springer. pp 25-47.

Payraudeau S, Hayo MG, Van der Werf. 2005. Environmental impact assessment for a farming region: a review of methods. Agriculture, Ecosystems and Environment, 107: 1-19.

Pelletier N, Lammers P, Stender D, Pirog R. 2010. Life cycle assessment of high-and low-profitability commodity and deep-bedded niche swine production systems in the Upeer Midwestern United States. Agricultural Systems, 103: 599-608.

Peters GP. 2010. Carbon footprints and embodied carbon at multiple scales. Current Opinion in Environmental Sustainability, 2: 245-250.

Rochette P, Worth DE, Lemke RL, McConkey BG, Pennock DJ, Wagner-Riddle C, Desjardins RL. 2008. Estimation of N_2O emissions from agricultural soils in

Canada. I. Development of a country-specific methodology. Canadian Journal Soil Science, 88: 641-654.

Sanyé-Mnegual E, García Lozano R, Farreny R, Oliver-Sola J, Gasol CM, Rieradevall. 2014. Introduction to the eco-design methodology and the role of product carbon footprint. En "Assessment of carbon footprint in different industrial sectors Vol I" (S Senthikannan Muthu, ed.). Springer. pp. 1-24.

Victoria Jumilla F, Costa Gomez I, Castro Corbalan T, García Cardemnas, Romojaro Casado MC, Mesa del Castillo ML. 2010a. Balance de carbono en cultivos de agricultura intensiva. La iniciativa agricultura murciana como sumidero de CO_2. En "iniciativas para una economía baja en carbono LESS CO2". Consejería de Agricultura y Agua. Murcia. 225-290.

Victoria Jumilla F, Costa Gomez I, Castro Corbalan T, García Cardemnas, Romojaro Casado MC, Mesa del Castillo ML. 2010b. Etiquetado de carbono en las explotaciones y productos agrícolas. La iniciativa agricultura murciana como sumidero de CO2. En "iniciativas para una economía baja en carbono LESS CO2". Consejería de Agricultura y Agua. Murcia. 13-62.

Wang WJ, Dalal RC. 2006. Carbon inventory for a cereal cropping system under contrasting tillage, nitrogen fertilisation and stubble management practices. Soil & Tillage Ressearch, 91:68–74.

West TO, Marland G. 2002. Net carbon flux from agricultural ecosystems: methodology for full carbon cycle analyses. Environmental Pollution, 116: 439-444.

Zaher U, Stöckle C, Painter K, Higgins S. 2013. Life cycle assessment of the potencial carbon crédit from no-and reduced-tillage winter wheat-based cropping Systems in Eastern Washington State. Agricultural Systems, 122: 73-78.

Capítulo 5

Casos de estudio: balance y huella de carbono en sistemas agrícolas

El último capítulo del libro presenta once casos de estudio sobre el balance y huella de C en diversas áreas y sistemas de cultivo. El conjunto de los casos muestra una gran variabilidad de resultados respecto a la dinámica del C en los agrosistemas bajo distintas condiciones ambientales, y sobre todo debido a la gran variabilidad metodológica utilizada por los diferentes autores a la hora de analizar las emisiones de GEI, la remoción y captura de C y el balance y huella de éste. Esta complejidad genera numerosos problemas conceptuales y representa serias dificultades para elaborar con rigor estudios y establecer criterios y normativas de aplicación general. Es principalmente por este motivo, que las normas oficiales que regulan la metodología de cálculo hayan optado desde el principio obviar estas dificultades, y no tener en cuenta la contribución de la agricultura como potencial sumidero de C a través de la biomasa y el suelo, a la hora de calcular la huella de C de las materias primas agrícolas y de sus productos transformados en la agroindustria.

De los once casos de estudio, seis analizan sistemas agrícolas basados en cultivos anuales, principalmente cereales, y sobre todo trigo en rotación con otros cultivos (leguminosas y oleaginosas) y barbecho. El primer caso de estudio es el *"Experimento Malagón: el secuestro de C en la agricultura de secano Mediterránea"* localizado en el sur de España (Córdoba) (López-Bellido, et al., 2010), donde desde 1986 se estudia la influencia del sistema de laboreo, la rotación y la dosis de N fertilizante en el rendimiento de los cultivos y en la dinámica del N y C orgánico del suelo. El siguiente caso de estudio, *"Secuestro y balance de C en un sistema de cultivo de cereal en clima semiárido subtropical de Australia"* (Wang y Dalal, 2006), es un experimento de 33 años basado en los cultivos de trigo y cebada en un Vertisol de Queensland. El tercer caso, *"Perfil de emisiones de GEI de 1 tonelada de trigo en New South Wales: una propuesta de análisis de ciclo de vida"*, localizado también en Australia (Brock, et al., 2012), analiza el ciclo de vida y la huella de C del trigo en una rotación trigo-pastos. El siguiente caso, *"La huella de C del trigo duro en diferentes sistemas de cultivo en Saskatchewan (Canadá)"* (Gan et al., 2011), analiza las emisiones totales de GEI, con énfasis en el N_2O del suelo, en diversas rotaciones en las que intervienen el trigo duro y también leguminosas. El caso *"Huella de C del trigo harinero de primavera en respuesta a la frecuencia del barbecho y a los cambios de C orgánico del suelo en la región semiárida canadiense"*, se localiza también en Saskatchewan (Gan et al., 2012) y está basado en un experimento de 25 años con diferentes rotaciones de trigo y barbecho. El último caso referido a los cereales, *"Secuestro y huella de C del cultivo de maíz para la producción de etanol en el norte de las "Great Plains" en EEUU"* (Clay et al., 2012), estudia la huella parcial de C del maíz en rotación con trigo y soja , asociada al secuestro potencial de C orgánico del suelo, y en relación con la producción de etanol.

Los cuatro casos de estudio siguientes están referidos a plantaciones arbóreas cultivadas (olivar, viñedo y cítricos). Dos casos son de olivar *"Balance y huella de C del olivar"* (López-Bellido et al. 2014) y *"Modificación del balance de CO_2 en plantaciones de olivar"* (Morales Sierra y Villalobos, 2010), localizados ambos en Andalucía. El primer caso estudia el balance de C considerando la biomasa y el C orgánico del suelo. El segundo, calcula el balance de CO_2, utilizando un modelo funcional (OLIVE-CW) con la técnica de covarianza de torbellinos. El caso del viñedo, *"Estimación y predicción del secuestro de C en un cultivo de viñedo"*, estudia la huella de C en diferentes variedades para vinificación en Nueva Gales del Sur (Australia) (Goward et al. 2012), considerando la medida integral de la cantidad de GEI producidos y consumidos por el agrosistema. El caso de estudio *"Fijación y balance de C en plantaciones de cítricos. Modelos alométricos para estimar la producción neta de C"* (Iglesias et al. 2012), evalúa en diferentes experimentos en las regiones del Levante y Sur de España, la producción primaria neta y diferentes relaciones alométricas para estimar la huella de C considerando solo la biomasa de las plantaciones.

El último caso analizado, *"Less CO_2. Iniciativa para una economía baja en C en la agricultura murciana. Análisis del balance de C"* (Carvajal, et al., 2010), es un estudio corporativo de diferentes instituciones de la región de Murcia (España) que tiene como objetivo el establecer la capacidad de diferentes especies hortícolas y frutales como sumidero de CO_2 y de calcular los balances de C del sector hortofrutícola, de gran importancia en la región.

Los casos de estudio relacionados con los cereales revelan el papel clave que juega el C orgánico almacenado en el suelo en el balance y huella de C de los sistemas y la influencia que en el mismo tienen las prácticas de manejo. En este sentido, los experimentos de larga duración son los más fiables al ser más consistentes los efectos del sistema de laboreo y las rotaciones, principales factores de cultivo que influyen positivamente en el acumulación de C orgánico en el suelo. El no laboreo y el laboreo reducido, junto con la retención de la paja y el rastrojo, han mostrado en todos los casos de estudio, una influencia positiva en el potencial secuestro de C por el suelo, que en general supera a las emisiones generadas por el cultivo. De igual forma, las rotaciones también juegan un notable papel en la dinámica del C orgánico del suelo, mostrando las leguminosas un efecto de reducción de las emisiones de GEI y por consiguiente un balance más favorable entre el secuestro de C por el suelo y las emisiones de GEI; ocurriendo a la inversa con el barbecho, donde la mayoría de los estudios le asignan un efecto negativo. En consecuencia, la mayoría de los resultados, cuando se adoptan prácticas de manejo de conservación, difieren de la percepción generalmente admitida que los suelos sembrados con cultivos anuales representan una pérdida de C orgánico del suelo. Por otro lado, los casos de estudio analizados muestran que los climas cálidos y semiáridos tienden a mejorar el balance de C y reducir la huella del mismo.

Los casos de estudio de cultivos arbóreos (olivar, viñedo y cítricos) ponen siempre de manifiesto un potencial de captura de C notablemente mayor que los cultivos anuales debido al volumen de biomasa de las estructuras permanentes (troncos, ramas y raíces), aunque no siempre se haya considerado el secuestro de C del suelo. Sin embargo, cuando éste se considera, su potencial de secuestro de C puede ser superior al de la biomasa si se utilizan buenas prácticas de manejo, tales como el laboreo de conservación, la incorporación de los residuos de poda, las cubiertas vegetales, etc.. En definitiva, las plantaciones arbóreas representan un importante reservorio de C estable a tener en cuenta, que incluso puede llegar a superar a las plantaciones forestales, y contribuir en su conjunto a la mitigación de los GEI como un importante sumidero.

En síntesis, los resultados de los casos de estudio, analizados en los diferentes agrosistemas, plantean la necesidad de considerar a la hora de calcular la huella de C de un cultivo, o de la transformación agroindustrial de su producción, no sólo las emisiones de GEI generadas sino también la captura y secuestro de C por la biomasa (en el caso de plantaciones arbóreas) y el suelo, a pesar de que las normativas oficiales no lo consideren. En este caso, tal vez, debería hablarse mejor de balance de C, huella parcial de C o incluso huella de C "negativa". No obstante este aspecto sigue siendo controvertido y sometido a debate, pues aún existen numerosas lagunas tanto conceptuales como metodológicas. Entre estas estarían el tipo de C orgánico que se debe considerar en función de su estabilidad o labilidad, tanto en la biomasa como en el suelo; la determinación de los factores de emisión de GEI adaptados a las condiciones locales, en especial el N_2O; y la profundidad del suelo a tener en cuenta para determinar el contenido de C orgánico (hasta ahora la mayoría de los estudios, con alguna excepción, sólo consideran la capa superficial del mismo, no más de 0-30 cm).

La agricultura es la única actividad productiva capaz de capturar permanentemente el CO_2 a través de la fotosíntesis de los cultivos (y también de emitirlo junto a otros GEI), creando un efecto de sumidero continuo. Sin embargo, a la hora de establecer el balance de C de un determinado agrosistema o analizar su huella de C, sólo debería considerarse el C removido establemente desde la atmósfera tanto al suelo como a la biomasa arbórea permanente.

Caso de estudio
1

Experimento Malagón: el secuestro de carbono en la agricultura de secano mediterránea

El experimento Malagón está situado en un Vertisol de secano de la campiña andaluza (Córdoba) y fue iniciado en el año 1986. Durante 20 años (1986-2006) se estudiaron los efectos en el secuestro de C por el suelo, a la profundidad de 0-90 cm (0-30, 30-60 y 60-90 cm), del sistema de laboreo (no laboreo y laboreo convencional), la rotación de cultivos (rotación bianual de trigo harinero con habas, garbanzos, girasol y barbecho) y la dosis de N fertilizante aplicado al trigo (0, 50, 100 y 150 kg N/ha) (López-Bellido et al., 2010a).

En el conjunto del agrosistema del experimento Malagón (López-Bellido, et al., 2010b) fue secuestrado un promedio de 17.9 t C/ha en el período de 20 años de estudio, que corresponde a una tasa media anual de secuestro de 0.9 t C/ha/año.

Unas de las peculiaridades más notables de los Vertisoles ha sido que el secuestro de C fue mayor en los horizontes de suelo más profundos (> 30 cm) respecto a la capa superficial (Fig. 5.1). Por debajo del horizonte de los primeros 60 cm de suelo se secuestró casi la mitad del C total (46%), mientras que en la capa superficial (30 cm) sólo fue secuestrado el 15% de C. Esto contrasta con otros tipos de suelo donde lo normal es que la mayor cantidad de C se acumule en las capas superficiales; lo cual confiere una evidente ventaja a los Vertisoles. La acumulación de C en profundidad es debida a la formación de grietas de grandes dimensiones que se generan en los calurosos veranos mediterráneos en este tipo de suelo y que dan lugar a que los residuos de los cultivos (que siempre fueron dejados en todas las parcelas del experimento) sean «tragados» por el suelo, implicando la reducción de su mineralización y por tanto una mayor estabilización del C orgánico. Esta disminución de la mineralización, y en consecuencia de las emisiones de CO_2, es debida a una limitación en la disponibilidad de O_2 cuando las grietas se cierran. A raíz de estos resultados, habría que plantearse cuanto se incrementa el tiempo de residencia del C a dichas profundidades de suelo respecto a la capa superficial.

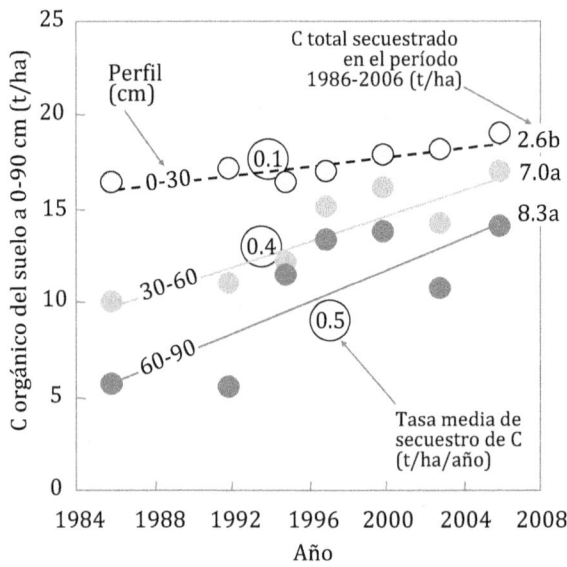

Fig. 5.1. Evolución de las reservas de carbono orgánico del suelo, carbono total secuestrado y tasa media anual de secuestro de carbono a las profundidades de suelo 0-30, 30-60 y 60-90 cm, entre el período 1986 y 2006 en el experimento "Malagón" (Adaptado de López-Bellido et al. 2010b)

El secuestro de C en los 20 años según los dos sistemas de laboreo estudiados presentó diferencias significativas; con una tasa media anual de 1.3 y 0.9 t C/ha/año para el no laboreo y el laboreo convencional, respectivamente (Tabla 5.1).

No obstante, los resultados medios antes mencionados deben ser particularizados para cada rotación y año, puesto que la tendencia no fue constante; lo cual pone de manifiesto la importancia del clima anual en el efecto del sistema de laboreo y la rotación de cultivo sobre el secuestro de C (Fig. 5.2). La rotación que más C secuestró en los 20 años de estudio fue trigo-habas en no laboreo (25 t/ha), seguida por trigo-girasol también bajo el mismo sistema (22 t/ha), aunque esta última no se diferenció significativamente del laboreo convencional. El secuestro de C en ambos sistemas de laboreo tampoco se diferenció en las rotaciones trigo-garbanzos y trigo-barbecho, con valores entre 16 y 20 t/ha (Fig. 5.2).

Resulta sorprendente que el suelo del trigo-barbecho no registre niveles de secuestro de C más bajos, cuando solo se siembra un cultivo cada dos años. En contraposición, un estudio anterior realizado también en el mismo experimento sobre la captura de C por la biomasa, mostró que el balance fue negativo para la rotación trigo-barbecho (C capturado, es decir, C de las raíces y la paja menos las emisiones de CO_2 del suelo). Esta disparidad de resultados pone de manifiesto que es más relevante y preciso medir los efectos finales después de un período de tiempo, es decir, el secuestro de C por el suelo, que fases intermedias como son la captura y las emisiones de C, donde es más fácil encontrar balances distorsionados.

Tabla 5.1 Secuestro de carbono, emisiones de carbono equivalente y balance de carbono en las diferentes rotaciones de cultivo, según el sistema de laboreo en el experimento Malagón.

Sistema de laboreo	Rotación	Tasa anual de secuestro de C (t/ha/año) [1]	Emisiones de C equivalente (t/ha/año) [2]	Balance de C (t/ha/año)
No laboreo	Trigo-girasol	1.4	0.101	1.30
	Trigo-habas	1.5	0.107	1.39
	Trigo-garbanzos	1.1	0.108	0.99
	Trigo-barbecho	1.0	0.100	0.90
	MEDIA	1.3	0.104	1.15
Laboreo convencional	Trigo-girasol	1.1	0.120	0.98
	Trigo-habas	0.6	0.115	0.49
	Trigo-garbanzos	1.1	0.116	0.98
	Trigo-barbecho	0.9	0.106	0.79
	MEDIA	0.9	0.114	0.81

[1] Evaluada en un período de 20 años (1986-2006)
[2] Calculadas en las parcelas que recibieron una dosis de 100 kg N/ha de fertilizante aplicada al trigo.

Aunque la dosis de N fertilizante tuvo efectos sobre la cantidad de residuos producidos por el trigo durante los 20 años de estudio, sin embargo ésta no alteró el secuestro de C por el suelo. La ausencia de influencia del N fertilizante sobre el secuestro de C del suelo también ha sido puesta de manifiesto por otros estudios de rotaciones con trigo bajo condiciones semiáridas. No obstante, la relación entre el secuestro de C y el N fertilizante permanece todavía como una cuestión controvertida.

En síntesis, los resultados obtenidos ponen de relieve que: (1) el trigo es el cultivo clave en el secuestro del C; (2) la escasa aportación de C del cultivo del garbanzo; (3) la gran capacidad de las habas para secuestrar C en rotación con el trigo, aunque sólo bajo no laboreo; y (4) el gran potencial del girasol, a pesar del errático comportamiento de este cultivo debido a la variable disponibilidad de agua según los años.

Los valores de secuestro de C obtenidos podrían llevar a pensar que el no laboreo sólo ha sido efectivo, después de 20 años, en la rotación trigo-habas. Sin embargo, esta "fotografía" de las reservas de C del experimento entre los años 1986 y 2006 no muestra toda la realidad de la dinámica del C en el agrosistema. Es necesario observar como en determinados años intermedios, donde fue realizado el análisis del C del suelo, el no laboreo secuestró más C que el laboreo convencional: cuatro veces en trigo-habas, tres en trigo-barbecho y dos en trigo-girasol y trigo-garbanzos; existiendo siempre una tendencia de mayor secuestro en el no laboreo (Fig. 5.2). De hecho, si se calcula la media del secuestro por periodos de análisis, el no laboreo secuestra más C que el laboreo convencional. Otro aspecto esencial que se deduce de estos resultados es que han existido periodos donde se ha perdido C al existir tasas anuales de secuestro negativas, aunque la tendencia general de cada rotación y dentro de ésta de cada sistema de laboreo es aumentar el secuestro de C con el tiempo (Fig. 5.2). Tales pérdidas de C, cuando se han producido, han sido mayores en las rotaciones que incluían cultivos de siembra primaveral (girasol y garbanzos), al estar más sometidos a la errática distribución de la lluvia tan típica del clima mediterráneo. Estas fuertes pérdidas de C en ambas rotaciones fueron debidas principalmente a que en esos años o no se obtuvo cosecha o ésta fue muy baja.

Para el cálculo de las emisiones de CO_2 en cada sistema de laboreo, rotación de cultivo y dosis de N fertilizante aplicada al trigo, se tuvo en cuenta la producción, transporte y aplicación de los fertilizantes y productos agroquímicos, las labores y demás operaciones de cultivo; utilizándose los factores de emisión de C equivalente (CE) establecidos por Lal (2004). El cultivo de trigo fue el que registró las emisiones más altas, con 169,1 y 153.9 kg CE/ha en el laboreo convencional y el no laboreo, respectivamente (promedio de las cuatro dosis de N fertilizante del experimento). Las emisiones totales de los demás cultivos fueron: girasol 38.5 y 15.1 kg CE/ha, habas 29.2 y 27.9 kg CE/ha, garbanzos 30.5 y 29.5 kg CE/ha, y barbecho 9.8 y 13 kg CE/ha; para el laboreo convencional y el no laboreo, respectivamente.

La tasa anual de secuestro de C, las emisiones de C equivalente y el balance de C de las diferentes rotaciones de cultivo, en ambos sistemas de laboreo, se muestran en la tabla 5.1. En el no laboreo, las rotaciones trigo-habas y trigo-girasol presentaron la tasa anual de secuestro de C más altas; mientras que en el laboreo convencional fueron las rotaciones trigo-girasol y trigo-garbanzos. El no laboreo, en el conjunto de las rotaciones estudiadas, exhibió una tasa de secuestro de C 34% superior al laboreo convencional. Por el contrario, las emisiones de C equivalente fueron casi un 10% superiores en el laboreo convencional, frente al no laboreo (conjunto de todas las rotaciones). Hay que resaltar los bajos valores de emisiones de C registrados en todo el experimento, frente a los obtenidos en otros ensayos, que oscilaron siempre entre 0.1 y 0.12 t/ha/año.

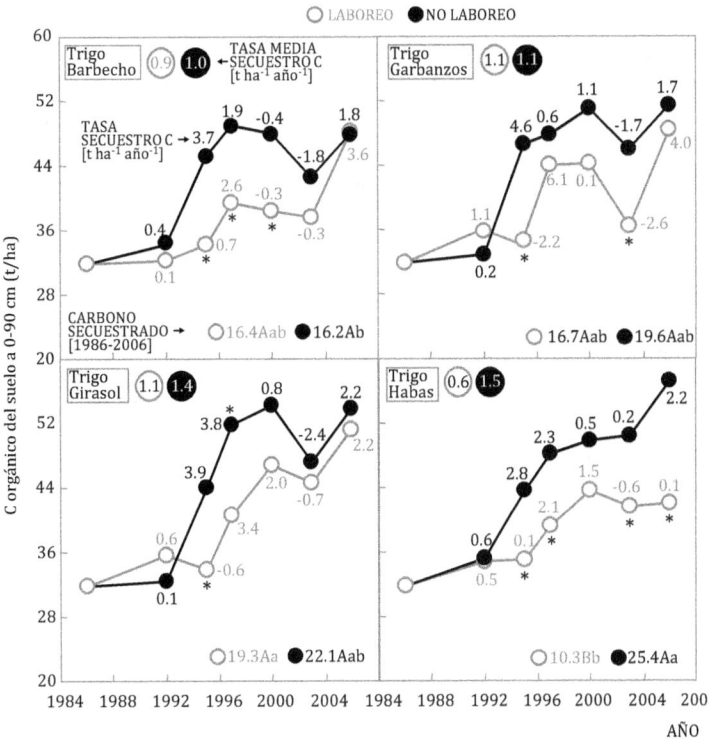

Fig. 5.2 Evolución de las reservas de carbono orgánico del suelo, tasa anual de secuestro de carbono y carbono total secuestrado a 0-90 cm de profundidad, según el sistema de laboreo y la rotación de cultivo entre los años 1986 y 2006 en el experimento "Malagón". Para la evolución de las reservas de C, los asteriscos representan la existencia de diferencias significativas entre sistemas de laboreo para una rotación y año. Letras mayúsculas diferentes representan la existencia de diferencia significativa entre sistemas de laboreo para una rotación. Letras minúsculas diferentes representan la existencia de diferencia significativa entre todas las rotaciones para un mismo sistema de laboreo, en el conjunto de todos los años (Adaptado de López-Bellido et al. 2010b).

En consecuencia, el balance de C o secuestro neto de C (diferencia entre la tasa anual de secuestro de C y las emisiones de C equivalente) fue positivo para todas las rotaciones de cultivo en ambos sistemas de laboreo (Tabla 5.1), debido a los bajos inputs aplicados en el sistema productivo. El promedio del balance de C del no laboreo en el conjunto de las rotaciones fue 1.15 t/ha/año, frente a 0.81 t/ha/año del laboreo convencional (más del 40%). Concretamente, fueron las rotaciones trigo-habas y trigo-girasol bajo no laboreo las únicas que superaron el valor de una tonelada neta de C/ha/año (1.39 y 1.30, respectivamente) (Tabla 5.1).

En conclusión, se puede afirmar que los cultivos herbáceos de secano en los suelos Vertisoles mediterráneos tienen un potencial neto de secuestro de C y que pueden contribuir a compensar las emisiones de CO_2 a la atmósfera derivadas de las prácticas de cultivo. Esta investigación también demuestra que esto sólo ocurre cuando no se retira la paja del trigo, practica que no es habitual en el área. Tal retirada puede tener efectos negativos sobre el balance de secuestro de C. Sin duda, el factor más relevante en estos agrosistemas, en relación al secuestro de C, es la mayor cantidad de almacenamiento de C orgánico en los horizontes de suelo por debajo de 30 cm de profundidad, que preserva la materia orgánica de una rápida mineralización.

Referencias

Lal. 2014. Carbon-emissions from farm operations. Environment International, 30: 981-990.

López-Bellido RJ, Fontan JM, López-Bellido L. 2010a. El secuestro de carbono en la agricultura de secano mediterránea. Vida Rural, 304: 34-38.

López-Bellido RJ, Fontan JM, López-Bellido FJ, López-Bellido L. 2010b. Carbon sequestration by tillage, rotation, and nitrógeno fertilization in a Mediterranean Vertisol. Agronomy Journal, 102: 310-318.

Caso de estudio
2

Secuestro y balance de carbono en un sistema de cultivo de cereal en un clima semiárido subtropical (Australia)

En un Vertisol bajo clima semiárido subtropical (Queensland, Australia) se estudió la mitigación potencial de CO_2 a largo plazo en función del sistema de laboreo (no laboreo frente a laboreo convencional), el manejo del rastrojo (retención frente a quemado) y la fertilización nitrogenada (aplicación de N frente a no aplicación de N); teniendo en cuenta su impacto en el contenido de C orgánico del suelo, el almacenamiento de C en los residuos del cultivo, y el consumo de combustible fósil en la explotación y las emisiones de CO_2 asociadas con la aplicación de N fertilizante. En el experimento se cultivaron trigo o cebada con barbecho de verano durante 33 años. Los suelos fueron muestreados a 0-10 y 10-20 cm de profundidad. Fue utilizada una densidad de suelo estándar o de referencia de 1 t/m^3 (Wang y Dalal, 2006).

El contenido medio de C orgánico del suelo en los 10 cm superiores fue 20.5 ± 0.7 t C/ha. El conjunto de prácticas de no laboreo, aplicación de N fertilizante y retención del rastrojo registró los niveles más altos de C orgánico del suelo (22 t C/ha). Sin embargo, el contenido de C orgánico del suelo en el horizonte de 10-20 cm fue siempre más bajo que el obtenido en los 10 cm superiores, con un promedio de 19.6 ± 0.4 t C/ha; no existiendo diferencias entre las distintas prácticas agrícolas aplicadas. Cuando el no laboreo, la retención del rastrojo o la aplicación de N fertilizante fueron analizados de forma individual, los efectos sobre el C orgánico del suelo no fueron significativos en ninguna de las profundidades (0-10, 10-20 y 0-20 cm).

Tabla 5.2 Balance de carbono (t CO_2-eq/ha) en diferentes prácticas agrícolas durante 33 años (adaptado de Wang y Dalal, 2006)

Tratamiento[a]	Incremento de la reserva de C			Emisiones de CO_2 de prácticas agrícolas					Emisión neta de CO_2
	C orgánico del suelo (0-20 cm)[b]	Rastrojo[c]	Subtotal[d]	Laboreo	Aplicación herbicida	Siembra y recolección	Urea	Subtotal	
LC QR N0	0	0	0	3.1	0	0.86	0	4.0	4.0
LC QR NF	3.9	-0.31	3.6	3.1	0	0.86	3.0	7.0	3.4
LC RR N0	-1.2	0.48*	-0.7	3.1	0	0.86	0	4.0	4.7
LC RR NF	0.4	0.58*	1.0	3.1	0	0.86	3.0	7.0	6.0
NL QR N0	-2.9	0.05	-2.8	0	0.89	0.86	0	1.8	4.6
NL QR NF	4.5	-0.20	4.3	0	0.89	0.86	3.0	4.8	0.5
NL RR N0	-1.8	1.70*	-0.1	0	0.89	0.86	0	1.8	1.9
NL RR NF	8.5*	0.71*	9.2*	0	0.89	0.86	3.0	4.8	-4.5

[a] LC: laboreo convencional; NL: no laboreo; QR: quema de rastrojo; RR: retención del rastrojo; N0: no aplicación de N fertilizante; NF:N fertilizante aplicado.
[b] En relación al tratamiento LC + QR + N0 (t CO_2-eq/ha), $MDS_{0.05}$ = 6.8 t CO_2-eq/ha
[c] $MDS_{0.05}$ = 0.4 t CO_2-eq/ha
[d] $MDS_{0.05}$ = 6.8 t CO_2-eq/ha
* Diferencia respecto al valor de referencia significativa ($P < 0.05$)

La tabla 5.2 muestra el balance de C del experimento de 33 años en función de las diferentes prácticas agrícolas. Los cambios en el almacenamiento de C en el suelo bajo las diferentes tratamientos fueron valorados utilizando el laboreo convencional + la quema del rastrojo + la no aplicación de N fertilizante como referencia o línea base. El máximo secuestro de C por el suelo se alcanzó con el conjunto de no laboreo + retención del rastrojo + aplicación de N fertilizante, el cual fue 8.5 t CO_2-eq/ha más alto (tasa anual de secuestro de 0.26 t CO_2-eq/ha/año) que el valor del tratamiento de referencia. Las emisiones acumuladas los 33 años de combustibles fósiles asociadas con el no laboreo se estimaron en 2.2 t CO_2-eq/ha menos respecto al laboreo convencional. Las reservas de C en los residuos de cultivo al final de período de barbecho variaron entre 0.4 t CO_2-eq/ha en el tratamiento de laboreo convencional + quema de rastrojo + aplicación de N fertilizante y 2.4 t CO_2-eq/ha en el tratamiento de no laboreo + retención del rastrojo + no aplicación de N fertilizante.

El cálculo del balance de C a nivel de explotación supuso un secuestro neto de C de 4.5 t CO_2-eq/ha para el tratamiento de no laboreo + retención del rastrojo + aplicación de N fertilizante, mientras que en el resto de tratamientos sólo se produjeron emisiones netas de CO_2, variando entre 0.5 a 6 t CO_2-eq/ha en el total de los 33 años transcurridos (Tabla 5.2).

El cómputo completo de C demostró la importancia de incluir todas las principales fuentes de C, sumideros y flujos en la valoración de la capacidad de mitigación de CO_2 de las diferentes prácticas agrícolas. El estudio de un solo aspecto, como el secuestro de C por el suelo, podría llevar a conclusiones erróneas. Además, independientemente del secuestro y emisiones de CO_2, los flujos de otros GEI tales como N_2O y CH_4 se pueden ver también significativamente afectados por el laboreo, la aplicación de N fertilizante y el manejo de rastrojo.

Referencias

Wang WJ, Dalal RC. 2006. Carbon inventory for a cereal cropping system under constrasting tillage, nitrogen fertilization and stubble management practices. Soil & Tillage Research, 91: 68-74

Caso de estudio
3

Perfil de emisiones de gases de efecto invernadero de 1 tonelada de trigo producida en la zona central este de New South Wales (Australia): una propuesta de análisis del ciclo de vida

En este estudio se determinó el perfil de emisiones y la huella de C total del trigo producido en la Zona Central (Este) de New South Wales (Australia), utilizando el método de análisis del ciclo de vida (ACV) y evaluando las emisiones de GEI (expresadas en CO_2-eq) de todos los estados del proceso de producción, tanto externos a la explotación como dentro de la misma (Brock, et al., 2012).

La tabla 5.3 muestra los inputs aplicados por t de trigo producida, las emisiones de GEI de los mismos, y la contribución porcentual de los diferentes inputs. Además, se incluyen las emisiones directas de N_2O ocasionadas por el uso del N fertilizante y las emisiones indirectas de N_2O después que el amonio es volatilizado a partir del N fertilizante y posteriormente redepositado. El potencial de emisiones de N_2O resultantes del lavado y escorrentía del N fertilizante no fue considerado dada su irrelevancia por el tipo de suelos y las condiciones de clima de secano de la región de estudio (ratio evapotranspiración/lluvia = 0.8-1).

El estudio considera que se ha alcanzado un estado estacionario en términos de secuestro de C (C atmosférico fijado por la fotosíntesis del cultivo igual a las pérdidas derivadas de la descomposición de la materia orgánica del suelo). Asume también que en una rotación pastos-trigo no se produce secuestro neto de C en ninguno de los dos cultivos, basándose en otros estudios realizados en Australia, que reportaron insuficientes inputs de C en determinadas situaciones de cultivo para superar las pérdidas de materia orgánica del suelo derivadas de la descomposición (Dalal y Chan, 2001).

Tabla 5.3 Emisiones de gases de efecto invernadero de la producción de 1 t de trigo en la explotación (adaptado de Brock et al. 2012)

Tipo de input	Input/t trigo	Emisiones (kg CO_2-eq/t trigo)	Contribución (%)
Externo a la explotación			
Producción de urea	37.1 kg	32.10	16.0
Producción de fosfato monoamónico	28.6 kg	23.80	11.9
Producción de cal	9.0 kg	14.40	7.2
Producción de glifosato	0.41 kg	4.30	2.1
Producción de 2,4D	0.10 kg	0.69	0.3
Producción de MCPA	0.10 kg	0.67	0.3
Producción de triclopir	0.02 kg	0.22	0.1
Producción de clorsulfuron	0.0057 kg	0.06	< 0.01
Producción de fungicida	< 0.001 kg	< 0.001	< 0.01
Producción de semilla de trigo	11.43 kg	2.25	1.1
Transporte de inputs (excluido el gasóleo)	8.7 t/km	3.91	2.0
Producción y transporte de gasóleo	-	5.86	2.9
Energía incorporada para el tractor y cosechadora	0.674 t	2.57	1.3
SUBTOTAL		90.67	45.3
En la explotación			
Emisiones de N_2O directas del fertilizante	0.121 kg N_2O	42.0	21.0
Emisiones de N_2O indirectas del fertilizante	0.027 kg N_2O	9.33	4.7
Emisiones de CO_2 de la utilización de urea	27.2 kg CO_2	27.20	13.6
Emisiones de CO_2 de la utilización de cal	3.76 kg CO_2	3.76	1.9
Consumo del gasóleo por el tractor y la cosechadora:			
- Labores	2.26 L gasoleo	6.16	3.1
- Siembra	2.06 L gasóleo	4.75	2.4
- Aplicación herbicida y fungicida (×6)	3.09 L gasóleo	10.10	5.0
- Recolección	1.77 L gasóleo	4.81	2.4
- Transporte en la explotación	0.5 km	1.16	0.6
- Distribución de cal	0.12 L gasóleo	0.09	0.04
SUBTOTAL		109.36	54.7
TOTAL EMISIONES		200.03	100

El ACV se realizó utilizando los software SimaPro (2011), Australasian LCI Database (RMIT, 2005) y Swiss Ecoinvent Database (Hischier et al, 2009). Los factores de emisión utilizados fueron los del 4º Informe del Panel Intergubernamental del Cambio Climático (IPCC, 2006). Los parámetros y la valoración del impacto usados fueron los basados en los estándares internacionales: 1 kg de N_2O equivalente con un potencial de calentamiento global de 298 CO_2-eq y 1 kg de CH_4 con un potencial de 25 CO_2-eq.

El cálculo de las emisiones externas a la explotación, derivadas de la producción de inputs, se basó en la cantidad de estos requerida para alcanzar un rendimiento de trigo de 3.5 t/ha. Esta misma cantidad de inputs fue también aplicada al rendimiento de trigo de 5 t/ha, en función de las condiciones estacionales. Las emisiones de N_2O y CO_2 en el estudio se calcularon utilizando la fórmula del National Inventory Report 2009 (NIR) (Australian Government, 2011). Cuando no hubo datos NIR disponibles se usaron los factores de emisión IPCC (2006). Es siempre recomendable utilizar datos locales o regionales, al ser más consistentes con un ACV relacionado con la producción de trigo en la zona donde se quiere determinar la huella de C.

Las emisiones totales fueron 200 kg CO_2-eq/t de trigo a la puerta de la explotación, basadas en un rendimiento de grano de 3.5 t/ha (Tabla 5.3). Para un rendimiento de trigo de 5 t/ha las emisiones totales fueron 150 kg CO_2-eq/t. La contribución relativa de las emisiones de GEI de los más destacados componentes del sistema de producción fueron: 37% de la producción y transporte de los fertilizantes; 26% del N_2O emitido por el N fertilizante aplicado al cultivo; 15% del CO_2 de los fertilizantes y la cal; y 16% de la producción, transporte y uso del gasóleo (Tabla 5.3).

El estudio muestra que la contribución mayoritaria a las emisiones de GEI en el cultivo del trigo es debida a la producción y uso de fertilizantes. Las emisiones totales podrían minimizarse si la aplicación de la dosis de N fertilizante se redujera sin que el rendimiento disminuya. Las dosis de N fertilizante podrían ser menores si al trigo procediera un cultivo de leguminosas fijador de N. En este caso resulta evidente que la siembra de leguminosas como una fuente de fijación de N reduciría el conjunto de emisiones. Existen también otras oportunidades para mejorar la eficiencia del N fertilizante utilizando formulaciones de liberación lenta, ajustando las dosis de aplicaciones a los requerimientos del cultivo, mejorando la precisión de la aplicación y utilizando aplicaciones fraccionadas. Otra práctica para reducir las emisiones es el uso de herbicidas en lugar de realizar labores de cultivo para el control de las malas hierbas.

En este estudio se pone de manifiesto la relevancia de la gestión de los factores de emisión para el futuro cálculo de las emisiones de GEI, resultando evidente que su optimización es fundamental. También es importante usar factores de emisión locales si existen, o determinarlos previamente. Las discrepancias en estos datos demuestran la gran importancia de la investigación en relación a todos los factores de emisión y un mejor entendimiento de su variabilidad entre localizaciones y estaciones; así como su impacto relativo en el conjunto de todas las emisiones.

El ACV aplicado en el estudio suministra una herramienta para evaluar los escenarios en los que el coste de los inputs, tales como el gasóleo, pueden incrementarse. Ello permite testar la sensibilidad de la huella total de C del trigo a diferentes niveles de regiones y zonas.

Referencias

Australian Government. 2011. Autralian National Greenhouse Accounts. National Inventory Report 2009 (Australian Government: Camberra, ACT).

Brock Ph, Madden P, Schawenke G. Herridge D. 2012. Greenhouse gas emissions profile for 1 tonne of wheat produced in Central Zone (East) New South Wales: a life cycle assessment approach. Crop & Pasture Science, 63: 319-329.

Dalal RC, Chan KY. 2001. Soil organic matter in rainfed cropping systems of the Australia cereal belt. Australian Journal of Soil Research, 39: 435-464.

Hischier R, Althaus HJ, Bauer CHR, Doka G, Frischkenecht R, Jungbluth N, Margni M, Nemecek T, Simons A, Spielmann M. 2009. Documentation of changes implemented in ecoinvent data, V2.1. Final report ecoinvent data V2.1 Vol 16 (Swiss Centre for LCI: Dübendorf).

IPCC. 2006. IPCC Guidelines for National Greenhouse Gas Inventories.

RMIT (Royal Melbourne Institute of Technology). 2005. Australian LCI database 2005 (Centre for Design, RMIT: Melbourne).

SimaPro. 2011 "Versión 7.3" (Pre Consultants: Amersfoort. The Netherlands).

Caso de estudio
4

Huella de carbono del trigo duro en diferentes sistemas de cultivo en Saskatchewan (Canadá)

La huella de C en el cultivo de trigo duro fue determinada en diversas rotaciones trianuales con diferentes combinaciones de oleaginosas (mostaza, colza), leguminosas (garbanzo, lenteja, guisante) y cereales, en dos localizaciones diferentes y durante 3 años. La estimación de la huella de C se realizó a partir del total de emisiones de GEI procedentes de la descomposición de los residuos del cultivo junto con los diferentes inputs de producción (Gan, et al., 2011).

En la estimación de los factores de la huella de C del trigo duro, el estudio pone especial énfasis en las emisiones de N_2O del suelo, como resultado directo de la aportación de N procedente de los fertilizantes sintéticos y de los residuos de cultivo, e indirectamente a través de la volatilización del NH_3 y el lavado de nitratos. Para ello fue utilizado el método desarrollado por Rochette et al. (2008), que determina las emisiones directas e indirectas y los factores de emisión de N_2O a partir del déficit de humedad durante la estación de crecimiento del cultivo; siendo una función de la relación precipitación/evapotranspiración potencial. El resto de los factores de emisión relacionados con los inputs de producción fueron aplicados según los estudios de Lal (2004). El estudio fue enfocado bajo dos aspectos: (1) emisiones totales por unidad de área y por año en la producción de trigo duro, expresadas como kg CO_2-eq/ha/año; y (2) huella de C como emisiones de GEI por kg de grano producido en el sistema, expresada en kg CO_2-eq/kg de grano.

El rendimiento medio de grano del trigo duro en los años del experimento fluctuó entre 1430 y 4700 kg/ha, en función de las variaciones anuales del clima y del sistema de cultivo. Como promedio, las emisiones procedentes de la descomposición de los residuos (paja y raíces) representaron el 25% del total de las emisiones; las procedentes de la producción, transporte, almacenamiento y distribución de los fertilizantes y pesticidas usados en la explotación el 43%, y las operaciones agrícolas el 32% (Tabla 5.4). La huella de C varió según el sistema de cultivo entre 0.27 y 0.42 kg CO_2-eq/kg grano. Según rotación, el trigo duro precedido el año anterior por un cultivo oleaginoso (colza o mostaza) registró una huella de C de 0.33 kg CO_2-eq/kg de grano (9.8% más baja que la rotación cereal – cereal – trigo duro). Mientras que el trigo duro precedido por una leguminosa fijadora de N (garbanzo, lenteja o guisante) tras un cereal redujo su huella de C el 20.6%, comparado con el trigo duro precedido por un cultivo de cereal (trigo harinero de primavera). El trigo duro producido en una rotación leguminosa-leguminosa-trigo duro tuvo una huella de C de 0.27 kg CO_2-eq/kg de grano, 34.2% más baja que la rotación cereal-cereal-trigo duro (Fig.5.3).

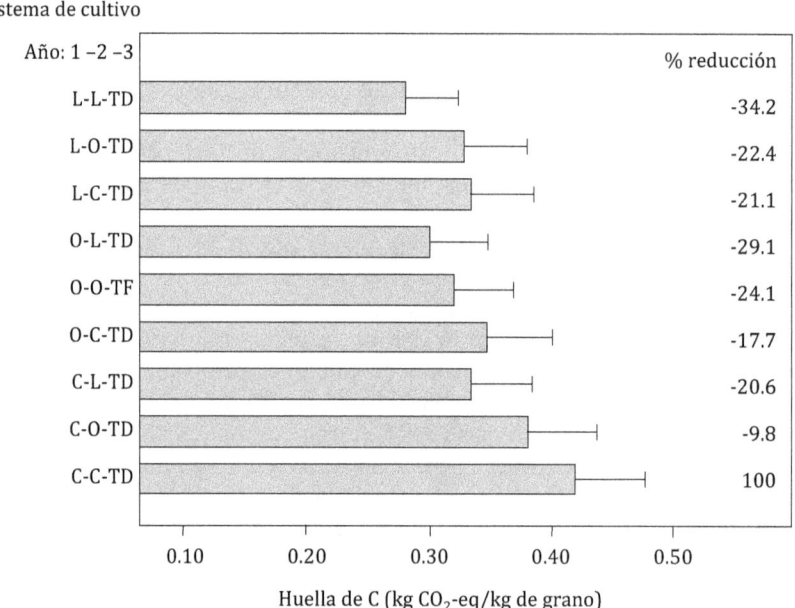

Fig. 5.3 Huella de carbono de un kg de trigo duro cultivado bajo diferentes sistemas de cutlivo en el suroeste de Saskatchewan, Canadá (TD: trigo duro; L: leguminosa; C: cereal; O: oleaginosa). Las barras indican el error estándar (Adaptado de Gan et al. 2011).

Tabla 5.4 Emisiones de gases de efecto invernadero por ha estimadas en la producción de trigo duro, según diferentes sistemas de cultivo en el suroeste de Saskatchewan, Canadá (adaptado de Gan et al. 2011).

Sistema de cultivo[1]	Emisiones de la descomposición de residuos		Emisiones de la producción, transporte, almacenamiento y distribución de inputs (N, P, pesticidas)		Emisiones de las operaciones agrícolas (siembra, aplicación de fertilizantes y plaguicidas, recolección)		Emisiones totales	
	kg CO$_2$-eq/ha	%	kg CO$_2$-eq/ha	%	kg CO$_2$-eq/ha	%	kg CO$_2$-eq/ha	%[2]
C-C-TD	221	24	403	43	306	33	930	100
C-O-TD	251	27	392	42	298	32	941	1
C-L-TD	188	23	361	44	276	33	824	-11
O-C-TD	174	20	398	46	303	35	875	-6
O-O-TD	175	22	355	44	272	34	801	-14
O-L-TD	185	24	332	43	255	33	772	-17
L-C-TD	214	25	354	42	271	32	839	-10
L-O-TD	221	26	356	42	272	32	848	-9
L-L-TD	238	33	276	38	213	29	727	-22

[1] C: cereal; TD: trigo duro; L: leguminosa; O: oleaginosa
[2] Reducción o aumento de emisiones en la producción de trigo duro en un sistema de cultivo dado, comparado con el sistema cereal-cereal-trigo duro.

Se constata, como en otros numerosos estudios, que el uso de diversos sistemas de cultivo frente al monocultivo de cereal, junto con la adopción de mejores prácticas agronómicas, puede incrementar la productividad del cultivo sin aumentar la utilización de inputs; siendo un ejemplo la reducción del N fertilizante, el cual contribuye en gran proporción a las emisiones totales de GEI del sistema. Especial relevancia tiene la inclusión de leguminosas en el sistema, las cuales como fijadoras de N reducen la aplicación de N fertilizante y contribuyen en gran medida a disminuir la huella de C de la producción del trigo.

Las emisiones procedentes de la descomposición de residuos (paja y raíces) dependen de la productividad neta del cultivo (PPN), la concentración de N en la planta y las condiciones ambientales (humedad y temperatura del suelo); aunque aún existen lagunas sobre los métodos de cuantificación. En este sentido el sistema de no laboreo es considerado como una de las mejores prácticas en el manejo de los residuos.

En el oeste de Canadá, la huella de C del trigo de primavera se estima en 0.383 kg CO_2-eq/kg de grano. Mientras que en zonas más húmedas representa 0.533 kg CO_2-eq/kg de grano. Estas grandes diferencias son debidas a las diferencias de precipitación y a la cantidad de fertilizante aplicado al cultivo.

En este estudio la influencia potencial de C orgánico del suelo sobre la huella de C del trigo duro fue muy pequeña y no fue considerada debido a la corta duración del mismo (3 años). Una evaluación más precisa del balance neto de C del ecosistema requerirá un análisis a más largo plazo de los cambios de reservas de C en el suelo.

Referencias

Gan Y, Liang Ch, Wang X, McConkey B. 2011. Lowering carbon footprint of durum wheat by diversifying cropping systems. Field Crops Research, 122: 199-206.

Lal. 2004. Carbon emissions from farm operations. Environment International, 30: 981-990.

Rochette P, Worth DE, Lemke RL, McConkey BG, Pennock DJ, Wagner-Riddle C, Desjardins RL. 2008. Estimation of N_2O emissions from agricultural soils in Canada. I. Development of a country-specific methodology. Canadian Journal Soil Science, 88: 641-654.

Caso de estudio
5

Huella de carbono del trigo harinero de primavera en respuesta a la frecuencia del barbecho y a los cambios de carbono orgánico del suelo en la región semiárida canadiense

El estudio determinó la huella de C del trigo de primavera cultivado en Saskatchewan (Canadá) en diferentes sistemas de cultivo durante 25 años, y su efecto en el C orgánico del suelo de los mismos. El trigo fue cultivado en 4 rotaciones: (a) barbecho-trigo (BT); (b) barbecho-trigo-trigo (BTT); (c) barbecho-trigo-trigo-trigo-trigo-trigo (BTTTTT) y (d) trigo continuo (Gan et al. 2012).

La huella de C para cada rotación se calculó basándose en un ciclo de rotación entero, incluyéndose todas las fases de la rotación con o sin la consideración de los cambios del C orgánico del suelo durante los 25 años del período de estudio. Las emisiones fueron agrupadas en 5 categorías: (1) emisiones relacionadas con los inputs de N, incluyendo fabricación, almacenamiento y transporte, así como la aplicación del N fertilizante en el campo; (2) emisiones procedentes de la descomposición de residuos del cultivo; (3) emisiones relacionadas con los inputs procedentes de fuentes no nitrogenadas, tal como la fabricación, almacenamiento y transporte de P, herbicidas y fungicidas; (4) emisiones derivadas de diferentes operaciones de cultivo, tales como la siembra, laboreo, recolección y tratamientos; y (5) emisiones durante el período de barbecho de verano. La Tabla 5.5 muestra las emisiones totales anuales medias de los diferentes sistemas de cultivo estudiados, así como la contribución porcentual de las diferentes categorías de emisiones antes mencionadas, en función de las condiciones ambientales del período de estudio. El N fertilizante es el que contribuye en mayor proporción al total de emisiones de GEI (45%) para el cálculo de la huella de C del trigo. De este porcentaje, alrededor del 19% procede de las emisiones directas e indirectas de N_2O asociadas con la aplicación de N fertilizante en el campo y el otro 26% procede de la fabricación, transporte, almacenamiento y distribución del N fertilizante antes de su utilización en la explotación. También los residuos del cultivo contribuyen directa e indirectamente a las emisiones de N_2O. En el estudio, la descomposición de la paja y las raíces aporta un promedio del 10% de las emisiones totales de GEI. Por otro lado, las emisiones derivadas de las operaciones de cultivo (laboreo, siembra, tratamientos, recolección, etc...) contribuyen alrededor del 25% (Tabla 5.5). No obstante, el incremento de las emisiones debido al aumento de la fertilización nitrogenada y otras operaciones de cultivo en la producción de trigo no necesariamente lleva a una huella de C más alta; dependiendo su comportamiento de si estas prácticas de cultivo producen o no un mayor rendimiento de grano.

El C orgánico del suelo (COS) fue medido periódicamente en muestras tomadas a 0-15 cm de profundidad. La ganancia o pérdida anual de C del suelo fue determinada por la fórmula:

$$\Delta C = \frac{COS_{2009} - COS_{1985}}{25} \times \frac{44}{12}$$

siendo:

- ΔC = cambio anual en el C orgánico del suelo (COS) desde 1985 (kg CO_2-eq/ha/año).
- COS_{2009} y COS_{1985} son las cantidades de C orgánico del suelo en los 0-15 cm de suelo en 2009 y 1985, respectivamente.
- 25 años es la duración del período de estudio.
- 44/12 = coeficiente de conversión de C a CO_2.

La fórmula para el cálculo de la huella de C fue la siguiente:

$$HC = \frac{\sum_i \sum_j \text{categoría de emisión}_{ij} + \Delta C}{\sum_i \text{rendimiento de grano}_i}$$

siendo:

- HC= huella de C de una rotación (kg CO_2-eq/kg de grano).
- Categoría de emisión$_{ij}$= emisiones de una categoría de emisión j° en una fase de rotación i° (kg CO_2-eq/ha).
- Rendimiento de grano = rendimiento de trigo de una fase i° de una rotación (kg/ha).
- ΔC = incremento/pérdida del C orgánico del suelo (kg C/ha/año), cuando este factor fue incluido en el cálculo de la huella de C.

Tabla 5.5 Emisión total anual y porcentaje de contribución de los componentes de emisión individuales en el cultivo de trigo de primavera en diferentes sistemas de frecuencia de barbecho bajo condiciones secas, normales y húmedas en Saskatchewan, Canadá (adaptado de Gan et al. 2012).

Condiciones ambientales/sistema de cultivo	Emisiones totales (kg CO_2-eq/ha)	Emisiones relacionadas con el N (producción, aplicación y residuos del suelo) (%)	Emisiones relacionadas con otros inputs distintos del N (producción de P, herbicidas y fungicidas) (%)	Otras operaciones de cultivo (%)	Efecto del barbecho[a] (%)
SECA (Pr/EP = 0.291)					
B-T	238	31.7	13.6	41.4	13.3
B-T-T	278	45.5	11.5	35.7	7.3
B-T-T-T-T	305	41.8	12.2	33.8	3.3
Trigo continuo	401	58.4	12.8	28.8	0.0
Media	305	44.4	12.5	34.9	6.0
Valor *P*	< 0.01	0.02	0.80	<0.01	<0.01
MDS (0.05)	40	15	NS	5	3
NORMAL (Pr/EP = 0.496)					
B-T	441	40.0	6.9	24.6	28.5
B-T-T	499	54.5	6.4	22.3	16.8
B-T-T-T-T	526	52.8	7.2	21.4	7.7
Trigo continuo	637	72.8	8.0	19.2	0.0
Media	526	55.0	7.2	21.9	13.2
Valor *P*	< 0.01	< 0.01	0.35	<0.01	<0.01
MDS (0.05)	34	11	NS	2	3.0
HÚMEDA (Pr/EP = 0.688)					
B-T	514	35.8	5.4	21.0	37.8
B-T-T	591	55.0	4.9	18.4	21.7
B-T-T-T-T	697	55.1	4.3	16.1	9.7
Trigo continuo	767	79.4	5.5	15.1	0.0
Media	642	56.3	5.0	17.7	17.3
Valor *P*	< 0.01	< 0.01	0.55	<0.01	<0.01
MDS (0.05)	81	20.1	NS	3	3

Pr/EP= relación precipitación/evapotranspiración potencial; B: barbecho; T: trigo.
[a] El efecto del barbecho representa toda las emisiones durante la fase del mismo en la rotación.

Los rendimientos de trigo en el período de 25 años de estudio fueron muy variables debido a las fluctuaciones de la precipitación anual, siendo también influidos por el tipo de rotación; oscilando aproximadamente entre 1 y 2 t/ha de grano (Fig.5.4). En el mencionado período de tiempo, el suelo bajo el sistema de trigo continuo registró anualmente un aumento de C orgánico de 1340 kg CO_2-eq/ha, suponiendo un 38%, 55% y 127% más que el incremento observado en los sistemas BTTTTT, BTT y BT, respectivamente (Fig. 5.5). El aumento de C orgánico del suelo compensó las emisiones de GEI producidas durante la producción del trigo, dando lugar a valores negativos de emisiones anuales de -742 kg CO_2-eq/ha en el trigo continuo, y -459, -404 y 191 kg CO_2-eq/ha para las rotaciones BTTTTT, BTT y BT, respectivamente (Fig.5.6). El trigo en monocultivo continuo produjo rendimientos de grano más altos y registró un aumento mayor de C orgánico del suelo, dando lugar a un valor de huella de C más pequeño (más negativo) de -0.441 kg CO_2-eq/kg de grano, significativamente más bajo que los valores de huella de C de los otros tres sistemas estudiados (-0.102 a -0.116 kg CO_2-eq/kg de grano). Sin considerar la ganancia de C orgánico del suelo en los cálculos, la huella de C del trigo alcanzó un promedio de 0.343 kg CO_2-eq/ha de grano, no difiriendo de los otros sistemas de cultivo. Por consiguiente, los sistemas de cultivo que disminuyen la frecuencia del barbecho mostraron una mejora significativa de la ganancia de C orgánico del suelo a lo largo de los años, mayores rendimientos de trigo y una huella de C del trigo significativamente más baja cuando se consideró el secuestro de C por el suelo (Fig. 5.7).

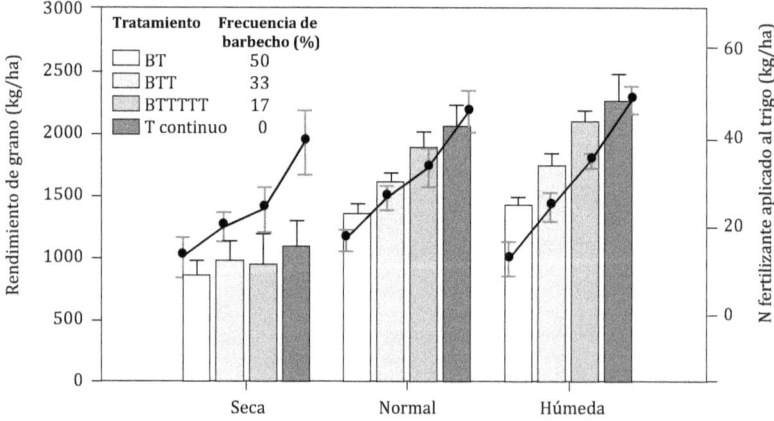

Fig. 5.4 Rendimiento anual del trigo de primavera, según el tratamiento de frecuencia de barbecho, bajo condiciones secas, normales y húmedas en Sasktchewan, Canadá (las barras representan el error estándar y las tres líneas muestran la cantidad del N fertilizante aplicado al cultivo)(Adaptado de Gan et al. 2012)

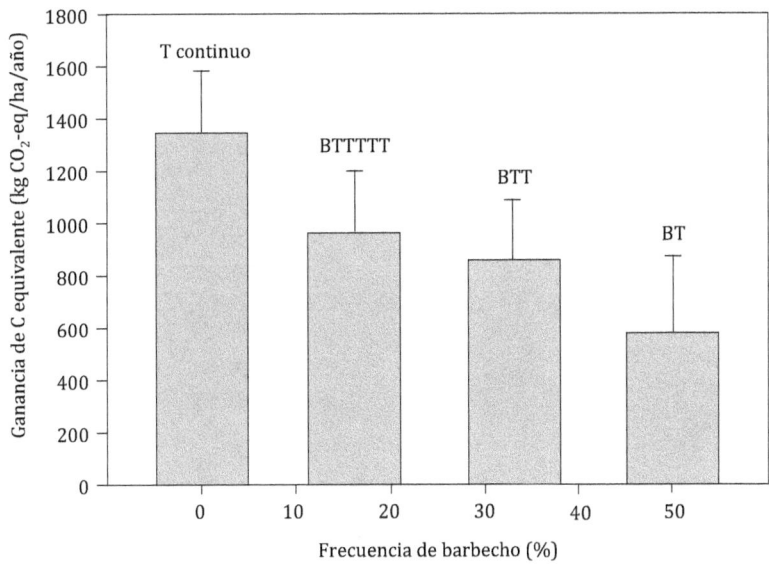

Fig. 5.5 Efectos de la frecuencia del barbecho en la rotación con trigo de primavera sobre la ganancia de carbono equivalente del suelo en Saskatchewan (Canadá) en un período de 25 años (B: barbecho; T: trigo)(Adaptado de Gan et al. 2012).

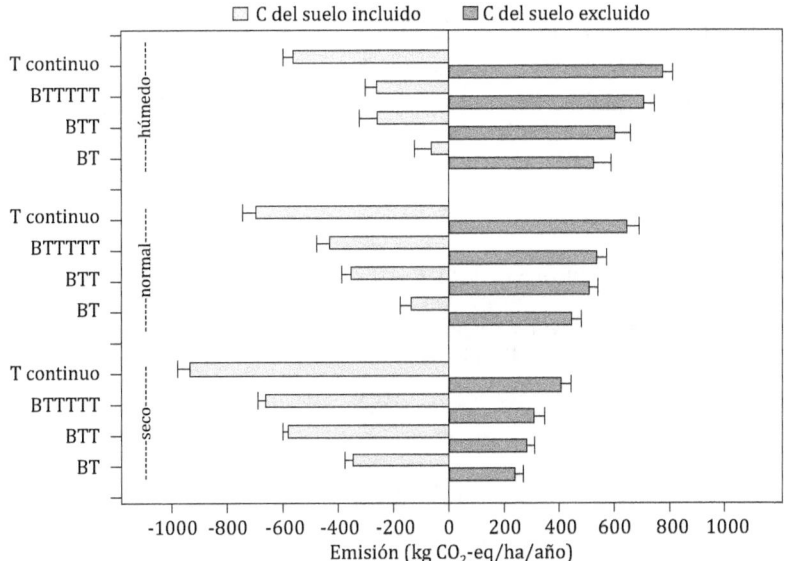

Fig. 5.6 Emisión total anual de gases de efecto invernadero del trigo de primavera en función de la frecuencia del barbecho y de las condiciones ambientales, con y sin ganancia/perdida de C orgánico del suelo incluida en el análisis, en Saskatchewan (Canadá) (B: barbecho; T: trigo)(las barras representan el error estándar)(Adaptado de Gan et al. 2012).

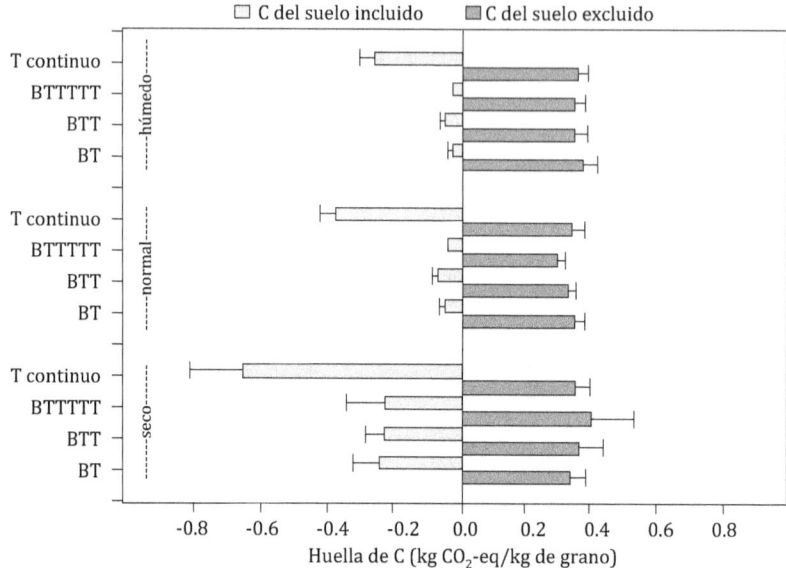

Fig. 5.7 Huella de carbono del trigo de primavera en función de la frecuencia del barbecho y de las condiciones ambientales, con y sin ganancia/perdida de C orgánico del suelo incluida en el análisis, en Saskatchewan (Canadá) (B: barbecho; T: trigo)(las barras representan el error estándar)(Adaptado de Gan et al. 2012).

Finalmente, el estudio plantea una cuestión de suma importancia: los cambios de C del suelo asociados con las prácticas agrícolas deberían ser considerados en el cálculo de la huella de C, en contraposición a las normas estándares generales establecidas en las cuales no se consideran.

Referencias

Gan Y, Liang Ch, Campbell CA, Zentner RP, Lemke RL, Wang H, Yang Ch. 2012. Carbon footprint of spring wheat in response to fallow frequency and soil carbon changes over 25 years on the semiarid Canadian prairie. European Journal of Agronomy, 43: 174-184.

Caso de estudio
6

Secuestro y huella de carbono del cultivo de maíz para la producción de etanol en el norte de las "Great Plains" (EEUU)

La huella de C del maíz para la producción de etanol es influida por muchos factores, entre los que se incluyen el potencial de secuestro de C del suelo. El objetivo de este estudio fue determinar en Dakota del Sur (EEUU) el secuestro potencial de C orgánico del horizonte superficial del suelo asociado a la huella parcial de C (Clay et al, 2012). El secuestro de C obtenido a corto plazo fue comparado con las tasas de secuestro de C a largo plazo medidas en 95214 muestras de suelo de agricultores tomadas entre 1985 y 2010. Para el cálculo del potencial del secuestro de C a corto plazo fueron utilizados los rendimientos de grano, la medida de los ratios raíz/parte aérea, los índices de cosecha, el C orgánico del suelo, el C no recolectado (CNR) y el C orgánico de suelo de referencia (compuesto de 81391 muestras de suelo de 0-15 cm de profundidad y tomadas entre 1985 y 1998) y 34704 encuestas de producción.

El secuestro potencial de C del maíz calculado en el período 2004-2007 y 2008-2010, se determinó por la ecuación:

$$\delta COS/\delta t(\text{año 1}) = CNR \times k_{CNR} - COS_{\text{(referencia)}} \times k_{COS}$$

siendo:

$\delta COS/\delta t(\text{año 1})$: potencial de secuestro de C
CNR: reservorio de C rápidamente mineralizado
COS: reservorio de C lentamente mineralizado
k_{CNR}: cantidad de biomasa remanente después de 1 año
$COS_{\text{(referencia)}}$: C orgánico del suelo medido a largo plazo
k_{COS}: C orgánico del suelo mineralizado en 1 año

Este método de estimación a corto plazo del secuestro potencial de C fue validado con los resultados reales del C orgánico contenido en el suelo, contrastándose a partir de los datos de Larson et al. (1972), Barber (1979) y Huggins et al. (1998). La validación mostró una estrecha relación entre las respuestas previstas y las observadas (r^2 = 0.98), con una pendiente de 1.04.

En todos los cálculos se utilizó el valor de K_{CNR} = 0.20 g CNR-C/(g CNR × año), basado en las investigaciones de Larson et al. (1972) y Barber (1979). Es importante tener en cuenta que el valor de K_{CNR} está incluido en CNR. En este estudio el CNR engloba a las raíces, exudados y componentes de la corona.

Existe una relación entre la intensidad del laboreo y el valor de K_{COS}, estableciéndose unos valores en función de la tasa de adopción de no laboreo (Clay, et al, 2010) comprendidos entre 0.0117 y 0.0175 g COS/(g × año).

El cálculo de C no recolectado (CNR) por debajo del suelo se basó en la relación raíz/parte aérea, obtenida experimentalmente.

Para medir el C de los exudados se utilizó la ecuación determinada por Kuzyakov y Domanshi (2000):

$$\text{Raíces + exudados = raíces medidas} \times 2$$

Según la citada fórmula, la rizodeposición representa aproximadamente el 48% de la biomasa por debajo del suelo (raíces + exudados).

La relación raíz/parte aérea fue 0.55 g/g y el C no recolectado (CNR) debajo del suelo se calculó asumiendo que la biomasa radicular contiene 420 g C/kg de biomasa.

La huella parcial de C debida a secuestro de C orgánico por el suelo estuvo basada en: (1) las cantidades calculadas de C secuestrado; (2) la tasa de conversión de grano de maíz en etanol (0.432 L etanol/kg grano); y (3) el rendimiento del maíz grano. Para determinar la huella de C real, la huella parcial de C debería ser incluida en la huella del análisis del ciclo de vida (ACV), donde no se considera el secuestro de C orgánico del suelo (Fig. 5.8).

El promedio de secuestro potencial de C orgánico por el suelo a corto plazo (períodos 2004-2007 y 2008-2010) fue 261 kg C/ha/año, lo cual sugiere que el horizonte superficial del suelo de las zonas de estudio son un sumidero de C cuando se siembran de maíz; incluso en períodos de sequía donde los rendimientos de maíz son más bajos, al igual que el C no recolectado incorporado al suelo, el secuestro de C fue positivo. La influencia del no laboreo en el secuestro de C fue variable, aunque siempre fue mayor respecto al laboreo convencional, con incrementos comprendidos entre menos del 10% hasta el 44%, según los períodos de años analizados.

La tasa de secuestro de C orgánico por el suelo a largo plazo (durante 25 años) registró un promedio de 368 kg C/ha/año, incluyéndose además del maíz, el trigo y la soja como cultivos; lo cual indica que también el sistema de cultivo en su conjunto secuestró C.

La huella parcial de C basada en la tasa de secuestro de C a corto plazo, los rendimientos de maíz y la tasa de conversión del maíz a etanol, tuvo un valor medio de -12.9 g CO_2-eq/MJ; decreciendo con el incremento de C secuestrado por el horizonte superficial del suelo. Por tanto, el estudio sugiere que la superficie de los suelos del norte de las "Great Plains" anualmente cultivados, cuando se siembra de maíz, deberían ser tomados como un sumidero de C. No obstante, son necesarias investigaciones adicionales a mayores profundidades de suelo con el fin de ampliar estas conclusiones; considerando que el secuestro de C puede tener un gran impacto sobre la huella del mismo.

En resumen, el estudio sugiere que el C es secuestrado en la actualidad en el horizonte superficial del suelo (0-15 cm) de muchos suelos del norte de las "Great Plains", atribuyéndose tales resultados al incremento gradual de los rendimientos del cultivo de maíz, aumentando a su vez el C no cosechado y retornado al suelo, y a la adopción a gran escala del laboreo reducido y del no laboreo. Estos resultados difieren completamente de la percepción general que los suelos dedicados a cultivos anuales provocan una pérdida de C del suelo.

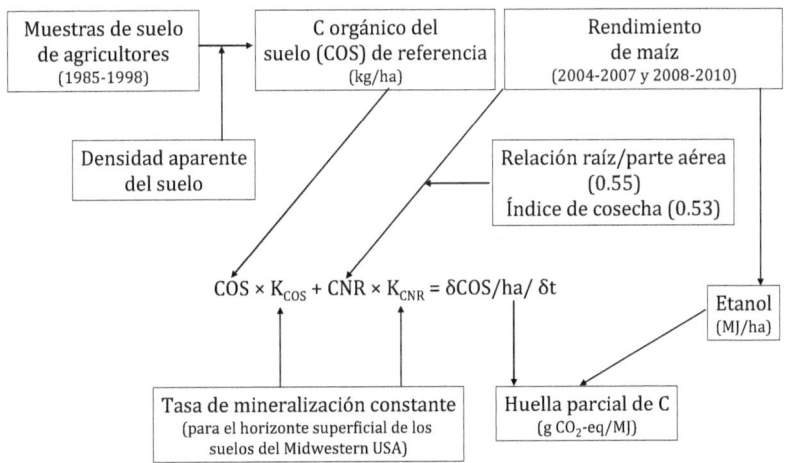

Fig. 5.8 Diagrama de flujo que muestra los diferentes niveles de información utilizados para calcular la cantidad de secuestro de carbono ($\delta COS/\delta t$) y la huella parcial de carbono. COS: carbono orgánico del suelo, CNR: carbono orgánico no recolectado (Adaptado de Clay et al. 2012).

Referencias

Barber SA. 1979. Corn residue management and soil organic matter. Agronomy Journal, 71: 625-627.

Clay DE, Chang J, Clay SA, Stone J, Gelderman RH, Carlson GC, Reitsma K, Jones M, Jansen L, Schumacher T. 2012. Corn yields and no-tillage affects carbon sequestration and carbon footprints. Agronomy Journal, 104: 763-770.

Clay DE, Carlson CE, Clay SA, Owens V, Schumacher TE, Mansani-Pati F. 2010. Biomass estimation approach impacts on calculated SOC maintenance requeriments and asociated mineralization rate constants. Journal Environmental Quality, 39: 784-790.

Huggins DR, Clapp CE, Allmaras RR, Lamb JA, Layese MF. 1998. Carbon dynamics in corn-soybean sequences as estimated from natural carbon-13 abundance. Soil Science Society American Journal, 62: 195-203.

Kuzyakov Y, Domanshi G. 2000. Review carbon input by plants into the soil. Journal Plant Nutrition and Soil Science, 163, 421-431.

Larson WE, Clapp CE, Pierre WH, Morachan YB. 1972. Effect of increasing amounts of organic residues on continuous corn: organic carbon, nitrogen, phosphorus, and sulphur. Agronomy Journal, 64: 204-209.

Caso de estudio
7

Balance y huella de carbono de plantaciones de olivar

El estudio se ha basado en el diseño y validación de una metodología de cálculo del balance de C asociada a la producción agrícola primaria del olivar; que ha tenido en cuenta, por un lado, la captura de C estable de la biomasa de olivar y el secuestro de C por el suelo, y por otro, las emisiones de GEI derivadas de las prácticas del cultivo (López-Bellido, et al., 2014).

La investigación fue realizada en una superficie total de 1232 ha localizadas en el sur de España (provincias de Sevilla, Córdoba, Cádiz y Jaén). En concreto, fueron elegidas 22 Unidades Homogéneas de Cultivo (UHC), correspondientes a parcelas de olivar de un mismo agricultor y que tenían similares características agronómicas y de cultivo: suelos, variedad, edad y marco de plantación, sistema de cultivo (secano o regadío) y prácticas de cultivo. En dichas UHC estaban incluidas las variedades Picual y Arbequina; plantaciones intensivas, superintensivas y tradicionales; y cultivo de regadío y secano.

Fueron arrancados 3 ejemplares de cada una de las variedades Picual y Arbequina, procedentes de plantaciones intensivas de 15 años de edad. Previamente al arranque se calculó mediante dasometría el volumen de la biomasa de los olivos enteros, con el fin de establecer la relación entre las medidas dasométricas y los datos reales de peso y volumen obtenidos directamente de los olivos arrancados, y constatar la fiabilidad del método dendrométrico utilizado. Las raíces de los árboles fueron separadas del tronco y pesadas. La parte aérea de cada árbol fue cubicada y pesada, de forma separada el tronco y las ramas de distintos órdenes (hasta 2 cm de diámetro). La relación en peso parte aérea/raíz fue determinada. También se tomaron muestras con una barrena Pressler de las raíces y los distintos órdenes de ramas para determinar la densidad de la madera de cada componente.

En cada UHC fueron elegidos 3 árboles representativos, donde se midieron la altura y el diámetro de la copa y la longitud, y el diámetro mayor y menor del tronco y de las ramas principales y secundarias hasta un grosor mínimo de 2 cm de diámetro. También en cada UHC se tomaron muestras de suelo a la profundidad de 0-30 cm y se determinó la densidad aparente. En las muestras de madera fue determinado el contenido de C total y en las de suelo el de C orgánico.

El volumen de la madera de cada árbol seleccionado fue calculado considerando las medidas biométricas realizadas (longitud y diámetro del tronco y los distintos órdenes de ramificación). Las medidas de los 3 árboles de cada UHC fueron promediadas en un solo valor. El contenido de C de la biomasa de cada árbol y para cada parcela fue determinado en función de la densidad estimada de la madera. La densidad aparente del suelo permitió expresar el contenido en peso del C orgánico en la profundidad de suelo muestreada (0-30 cm).

Además, se estimó un modelo alométrico para predecir la acumulación de C en la biomasa del olivo por ha y año, en función de las distintas variables biométricas medidas en el conjunto de las parcelas estudiadas.

Para el cálculo de las emisiones de gases de efecto invernadero (GEI) de las operaciones de cultivo del olivar, expresadas en kg de C equivalente (CE), fueron utilizados los factores de emisión (FE) establecidos por Lal (2004).

El Flujo Neto de C (FNC) fue obtenido a partir de fijación de C por la biomasa del olivar, el C almacenado en el suelo y las emisiones de GEI (expresadas en CE) de las operaciones de cultivo; referido como tasa anual de secuestro de C por ha o también denominada huella de C, mediante la fórmula:

FNC = C acumulado en biomasa aérea y radicular + Secuestro de C por el suelo – emisiones de C (CE) de las operaciones de cultivo

El contenido medio de C por ha acumulado en la biomasa fue 6.3 ± 4.5 t/ha. La elevada desviación estándar constata la gran variabilidad de los valores de C capturado, función de la edad y marco de la plantación, la variedad, el tipo de suelo y el manejo del cultivo. Las plantaciones más antiguas, generalmente de tipo tradicional, son las que por su edad han acumulado mayor C por ha. Igual ocurre en las plantaciones más jóvenes de tipo intensivo y superintensivo, donde también la edad de plantación juega un papel importante. En las plantaciones intensivas de fechas de plantación similares, la acumulación de C en la variedad Picual es muy superior al de la variedad Arbequina: 5.4 y 3.1 t/ha, respectivamente. Las plantaciones superintensivas, en seto, todas de la variedad Arbequina, superan en almacenamiento de C por ha a las plantaciones intensivas de la misma variedad en más del doble (6.7 t/ha). Respecto a la variedad Picual, la diferencia entre ambos sistemas de plantación es ligeramente superior al 20%, favorable a la plantación en seto de Arbequina.

El valor medio de C orgánico de los suelos, expresado en toneladas/ha, fue 26.1 ± 11 para el horizonte 0-30 cm. Las diferencias entre el contenido de C orgánico del suelo procedente de los análisis históricos facilitados por los agricultores y de los valores determinados en el estudio fue negativa en muchas de las parcelas, lo que indica pérdidas en el tiempo de C orgánico del suelo. En otras, la diferencia fue positiva y en algún caso con valores importantes de incremento de las reservas de C orgánico. Este apartado del estudio es el que presenta menos fiabilidad para el cálculo del balance y huella de C de las plantaciones de olivar, debido a que los análisis proporcionados por los agricultores son de fecha relativamente reciente. El escaso diferencial de tiempo entre dichos análisis y los realizados en el estudio dificulta que se manifieste un incremento de la materia orgánica del suelo derivado de las recientes mejoras introducidas en el manejo del mismo (cubiertas vegetales, no laboreo, enterrado de restos de poda, etc...). Además, con algunas excepciones, las prácticas de manejo del suelo de muchas parcelas no han sido muy favorables para incrementar progresivamente las reservas de C orgánico del suelo.

La tasa anual de C almacenado en la biomasa de las plantaciones y en el suelo de las mismas a la profundidad de 0-30 cm, fue calculada dividiendo las cantidades de C acumuladas en la biomasa (aérea y subterránea) por los años de edad de la plantación en el primer caso, y por los años transcurridos entre la realización de los análisis de suelo, en el segundo.

La tasa anual media de C acumulado de las parcelas estudiadas (biomasa y suelo) registró un promedio de 2.24 ± 2.2 t/ha/año, con alta variabilidad entre las mismas. Un buen número de parcelas superó los valores de 3 t/ha/año; que se consideran tasas elevadas si se comparan con los sistemas de cultivos herbáceos de secano bajo laboreo de conservación y no laboreo y sin retirada de los residuos.

Con las diferentes medidas dasométricas realizadas en las parcelas de olivar estudiadas y las correspondientes al tipo de variedad y fechas y marcos de plantación, se ensayaron diferentes modelos predictivos para estimar la tasa anual de acumulación de C en la biomasa de olivar. Sólo el número de árboles por ha, o marco de plantación, permitió ajustar un modelo lineal altamente significativo, con la ecuación $y = 0.49\,x + 216$ ($R^2 = 0.87$***) (Fig.5.9). Con este modelo puede calcularse la tasa anual de secuestro de C a partir de la variable y (expresada en kg C/ha), introduciendo el número de olivos/ha de la plantación en la variable independiente x.

El análisis de los datos según las variedades mostró diferencias entre Picual y Arbequina. En concreto, en las plantaciones intensivas del estudio el promedio de la tasa anual de secuestro de C fue 0.401 t/ha en la variedad Picual y 0.374 t/ha en Arbequina. Ello permitió estimar un coeficiente o factor de corrección de 1.1 para aplicar en el modelo, en el caso de tratarse de variedad Picual. De esta forma, el valor obtenido de la tasa anual de secuestro de C en la ecuación habrá que multiplicarlo por dicho factor (1.1) si la variedad considerada es Picual.

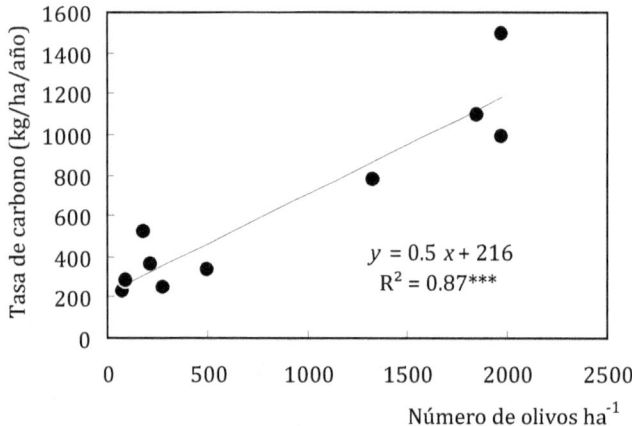

Fig. 5.10 Modelo predictivo de la tasa anual de acumulación de carbono en olivar, en función del número de árboles/ha

De forma similar, fueron analizados los datos según los sistemas de regadío y secano. El promedio de la tasa anual de secuestro de C en secano fue 0.303 t/ha y en regadío 0.374 t/ha. En consecuencia, el coeficiente o factor de corrección a aplicar al modelo para el olivar de secano es 0.8. Por tanto, como en el caso anterior, el valor obtenido de la tasa anual de secuestro de C en la ecuación habrá que multiplicarlo por el factor 0.8 si el olivar es de secano.

La media de emisiones totales anuales de GEI de las operaciones de cultivo de las parcelas del estudio fue 113 ± 54 kg CE/ha. Estos valores de emisión se consideran relativamente bajos en comparación con otros cultivos arbóreos e incluso en relación con algunos sistemas herbáceos. El capítulo de emisiones de GEI más relevante es el riego y en algunos casos el de los fertilizantes. Estos bajos niveles de emisiones de C derivados de las operaciones de cultivo son consecuencia de los bajos inputs requeridos por el cultivo de olivar, incluso en plantaciones intensivas bajo riego. Esto es un factor muy favorable para el balance y huella de C, que se verá favorecido con un mayor flujo neto y secuestro de C.

El balance de C promedio de las parcelas estudiadas fue 2.13 ± 2.18 t/ha/año de C fijado, con gran variabilidad entre parcelas, algunas de las cuales registraron valores de C superiores a 4 t/ha/año y en un caso se alcanzaron las 8 t/ha/año. En conjunto, la fijación y secuestro de C de todas las parcelas estudiadas mostró un valor positivo en todos los casos, siendo siempre las emisiones de CO_2 de las operaciones de cultivo menores al C secuestrado. La tabla 5.6 presenta la media de huella de C de las variedades Picual y Arbequina, según diferentes densidades de plantación.

Tabla 5.6 Balance de carbono del olivar según variedad y densidad de plantación.

Variedad	Densidad de plantación	Tasa de fijación de C por la biomasa (kg/ha/año)	Tasa de secuestro de C orgánico por el suelo (kg/ha/año)	Emisiones de GEI (kg CE/ha)	Balance de C (t/ha/año)
Picual	Convencional	246	150	81	0.32
	Intensiva	388	1792	106	2.07
Arbequina	Intensiva	435	1291	93	1.63
	Superintensiva	1171	3373	162	4.38

En consecuencia, se constata el gran potencial de captura de C estable de las plantaciones de olivar, poniendo de manifiesto el relevante papel de las mismas como sumidero de CO_2 y en la mitigación de GEI.

Aunque los suelos agrícolas pueden constituir un relevante reservorio de C orgánico, y por tanto un importante sumidero de éste, no siempre las labores y las prácticas de manejo de suelo contribuyen a que esto sea posible. Por el contrario, el laboreo intensivo y la retirada y/o quema de los residuos pueden dar lugar a una pérdida progresiva de la materia orgánica del suelo y al deterioro de su fertilidad y de su calidad como reservorio de C. Esta situación ocurre en gran parte de las parcelas de olivar estudiadas, donde el deficiente manejo de suelo ha generado una tasa negativa de acumulación de C orgánico en el tiempo. En este sentido, es recomendable llevar a cabo, mejoras en el manejo del suelo, que incluyan métodos de laboreo de conservación, manejo e incorporación de residuos, uso de cubiertas vegetales, etc., con la finalidad de incrementar progresivamente el almacenamiento de C en el suelo y que éste contribuya de forma consistente a medio y largo plazo en la mejora del balance y huella de C del agrosistema del olivar.

Sin duda, el resultado más relevante del estudio es el papel que el balance claramente positivo de C del olivar puede representar en la valoración del ciclo de vida y de la huella de C del aceite de oliva como producto final. El no considerar el secuestro de C que potencialmente realiza la biomasa y el suelo de la plantación de olivar en el cálculo de la huella de C del aceite de oliva constituye un grave error metodológico que vulnera los fundamentos en que se basan los estudios del ciclo de vida y del balance de C de las materias primas agrícolas.

Referencias

Lal R. 2004. Carbon emissions from farm operations. Environment International, 30: 981-990.

López-Bellido L, Fernández-García P, López-Bellido Garrido PJ. 2014. Balance y huella de carbono del olivar. Vida Rural, 375: 1-14.

Caso de estudio
8

Modelización del balance de dióxido de carbono en plantaciones de olivar

El estudio utilizó el modelo funcional OLIVE-CW para evaluar el balance de CO_2 en plantaciones de olivar, en función de las condiciones ambientales, el suelo y el manejo agronómico. El modelo calcula la asimilación bruta a partir de un modelo bioquímico de fotosíntesis y de un modelo de conductancia estomática a nivel de hoja, que es integrado a escala de cubierta vegetal, considerando en cada momento las hojas en sombra y las hojas en sol. También se modelizó el ciclo de C en el suelo para obtener el intercambio neto de CO_2 del ecosistema. La distribución de C se realizó mediante el uso de coeficientes empíricos y el cálculo de la demanda de los frutos, teniendo en cuenta la vecería. La información para la calibración se obtuvo de medidas de flujos de CO_2 y H_2O con covarianza de torbellinos (Eddy covarianza) y medidas de crecimiento y producción en la plantación de olivar. Las aplicaciones del modelo OLIVE-CW incluyen la simulación del secuestro de C y la distribución del mismo en el ecosistema (Morales Sierra y Villalobos, 2010).

El estudio fue realizado en Córdoba (España), en una parcela experimental de 4 ha de olivar intensivo de la variedad Arbequina, plantada en 1997 a un marco de 7 × 3.5 m (408 árboles/ha), en un suelo franco-arcilloso de origen aluvial. Los árboles fueron regados mediante goteo. Se llevaron a cabo dos experimentos. El primero, de medidas mediante la técnica de covarianza de torbellinos, en el período 1999-2002 y el segundo, de medidas de crecimiento y producción del olivar en el período 1998-2001. Estas últimas consistieron en medidas no destructivas de cada árbol (cosecha de frutos, diámetro del tronco a una altura de 30 cm del suelo, diámetros en tres direcciones ortogonales de las copas y la densidad de área foliar), y en medidas destructivas de biomasa en varios años en 5 árboles, los cuales fueron cortados a nivel del suelo, pesándose los distintos órganos (tronco, ramas gruesas, brotes, ramas finas y hojas) para establecer relaciones entre el peso de los mismos. Esto permitió la obtención de los coeficientes empíricos de partición, referidos a materia seca (Villalobos et al. 2006).

El modelo OLIVE-CW está organizado en módulos, para facilitar su integración con otros modelos y permitir su futuro desarrollo y adaptación (módulos de interceptación de la radiación, de fotosíntesis, de reparto de C, de respiración autótrofa, de ciclo de CO_2 en el suelo y de poda).

Los elementos principales del modelo son las variables de estado, que representan los distintos compartimentos en los que se encuentra el C en el ecosistema. Dichas variables están conectadas por los flujos de C, que dependen de las condiciones ambientales (suelo y clima), el manejo agronómico, las características de la variedad y del valor de las propias variables de estado. La simulación que realiza el modelo consiste en actualizar las variables de estado, a partir del cálculo de los flujos de C. Las variables de estado pertenecen al suelo o a la vegetación. La atmósfera actúa como fuente y sumidero de CO_2 pero se considera externa al sistema. En la vegetación, cada compartimento representa la biomasa de un tipo determinado de órganos (hojas, brotes y ramas, troncos y ramas estructurales, raíces estructurales, raíces finas y frutos). El C del suelo se divide en tres compartimentos: C lábil, C resistente y C del suelo.

El balance de CO_2 neto a nivel del ecosistema se obtiene a partir del balance diario entre el flujo de entrada de CO_2 (fotosíntesis o asimilación bruta) y el de salida (respiración del ecosistema)

El modelo fue calibrado, validado y sometido a un análisis de sensibilidad. También se realizaron simulaciones a largo plazo (20 años) para distintos tipos de densidad de plantación de olivar y distintos niveles de intensidad de poda.

La tabla 5.7 muestra el secuestro anual promedio de C (t/ha/año) en una plantación tradicional e intensiva en un período de 20 años, bajo distintas condiciones de manejo de los residuos de poda, obtenido por simulación mediante el modelo OLIVE-CW. La capacidad de secuestro anual de C de la plantación intensiva fue aproximadamente el doble que en la tradicional, con un valor máximo de 6.44 t C/ha/año, influyendo el tipo de aprovechamiento de los residuos de poda y la intensidad de ésta.

Este estudio concluye que el modelo OLIVE-CW presenta una gran sensibilidad al valor diario de asimilación bruta, pero es poco sensible al resto de variables y parámetros. El picado e incorporación de los residuos de poda representa la opción que maximiza la retención de CO_2 a largo plazo, tanto para plantaciones intensivas como tradicionales. La capacidad máxima de secuestro de CO_2 a largo plazo fue obtenida en la plantación intensiva, con poda ligera y picado e incorporación de los residuos de poda, con un valor promedio de 5.4 t C/ha/año.

Tabla 5.7 Distribución media del carbono secuestrado anualmente (t/ha/año) en un período de 20 años en dos plantaciones de olivar (tradicional e intensiva) obtenida por simulación mediante el modelo OLIVE-CW (adaptado de Morales Sierra y Villalobos, 2010)

| Plantación | Gestión de residuos de poda | Intensidad de poda | Contenido de C (t/ha/año) | | | | |
			Suelo	Biomasa	Suelo + biomasa	Exportado (residuos poda)	Total
Tradicional	Picado (incorporación al suelo)	Ligera	0.19	2.89	3.08	0.01	3.09
		Media	0.25	2.56	2.80	0.30	3.10
		Intensiva	0.37	1.67	2.04	0.87	2.90
	Uso energético	Ligera	0.19	2.90	3.09	0.01	3.09
		Media	0.19	2.56	2.74	0.41	3.15
		Intensiva	0.09	1.67	1.76	1.32	3.09
	Quemado	Ligera	0.19	2.90	3.09	0.01	3.09
		Media	0.19	2.56	2.74	0.30	3.04
		Intensiva	0.09	1.67	1.76	0.87	2.63
Intensiva	Picado (incorporación al suelo)	Ligera	0.98	4.40	5.38	0.84	6.22
		Media	1.17	3.43	4.60	1.51	6.11
		Intensiva	1.30	2.89	4.19	1.79	5.97
	Uso energético	Ligera	0.79	4.40	5.19	1.20	6.39
		Media	0.73	3.43	4.16	2.28	6.44
		Intensiva	0.60	2.89	3.48	2.94	6.43
	Quemado	Ligera	0.79	4.40	5.19	0.84	6.02
		Media	0.73	3.43	4.16	1.51	5.67
		Intensiva	0.60	2.89	3.48	1.79	5.27

Referencias

Morales Sierra A, Villalobos FJ. 2010. Modelización del balance de CO_2 en olivares. Trabajo Profesional Fin de Carrera. Escuela Técnica Superior de Ingenieros Agrónomos y Montes. Universidad de Córdoba.

Villalobos EJ, Testi L, Hidalgo J, Pastor M, Orgaz F. 2006. Modelling potential growth and yield of olive (Olea europea, L.) canopies. European Journal of Agronomy, 24: 296-303.

Caso de estudio
9

Estimación y predicción del secuestro de carbono en una plantación de viñedo

Para la estimación y predicción de la huella de C del viñedo sobre una base anual, se realizó un estudio en una plantación de aproximadamente 300 ha situadas cerca de Orange en Nueva Gales del Sur (Australia). El cultivo estuvo basado en los principios de la agricultura orgánica y biodinámica, usándose principalmente fertilización orgánica y reducidas cantidades de N mineral fertilizante; practicándose mínimo laboreo y un cultivo de cobertura de gramíneas perennes. Los restos de poda, limpieza y aclareo fueron incorporados al suelo (Goward et al. 2012).

Se eligieron 18 parcelas dentro de la explotación (con una superficie total de 93.72 ha) plantadas con 8 variedades distintas (con un promedio de 15 años de edad). Se utilizaron tecnologías de agricultura de precisión para estudiar el C secuestrado por el viñedo y analizar las emisiones de C del cultivo. En concreto, las herramientas utilizadas para evaluar la huella de C fueron: estudios del suelo, medidas de las plantas y sistemas de información geográfica. El estudio también tuvo como objetivo establecer las bases para el desarrollo del plan de Iniciativa de Agricultura de Carbono (Carbon Farming Initiative, CFI).

Se consideró el concepto de huella de C según la California Sustain Winegrowing Alliance (2009), que lo define como una medida integral de la cantidad de GEI producidos y consumidos, la cual es usada para determinar si las operaciones individuales están o no contribuyendo a incrementar los GEI de la atmósfera.

Las fases utilizadas para determinar el C secuestrado y la huella de C fueron las siguientes: (1) determinación del C del suelo de la línea base o de referencia antes del cultivo; (2) comparación del C orgánico del suelo calculado en el cultivo con el C de referencia; (3) estimación del volumen de C secuestrado por las vides; (4) cálculo del total de C secuestrado por año; (5) estimación de la cantidad anual de C emitido por el viñedo; (6) determinación de la huella de C anual; y (7) predicción de la huella de C para futuros años.

Para el calculo de la cantidad de C del suelo por ha, considerando la cantidad de C de la línea base o de referencia, se utilizó la fórmula:

$$C = COS \times DA \times PM$$

siendo,

C: carbono (t/ha); COS: C orgánico del suelo (%); DA: densidad aparente del suelo (t/m^3); y PM: profundidad de la muestra de suelo (30 cm).

El C acumulado en la biomasa del viñedo se estimó únicamente para la madera perenne de la cepa (tronco, ramas y raíces). Para ello se calculó el volumen por encima del suelo de cada cepa (4 medidas en cada parcela), midiendo la altura y el diámetro del tronco (a 0.5 m por encima del suelo) y la longitud y diámetro de las ramas; asumiéndose que tanto troncos como ramas eran cilindros rectos de diámetro constante. La biomasa de la cepa fue calculada multiplicando el volumen por la densidad de la madera (0.95 g de peso seco/cm^3 de volumen fresco). Para la estimación de la biomasa de la cepa entera se asumió que la raíz representa aproximadamente el 30% de la misma. El contenido de C de la madera de la cepa se evaluó en el 45% del peso seco.

El total de C secuestrado por el cultivo de viñedo fue la suma de la cantidad total de C acumulado en las cepas más la cantidad total de C almacenado en el suelo.

Las emisiones de C a la atmósfera fueron calculadas utilizando el Australian Wine Carbon Calculator (National Wine Centre, 2011). El combustible fósil (gasóleo) fue la principal fuente de emisión, siendo de menor importancia la electricidad (existencia de paneles solares) y los fertilizantes; debido esto último a que se trataba de un cultivo orgánico con utilización abundante de fertilizantes orgánicos y uso reducido de N mineral. En conjunto el valor medio del total de emisiones fue 0.67 t C/ha.

El promedio de secuestro de C de las distintas variedades de las 18 parcelas estudiadas fue 3.74 ± 1.24 t/ha/año, registrando generalmente las cepas de uva tinta un mayor volumen de C que las de uva blanca (Tabla 5.8). A estos valores habría que añadir el secuestro de C por el suelo, calculado en un promedio de 2.5 t/ha/año.

Por consiguiente, el viñedo tiene una gran capacidad para secuestrar C debido a la perennidad de la vid y promover el almacenamiento de C a largo plazo; demostrando, por tanto, su habilidad para tener un impacto positivo sobre el cambio climático.

Tabla 5.8 Secuestro anual de carbono en las cepas de diferentes parcelas y variedades de viñedo de un estudio realizado en Nueva Gales del Sur (Australia) (adaptado de Goward et al. 2012).

Variedad	Nº de parcelas	Superficie (ha)	Secuestro total de C (t/año)	Secuestro de C por ha (t/año)
Blancas				
Chardonnay	7	29.82	105.3	3.77
Sauvignon Blanc	3	12.05	48.78	3.32
Riesling	1	3.58	9.86	2.75
Pinot Gris	1	7.55	12.34	1.63
Tintas				
Shiraz	3	20.2	95.31	4.75
Cabernet Sauvignon	1	7.38	42.75	5.79
Merlot	1	6.59	24.62	3.74
Pinot Noir	1	6.51	18.35	2.82
Total	18	93.72	357.31	3.74

El estudio también analizó la predicción del secuestro de C de la biomasa del viñedo y del suelo. Para la biomasa, la relación entre la edad del viñedo y el volumen de la madera por encima del suelo se ajustó a la ecuación: Volumen = $179,19 \times (\text{edad}^{1.3303})$ siendo significativa ($R^2 = 0.84$). Asimismo, el incremento del C orgánico del suelo fue estimado utilizando el valor de C orgánico medido en la línea de base o referencia y ajustando con una regresión lineal los valores de C orgánico de suelo determinados en los sucesivos años después de la plantación.

Los resultados del estudio de predicción (2012-2020), realizado por Goward, et al. (2012), mostraron en general un incremento anual medio de 1.3 t C/ha/año, del cual la biomasa de las cepas almacenó alrededor del 30% de total de C secuestrado por la plantación de viñedo en su conjunto, representando el C del suelo el restante 70% del secuestro total de C. Claramente hubo un incremento significativo del C secuestrado por el suelo debido a la introducción del cultivo de la vid en la zona de estudio.

El Programa "Carbon Farming Initiative" (CFI), introducido recientemente por el Gobierno de Australia, permite a los agricultores ganar créditos de C por el almacenamiento de éste o reduciendo las emisiones de GEI en sus tierras. Estos créditos obtenidos pueden ser posteriormente vendidos a personas o empresas que deseen compensar sus emisiones (Australian Government, 2012); aunque para ello se requiere aún establecer una metodología oficial. El precio del crédito de C podrá establecerse una vez se determine la cantidad de C que es almacenada por año y las predicciones que son determinadas.

Referencias

Australian Government. 2012. Carbon Farming Initiative Handbook. Australian Government Departament of Climate Change and Energy Efficiency.

California Sustain Winegrowing Alliance, 2009. Vineyard managemente practices and carbon footprints. Sustainable Wine Growing: http://www.sustainable. winegrowing.org/docs/Vineyards

Goward, J., Whitty, M., Rizos, Ch. 2012. Estimating and predicting carbon sequestrated in a vineyard with soil surveys, spatial date and GIS management. Thesis-Bacherlor of Engineering University of New South Wales.

National Wine Centre. 2011. Australian Wine Carbon Calculator. http://www. wfa.org.au/entwineaustralia/carbon_calculator.aspx.

Caso de estudio
10

Fijación y balance de carbono en plantaciones de cítricos. Modelos alométricos para estimar la producción primaria neta (PPN) de carbono

Durante 12 años (1998-2009) fue realizada una investigación de campo en árboles de la variedad Navelina (de 2 a 14 años de edad) con el objetivo de evaluar el incremento de C según la edad de los árboles, cuantificando la Producción Primaria Neta (PPN) de C. Además, se establecieron ecuaciones alométricas para estimar la PPN anual de C en las plantaciones a partir de la medición de diferentes variables biométricas (Quiñones, et al., 2013). Asimismo, se determinó el balance de C en las plantaciones, teniendo en cuenta las emisiones debidas a las prácticas de cultivo (Iglesias, et al., 2012).

Se efectuaron 3 experimentos (Valencia, Castellón y Huelva), en parcelas de árboles plantadas a un marco de 6 × 4 m y con riego por goteo. Anualmente fueron arrancados (con las raíces) 4 árboles de cada área experimental, determinándose el peso de la biomasa de las diferentes partes de los árboles y calculándose la fijación de C de las mismas. Las variables biométricas seleccionadas fueron: volumen de la cubierta, diámetro del tronco, área de la sección transversal del tronco, relación raíz/biomasa total e índice de área foliar (LAI).

El análisis de la PPN de las distintas partes de los árboles mostró que la producción de fruto es un principal sumidero de C, representando en torno al 40% de la PPN total y con un promedio de 10.5 kg C/árbol/año (4.4 t C/ha/año). Los órganos estructurales aéreos (tronco y ramas) fueron también un importante sumidero de C con valores en torno a 3.3 t C/ha/año. El valor medio de la PPN total de árboles adultos fue 11.4 t C/ha/año, correspondiendo el 88.6% a la parte aérea y el 11.4% al sistema radicular (Fig.5.10).

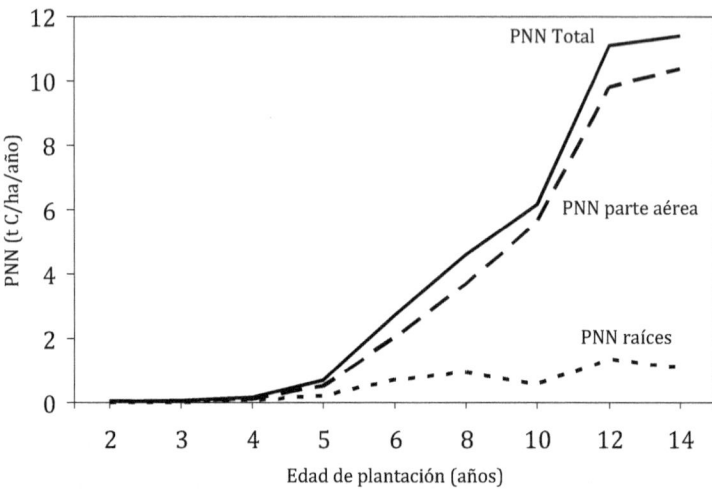

Fig. 5.10 Evolución de la producción primaria neta (PPN) en una plantación de cítricos (var. Navelina) según la edad de la misma (Adaptado de Quiñones et al. 2013).

Estos resultados sugieren que los cítricos, como cultivo perenne, pueden actuar como un relevante medio de almacenamiento de C en su biomasa, compitiendo, por su similar comportamiento, con los bosques de climas templados.

Las ecuaciones alométricas derivadas de la relación entre el contenido de C de las diferentes partes de los árboles y las variables biométricas seleccionadas para medir de forma no destructiva la PPN en cítricos, mostraron ser una herramienta útil para el cálculo del potencial de fijación de C en plantaciones de cítricos a diferentes escalas y analizar la influencia de las diferentes prácticas de cultivo (Tabla 5.9).

Tabla 5.9 Ecuaciones alométricas para la predicción de la producción primaria neta total (PPN) en cítricos (adaptado de Quiñones et al. 2013).

Relación		Ecuación	R^2
y	x		
PPN[1]	Volumen cubierta (m^3)	$y = 0.92\,x^2 + 53.7\,x - 0.47$	0.96
		$y = 45.3\,x^{1.14}$	0.98
PPN	Índice área foliar LAI (m^2/m^2)	$y = 0.022\,x^2 + 10.6\,x - 2.78$	0.97
		$y = 8.02\,x^{1.01}$	0.99
PPN	Diámetro del tronco (cm)	$y = 3.06\,x^2 - 5.61\,x - 1.95$	0.95
		$y = 0.42\,x^{2.65}$	0.95
PPN	Relación raíz/biomasa total	$y = 25094\,x^2 - 19128\,x + 3637$	0.85
		$y = 0.02\,x^{-6.4}$	0.73
PPN	Áreas de la sección transversal del tronco (cm^2)	$y = 0.003\,x^2 + 2.77\,x - 1.17$	0.95
		$y = 0.585\,x^{1.33}$	0.95

[1] g C/m^2/año

Por último, el balance de C determinado a partir de la fijación neta real (excluyendo el C fijado por la cosecha), y restándole las emisiones de CO_2 generadas por las operaciones de cultivo, registró en plantaciones adultas en plena producción valores positivos comprendidos entre 1.55 y 2.39 t C/ha/año.

Referencias

Iglesias DJ, Quiñones A, Martínez-Alcántara B, Legaz F, Forner-Giner MA, Primo-Millo E. 2012. La huella de carbono de las plantaciones de cítricos. Vida Rural, 352: 30-35.

Quiñones A, Martínez-Alcántara B, Font A, Fornet-Giner MA, Legaz F, Primo-Millo E, Iglesias DJ. 2013. Allometric models for estimating carbon fixation in citrus trees. Agronomy Journal, 105: 1355-1366.

Caso de estudio
11

LESS CO_2 Iniciativa para una economía baja en carbono en la agricultura murciana. Análisis del balance de carbono

Diferentes Instituciones y Organismos de la Comunidad de Murcia (Consejería de Agricultura y Agua, Centro de Edafología y Biología Aplicada del Segura del Consejo Superior de Investigaciones Científicas CEBAS-CSIC, Universidad Politécnica de Cartagena, Universidad de Murcia e Instituto Murciano de Investigación y Desarrollo Agrario y Alimentario IMIDA) han desarrollado un amplio estudio en el sector de frutas y hortalizas con el objetivo de determinar su capacidad como sumidero de C y calcular los balance de CO_2 de los productos hortofrutícolas cultivados en la región (Carvajal et al. 2010).

En los cultivos de especies hortícolas (tomate, pimiento, sandía, melón, lechuga, brócoli, coliflor y alcachofa) y de frutales (albaricoquero, ciruelo, melocotonero, nectarina, uva de mesa, limonero, naranjo y mandarina) se estudiaron las emisiones de GEI, directas e indirectas, según la norma ISO 14064:2006 y la fijación o remoción de CO_2 por los cultivos, determinando el contenido de C de la biomasa en las especies herbáceas y la tasa anual de C acumulado en la biomasa de las partes aéreas y raíces de las especies frutales (Victoria Jumilla et al. 2010a).

El balance de C fue calculado mediante la fórmula $B = R - E$, siendo R el CO_2 fijado por el cultivo y E las emisiones de CO_2-eq directas e indirectas generadas por el mismo. El reservorio de C del suelo y el potencial de secuestro y/o emisiones de éste no fueron tenidas en cuenta en el estudio.

Según la metodología empleada, el balance de C fue positivo para todas las especies hortícolas estudiadas. Es decir, la absorción de CO_2 por la biomasa de los cultivos fue siempre superior a las emisiones de CO_2

derivadas de la producción de los mismos, lo que evidencia, según el estudio, un marcado efecto sumidero del CO_2 atmosférico y en consecuencia una favorable contribución ambiental de los sistemas de cultivo analizados.

Las especies hortícolas estudiadas mostraron un balance positivo de C muy variable; entre 5.4 t C/ha (alcachofa) y 0.3 t C/ha (melón). Los cultivos de pimiento y tomate también registraron valores más elevados que el resto de especies, superando las 2 t C/ha (Tabla 5.10).

Las especies frutales y cítricos registraron un balance de C notablemente superior a los cultivos hortícolas, en conjunto 2.5 veces mayor en t C/ha/año. El limonero fue el que tuvo un balance más alto (6.9 t C/ha/año) y el mandarino el más bajo (2.4 t C/ha/año) (Tabla 5.11).

Tabla 5.10 Balance de carbono de las principales especies hortícolas cultivadas en Murcia (adaptado de Victoria Jumilla et al. 2010b)

Especie	Absorción de CO_2 por la biomasa (t C/ha/año)	Emisiones totales de CO_2-eq (t C/ha/año) [1]	Balance de C (t C/ha/año)
Alcachofa	6.2	0.8	5.4
Bróculi	1.9	0.7	1.2
Coliflor	3.3	2.7	0.6
Lechuga	2.5	1.5	1.0
Melón	2.8	2.5	0.3
Pimiento	7.0	4.4	2.6
Sandía	2.0	0.4	1.6
Tomate	4.4	2.3	2.1

[1] Sin considerar las emisiones derivadas del procesado y transporte a los mercados del producto.

Tabla 5.11 Balance de carbono de las principales especies frutales cultivadas en Murcia (adaptado de Victoria Jumilla et al. 2010b)

Especie	Absorción de CO_2 por la biomasa (t C/ha/año)	Emisiones totales de CO_2-eq (t C/ha/año) [1]	Balance de C (t C/ha/año)
Albaricoquero	6.2	1.3	4.9
Ciruelo	7.1	2.3	4.8
Limonero	8.3	1.4	6.9
Mandarino	3.6	1.2	2.4
Melocotonero	8.4	3.0	5.4
Naranjo	5.7	1.4	4.3
Uva de mesa	5.1	1.1	4.0

[1] Sin considerar las emisiones derivadas del procesado y transporte a los mercados del producto.

Referencias

Carvajal M, Mota C, Alcaraz-López C, Iglesias M, Martínez-Ballesta MC. 2010. Investigación sobre la absorción de CO_2 por los cultivos más representativos de la región de Murcia. En "Etiquetado de carbono en las explotaciones y productos agrícolas. La iniciativa agricultura murciana como sumidero de CO_2". Consejería de Agricultura y Agua. Murcia. 65-91.

Victoria Jumilla F, Costa Gómez I, Castro Corbalán T, García Cardenas R, Romajaro Casado MC, Mesa del Castillo ML. 2010a. Métodología para la determinación de las emisiones de CO_2 equivalente en explotaciones agrarias. En "Etiquetado de carbono en las explotaciones y productos agrícolas. La iniciativa agricultura murciana como sumidero de CO_2". Consejería de Agricultura y Agua. Murcia. 213-221.

Victoria Jumilla F, Costa Gómez I, Castro Corbalán T, García Cárdenas R, Romojaro Casado MC, Mesa del Castillo ML. 2010b. Balance de carbono en cultivos de agricultura intensiva. En "Etiquetado de carbono en las explotaciones y productos agrícolas. La iniciativa agricultura murciana como sumidero de CO_2". Consejería de Agricultura y Agua. Murcia. 13-62.